Schwäbische Tüftler und Erfinder

Schwäbische Tüftler und Erfinder

Herausgegeben von Jörg Baldenhofer

Unter Mitwirkung von
Jürgen Adamek
Günter Arns
Ulrich Blumenschein
Stefan Blumenthal
Hans Cronmüller
Andreas Hacker

Hans Willy Kettner
Max-Gerrit von Pein
Erwin Regele
Joachim Sommer
Lothar Suhling
Christian Väterlein
Harald Winkel

DRW-Verlag Stuttgart

ISBN 3-87181-232-3

Gestaltung: Peter Stecher
Satz und Druck: Karl Weinbrenner & Söhne,
Leinfelden-Echterdingen
Reproduktionen: Grafische Kunstanstalt
Walter Huber, Ludwigsburg
Bindearbeiten: C. Fikentscher, Darmstadt
Papier: 150 g/m² Maximago h'frei weiß
mattgestrichen

Bestellnummer: 232

Inhaltsverzeichnis

Vorwort

Imponierten in früherer Zeit die gewaltigen Leistungen der Technik, ihre großartigen Möglichkeiten und ihre rasante Entwicklung, so leben wir heute in einer Zeit, in der die Technik alleine für die Zerstörung der Natur und der menschlichen Individualität verantwortlich gemacht wird. Es ist deshalb hilfreich, mit dem Blick in die Vergangenheit den Wert der Technik emotionslos zu erkennen und zu bedenken, daß es immer Zweck und Aufgabe der Technik war und ist, die Bedürfnisse des Menschen zu befriedigen, den allgemeinen Lebensstandard zu erhöhen und ihn von schwerer und gefährlicher körperlicher Arbeit zu entlasten.

»Überall bleiben wir unfreiwillig an die Technik gekettet, ob wir wollen oder nicht«, sagte Heidegger. So ist es auch ein Anliegen dieses Buches, der zunehmenden Technikfeindlichkeit zu begegnen, denn *»in der Technik selbst, in diesem Ringen des Geistes mit der Materie liegt genug Idealismus, genug Poesie, um unser ganzes Zeitalter für künftige Geschlechter zu vergolden«*, schrieb der durchaus technikkritische Max Eyth. Die getroffene Auswahl der beschriebenen schwäbischen Persönlichkeiten ist rein zufällig und erhebt keinen Anspruch auf Vollständigkeit oder auf einen repräsentativen Querschnitt. Dennoch sind die dargestellten »Tüftler und Erfinder« charakteristisch für die breite Palette schwäbischer Wesensart, die sich in den Beiträgen vielschichtig widerspiegelt. Im Ausland zu Ruhm gekommene Schwaben wurden nicht berücksichtigt, schon um dem Vorwurf der Glorifizierung des schwäbischen Volkes zu begegnen.

Trotz aller anfänglichen Skepsis wurde mir bei der Beschäftigung mit der Materie bewußt, daß der Nimbus des Tüftlers und Erfinders dem Schwaben nicht abgesprochen werden kann. Denn er besitzt in hohem Maße die typischen Voraussetzungen: den Dickkopf, der ihn zum Eigenbrötler werden läßt, den sinnierenden Geist, mißverständlich mit Brettlesbohren beschrieben, und das rastlose Schaffen. Auch zum Geld haben die Schwaben ein besonderes Verhältnis. Zwar jagen nicht nur diese ihm nach. Doch wenn man's hat, zeigt sich der Unterschied: Mr isch b'häb (hochdeutsch: an Geiz grenzende Sparsamkeit). Die Eigenschaft der sprichwörtlichen Sparsamkeit zeichnet besonders die in der Industrialisierungsphase Württembergs – etwa ab dem Jahr 1850 – auftretenden Unternehmerpersönlichkeiten aus: eine gesunde Verbindung des genialen Erfinders mit dem geschäftstüchtigen Kaufmann. Und so ist es sicher auch kein Zufall, daß in Schwaben die erste Rechenmaschine (1623) und auch die erste Bausparkasse (1921 gegründet) entstanden.

Zum Schluß möchte ich allen an diesem Buch beteiligten Autoren für ihre verständnisvolle Mitarbeit danken sowie dem Verlag für vielerlei Anregungen und die gute Ausstattung. Mein besonderer Dank jedoch gilt meiner Familie für die Geduld, mit der sie das Entstehen dieses Buches in den vergangenen Jahren begleitet hat.

Der Herausgeber

Einleitung

Von Jörg Baldenhofer

Schwaben und Nichtschwaben

Die Bezeichnung Schwaben, wie sie hier verwendet wird, bedarf einer klärenden Definition, schon weil den Badenern, Franken und einigen Bayern, Schweizern, Österreichern wie Elsäßern das Recht ebenfalls zusteht, sich mit dieser Stammesbezeichnung hervorzutun.

Schwaben oder Alemannen, zwei Namen für einen Volksstamm, der aus den Semnonen unter dem Einfluß der Sueven hervorging, drangen vor 1750 Jahren von der (späteren) Mark Brandenburg in den von Kelten bewohnten Süden vor. Sie kamen später bis Oberitalien. Der Untergang der Staufer im dreizehnten Jahrhundert ließ viele reichsunmittelbare Herrschaften entstehen, darunter den im Jahr 1495 unter Maximilian, dem Kaiser des Heiligen Römischen Reiches Deutscher Nation, zusammengefaßten Schwäbischen Kreis. Die Landvogtei war bei Württemberg, was wir dem umsichtigen Grafen Eberhard im Bart verdanken; daraus erwuchs nach der Neuordnung unter Napoleon I. im Jahr 1806 die Vormacht im alten schwäbischen Raum. So wurde das frühere Herzogtum Schwaben, in dem sich Alemannen durch Lautverschiebungen im Dialekt absonderten, fälschlicherweise mit dem Königreich, dem späteren Freistaat Württemberg gleichgesetzt. Wir folgen aber dem alten Sprachgebrauch und nennen Württemberg das Schwabenland. Den übergangenen Stammesschwaben bleibt gemeinsam die Ehre, daß die Franzosen alle Deutschen »les Allemands« nennen, aber auch, daß die Schweizer den Deutschen zuweilen mit dem Schimpfwort »Schwob« betiteln.

Kleine Technikgeschichte

Die Geschichte der Menschheit ist eine Geschichte der Erfindungen: das Rad, der Pflug (ein Hakenstock mit vorgespanntem Ochsen),

der vor 5500 Jahren zum seßhaften Bauern führte, der architektonische Bogen, die Schriftzeichen der Sumerer in Mesopotamien. Die dem menschlichen Geist entspringenden Einfälle bedeuten (zumeist) eine kulturelle Fortentwicklung. Schon im Altertum machte sich der Mensch die Kräfte der Natur zunutze. Der griechische Politiker Antiphon drückt dies um das Jahr 450 vor Christi Geburt kurz und bündig so aus: »*Wir bewältigen durch die Technik das, worin wir von der Natur benachteiligt sind*«. Den Mechanikern der Antike waren beispielsweise die Eigenschaften des Nockens auf einer Welle oder auf einem Rad keineswegs unbekannt, doch verwendeten sie diese nur für mechanische Spiele. Die Leistungen der Erfinder fanden zunächst keine Verbreitung. Auch die Chinesen, die schon vor der Zeitwende mit Hilfe von durch Nocken angetriebenen Stampfhämmern Reis schälten, übertrugen diese Steuerung nicht auf andere Anwendungsbereiche. Die Erfindung trug nicht zur entscheidenden wirtschaftlichen Entwicklung des Landes bei. Ab dem 10. bis 13. Jahrhundert setzte dank der Einführung der Nockensteuerung für Wassermühlen, Mahlwerke, und später auch für wasserkraftbetriebene Papiermühlen zur Mechanisierung der ebenfalls aus China übernommenen Papierherstellung sowie der Verwendung von Windmühlen in Westeuropa ein außerordentlicher Aufschwung auf den verschiedensten Gebieten der Technik ein. Diese Epoche wird als eine der fruchtbarsten an technischen Erfindungen in der Geschichte der Menschheit angesehen. Die Loslösung der Menschen aus den mittelalterlichen Bedingungen führte in der Renaissance zum europäischen Humanismus sowie zur Spaltung der aus den Fugen geratenen Kirche in der Reformation. Galileo Galilei und die überseeischen Entdeckungen (Amerika und der Seeweg nach Indien) verhalfen dazu, in Europa ein neues Weltbild zu schaffen, in dessen Gefolge sich, vorab in den oberitalienischen Städten, der Frühkapitalismus, das moderne Geld-, Banken- und Kapitalwesen entwickelte. Württemberg lag jedoch noch eine gute Weile abseits dieser kraftvollen Entwicklung in die Neuzeit. Die bescheidenen Anfänge einer merkantilistischen Wirtschaft, die Herzog Friedrich I. ins Leben rief, erstickten im Sturm des Dreißigjährigen Krieges. Es mangelte an Rohstoffen, keine Kohle, kaum Erze minderer Ausbeute in der Wasseralfingener Gegend, um Neuenbürg und Freudenstadt; ungünstige Verkehrslage am Rande der wichtigen Handelswege; Wasserläufe, die nicht schiffbar waren, das hügelige Land; mangelndes Kapital, aber auch eine zögernde Wirtschaftspolitik des Staates, der Stände und des Handwerks. Neue Erfindungen und Techniken drohten die Ordnung der städtischen Gemeinschaft, die »Ausgewogenheit« der sozialen Verhältnisse zu zerstören, die herzogliche Gewalt zu stärken. Eine große Hemmnis war aber auch die Bedürftigkeit weiter Bevölkerungsteile, insbesondere der Bauern; sie teilten schon vor dem langandauernden Krieg, der ihre Bevölkerung auf ein Drittel zusammenschmelzen ließ, ihre Höfe und Äcker gleichmäßig unter den Kindern auf. So entstand die Kleinbauernwirtschaft, die Armut mit sich brachte; aus ihr entstand in Generationen die angeborene schwäbische Sparsamkeit, gar der Geiz. Eine Erbeigenschaft im Sinne der Vererbungslehre ist Sparsamkeit allerdings nicht. Georg Kleemann schreibt dazu, daß die Badener, denen man nicht nachsage, daß sie die Sparsamkeit übertrieben, bestimmt keine anderen Chromosomen hätten, aber die besseren Böden. Württemberg war bis zu seiner Industrialisierung bitterarm, ein klassisches Auswandererland. Bei August

Lämmle lesen wir über die Armut der Alb: »*So hat es hier mehr Steine als korntragenden Ackerboden: Es gab auf der Alb Dörfer, wo die Gemeinde der Pfarrfrau, wenn im Pfarrhaus ein Kindlein geboren wurde, ein Faß Wasser schenkte*«.

Peter Lahnstein berichtet uns, daß erst gegen Ende des 19. Jahrhunderts die Morgensuppe – die Mehlsuppe als erstes Frühstück – von der Zichorienbrühe abgelöst wurde. Fortschritthemmend für das Land wirkte sich auch die fromme Schulordnung aus; sie war, 1559 von Herzog Christoph erlassen, der Beginn der allgemeinen Schulbildung. Zwar wurden, wo bisher nur einige kärgliche Mesnerschulen bestanden hatten, nun überall Dorfschulen eingerichtet. Doch galt die Aufgabe der Erziehung – so begriff es auch noch die württembergische Schulordnung von 1729 – die Kinder als brave Lämmer Jesu zu erziehen. Bei dieser materiellen und geistigen Welt schien keine Brücke zur Industrialisierung zu führen.

Was war zu tun? Wie sollte man der periodisch wiederkehrenden Not, der Massenarmut begegnen? Es muß damals schier unmöglich erschienen sein, sich aus dem Sog des Elends mit eigener Kraft herauszuziehen. Doch die Zeit der politischen Krisen hielt bereits den Schlüssel zu ihrer Überwindung in Händen, die »Industrielle Revolution«. Diese griff nach der Französischen Revolution und den Napoleonischen Kriegen nun verstärkt von England, dem Mutterland der Industrie, auf den europäischen Kontinent über. Mit dem Ende der absolutistischen Regierungsweise nach dem Tod des ersten König Friedrich 1816 öffnete sich auch Württemberg vor dem Hintergrund der europäischen Aufklärungsphilosophie und der Nationalökonomie den aufstrebenden Naturwissenschaften, und in ihrem Gefolge auch der Technik und ihren Erfindungen.

In die folgenden Jahre fielen die Gründung der »Centralstelle des Landwirtschaftlichen Vereins«, die in das Gewerbe hineinwirkte, des Wohltätigkeitsvereins, der unter anderem die Einrichtung von Industrieschulen förderte und im Jahr 1848 der Zentralstelle für Gewerbe und Handel (heutiges Landesgewerbeamt) zur staatlichen Gewerbeförderung. Das Schlüsselwort der Aufklärungszeit hieß also Industrie. Diese bediente sich neuer Erfindungen. Eine dieser Erfindungen war die Eisenbahn des Engländers Stephenson. Mit ihr hielt die industrielle Revolution, deren Beginn häufig mit der Erfindung der ersten brauchbaren Dampfmaschine von James Watt (1765) gleichgesetzt wird, zaghaft fast ein Jahrhundert später in Württemberg ihren Einzug. Wegen ihrer Bedeutung soll in gebotener Kürze darauf eingegangen werden. Im Jahr 1836, ein Jahr nachdem die erste Lokomotivbahn in Deutschland von Nürnberg nach Fürth gefahren war, ordnete König Wilhelm I. Untersuchungen über den Bau von Verkehrsbahnen an; vor allem Friedrich List, Nationalökonom in Tübingen, kämpfte für das neue Verkehrsmittel. Infolge ministerieller Verzögerungen kam es aber erst 1843 zu einem Beschluß der Kammer, daß innerhalb Württembergs auf Staatskosten der Eisenbahnbau beginnen sollte. Am 26. 6. 1844 erfolgte der erste Spatenstich am Pragtunnel bei Feuerbach und wenige Tage später am Rosensteintunnel bei Cannstatt.

Am 5. 10. 1845 fuhr die amerikanische Lokomotive »Neckar« mit einem Musterwagen von Cannstatt nach Untertürkheim. Zwei Jahre später begann der regelmäßige Bahnverkehr, der bald bis Esslingen fortgeführt wurde. In den ersten fünf Tagen wurden 8 700 Personen befördert. Ein weiteres Jahr darauf fuhren Züge fahrplanmäßig von Ludwigsburg über Stuttgart bis Plochingen. Um 1848 kam es zum Bau von im Land konstruierten Eisenbahnen; ab 1851 wurden in der Maschinenfabrik Esslingen Lokomotiven für die württembergischen Staatsbahnen gebaut, ab 1852 von Monat zu Monat eine neue Lok.

Eine wichtige technische Voraussetzung für die industrielle Entwicklung des Landes war geschaffen. Waren die frühen Mittelpunkte der Industrie Textilmanufakturen gewesen, so zogen nun die Arbeiter in die neuentstehenden Maschinenfabriken. Württemberg entwickelte ein Eigenleben, das seine Regionen in den folgenden einhundert Jahren zu den höchstindustrialisierten Zentren in Europa wachsen ließ.

Aus dem Königreich mit dem redlich erworbenen Ruf »Land der Dichter und Denker« wurde das Land der Tüftler und Erfinder, der erfolgreichen erfinderischen Klein- und Großunternehmer. Ob darin Wahrheit steckt, soll nun untersucht werden.

Tüftler und Erfinder; typisch schwäbisch?

Die Geschichte der Erfindungen liefert zahlreiche Beispiele, daß der Wert und die Bedeutung mancher wichtigen Erfindung lange nicht erkannt oder anerkannt worden ist und die Erfinder fast noch mehr anzukämpfen hatten gegen Spott und Hohn als gegen Zweifel und Unverstand. Zwar ist die Neuzeit im allgemeinen freier von solchen langen Irrwegen der öffentlichen Meinung, zum Teil aus dem Grund, daß in den letzten Jahrzehnten soviel Unerwartetes und Überraschendes erfunden worden ist, daß man im Urteil vorsichtiger wurde und sich in acht nahm, vorschnell zu urteilen.

Die Schnellebigkeit unserer Zeit bringt es mit sich, daß sich das Brauchbare schneller durchsetzt und Anerkennung erzwingt, als es früher der Fall war. Wie häufig ist es bei dem früher langsameren Reifen guter Erfindergedanken wegen der technischen Schwierigkeiten ihrer Verwirklichung vorgekommen, daß die Urheber den Erfolg, den sie gesät hatten, nicht selbst ernten durften. Neben dem Ausbleiben des materiellen Erfolges erhielten sie über Arbeit und Mühen nicht einmal den Ruhm, den ihnen erst die Nachwelt reichlich spendete, weil die Geschichtsschreibung das richtige Verhältnis wieder herstellte. Andererseits pflegt es häufig so zu sein, daß sich eine neue Zeiterscheinung zunächst um einen einzigen Namen zusammenballt und dieser Name für lange Zeit alle anderen überstrahlt. So wird die heutige Generation kaum empfinden können, was das tapfere Experimentieren des Grafen Zeppelin seinen deutschen Zeitgenossen bedeutet hat. Als aus dem Mastkorb der Ruf »Land« an sein Ohr drang, kann Kolumbus von keinem höheren Gefühl durchdrungen gewesen sein, als der schneidige Reitergeneral in dem Augenblick, da sein schlankes Luftschiff erstmals abhob und seinen Kurs durch die Lüfte nahm. Ganz Deutschland bemächtigte sich seiner Empfindungen. Die allererste Fahrt eines motorgetriebenen starren Luftfahrzeugs hatte 12 Jahre früher, am 12. August 1888, stattgefunden. Ein mutiger Cannstatter Pilot hatte das von dem Leipziger Buchhändler Dr. Hermann Wölfert konstruierte Luftschiff vom Hof der Daimlerschen Fabrik 4 Kilometer weit nach Zuffenhausen gefahren. Das Ereignis wurde durch die nachfolgende Fahrt des Zeppelin gänzlich in den Hintergrund gedrängt. So ist es oft nicht einmal der eigentliche Urheber einer großen Idee oder Erfindung, der für seine Zeitgenossen zum verherrlichten Träger des Neuen wird; ihn schieben Bescheidenheit, Unbeholfenheit oder Armut vielleicht in den Hintergrund. Ein Gewandterer und Wortreicherer tritt an seine Stelle.

Erfindergeist und Erfinderreichtum ist also nicht gepaart mit Geschäftstüchtigkeit. Erfolgreiche Erfinder verhalfen ihren Erfindungen durch zähes Ringen und Kämpfen zum Durchbruch und zur Verbreitung in aller Welt. Letztlich beschied erst der häusliche Fleiß, eine durchaus schwäbische Eigenschaft, den Durchbruch der Idee, der neuen Fertigungsmethode. Wirklichen Fortschritt erlangte der »Erfinderunternehmer«. So zeigt das Werk von Robert Bosch, daß der Schwabe als Erfinder hinter dem Schwaben als »Manager« hintansteht. Er hat von sich selbst immer wieder ausgesagt, er sei kein Erfinder im landläufigen Sinn. Dennoch: Der kreative Funke kam von ihm, ein anderer, irgendein Mitarbeiter bereitete die Zündmischung, eine Gruppe, die Arbeiter, die er väterlich betreute, verhalfen letztlich zur kreativen Leistung. Heute werden technische Großtaten zuhauf produziert, eintausend Patente beantragt jedes Jahr allein die Forschungsabteilung einer einzigen deutschen Großfirma. Die Verwirklichung eines kreativen Gedankens übernimmt ein Team technischer Spezialisten, häufig als »Fachidioten« diffamiert. Ein anderer: Gottlieb Daimler, das »Schlaule«, der sich des genialen Konstrukteurs Wilhelm Maybach bediente. Und dennoch darf man ihn als Tüftler bezeichnen, wenn man diesen Begriff nicht mit »Spintisieren« gleichsetzt. Tüfteln heißt eben auch grübeln, Aufmerksamkeit verlangende Arbeit leisten, basteln. Man kann es als die geistige Vorstufe des Erfindens bezeichnen, die auch ins »Brettlesbohren« entarten kann. Grenzen zwischen liebenswertem Bastler für den Hausgebrauch, zwischen kauzig-knitzem Durchsetzungsvermögen in Allerweltsdingen und den wirklich großen Erfindernaturen sind fließend und können schon deshalb nicht mit dem Lineal gezogen werden, weil Ausdauer eine unerläßliche Bedingung für den Erfolg ist. Davon lebt ganz besonders das Bild vom Schwaben, dem man nachsagt, daß er einen besonderen Hang zum Grübeln und Sinnieren habe. Die einen dieser spekulativ Veranlagten geraten dabei in die Region des Übersinnlichen, es sind die philosophischen Köpfe, Schiller, Hölderlin, Hegel, Schelling. Die anderen bleiben mit beiden Füßen auf dem gewachsenen Boden und suchen und forschen im »Diesseits«. Zu ihnen gehören die Erfinder.

Die Einführung einer Erfindung wurde häufig durch die Schutzrechte für das auf die Erfindung erteilte Patent behindert. Die aufstrebende Industrie, begierig Neuerungen aufzunehmen, suchte mit allen Mitteln, moderne Techniken einzusetzen. Man machte vor Ideendiebstahl nicht Halt. Auch hier taten sich die Württemberger besonders hervor. Ingenieure und Mechaniker suchten die Werkstätten, Fertigungsanlagen und Fabriken der industriell weiterentwickelten Länder, vor allem des gelobten Landes der Technik, England, auf, um sich einen Einblick in die dort angewandten Fertigungsmethoden zu verschaffen. Selbst von staatlichen Stellen wurden Delegationen in die englischen Produktionszentren gesandt. Internationale Messen wurden zum Eldorado von »Industriespionen«. Der Patentinhaber hatte das Nachsehen. Um Entgelte aus Patenten gebracht war auch Paul Schlack, der Erfinder des Perlon. Der im Jahr 1897 in Stuttgart geborene Chemiker machte ab 1924 erste erfolgreiche Versuche auf dem Weg zu einer Kunststoff-Faser, die aber dann von der Firmenleitung untersagt wurden. Als 1936 der Amerikaner Carothers das Nylon auf den Markt brachte, sah sich Schlack in seinen früheren Arbeiten bestätigt und experimentierte erneut – in einem kleinen Labor der I.G.-Farben in Berlin – an seinem

Perlonfaden. Bereits 1938 wurde der erste Perlonstrumpf angeboten. Sollte dieses Produkt nach dem Zweiten Weltkrieg für Millionen Frauen »das höchste Glück« bedeuten, so brauchte man vorerst Schlacks Perlonfaden für militärische Zwecke, Fallschirme, Seile, Spezialreifen. Die Erfindung wurde dann amerikanische Kriegsbeute. Der Erfinder erhielt nie einen Pfennig für sein Verfahren, nach dem heute in aller Welt Polyamidfasern hergestellt werden. Dr. rer. nat. Schlack wurde jedoch ein mit Ehrungen überhäufter Wissenschaftler und Professor an der Technischen Hochschule in Stuttgart. Er lebt heute in Stetten/Filder. Mehr Erfinderglück hatte Johann Brücker, 1881 in Schönaich bei Böblingen geboren. Er erwarb 1937 in Chicago das Patent für einen elektrischen Rasierapparat; es wurde in siebenundzwanzig Länder exportiert und machte ihn in den USA zum reichen Mann. Er beschenkte seine Heimatgemeinde 1953 mit einer Stiftung in der damals atemberaubenden Höhe von über 160 000 DM.

Freilich wird die Frage der Bedeutung einer neuen Erfindung unterschiedlich behandelt. In dem reichen Antiochia wurde vor über 2000 Jahren eine nächtliche Straßenbeleuchtung mit Fackeln durchgeführt. In Köln indes opponierte noch vor 100 Jahren die Kirche heftig gegen die Einführung der allgemeinen Straßenbeleuchtung, weil sie gegen den offensichtlich göttlichen Willen, daß es nachts dunkel zu sein habe, gerichtet sei. Bei uns heißt das dann schlicht: *»Wenn's Nacht isch, isch Nacht«.* Man meint das gleiche. Gleichwohl führte ein württembergischer Pionier der Elektrotechnik, der Esslinger Paul Reisser (1843 – 1927) im Jahre 1882 den Stuttgartern eine Glühlampenanlage vor. Er baute in den folgenden Jahren vor allem größere Beleuchtungsanlagen für Fabriken, aber auch 1883 die Beleuchtungsanlage für das

Hoftheater in Stuttgart. Ein Pionier der Technik genannt zu werden ist nicht gleichbedeutend mit dem Erfinder oder Tüftler. Er ist es jedoch, der eine oder mehrere Erfindungen einführt, vielleicht selbst ein wenig bastelt, sich aber eher als erfolgreicher Unternehmer betätigt.

Bei allem Patriotismus für die Pioniertaten der Männer Schwabens muß der Maßstab gewahrt werden: Als Konrad Dietrich Magirus in Ulm noch an einer brauchbaren Feuerleiter bastelte, wurde in Berlin bereits (1851) eine Feuertelegraphenanlage des Werner von Siemens eingeführt; wie Lokomotiven gebaut werden, mußte uns ein Badener Fabrikant zeigen, Emil Kessler, der im Jahre 1846 die Maschinenfabrik Esslingen gründete. Diese Fabrik hatte der württembergischen Industrialisierung einen starken Impuls gegeben.

Daß mit der industriellen Entwicklung auch eine systematische Ordnung in die Kontore der Fabriken einziehen mußte, hat Louis Leitz (1846–1918) aus Stuttgart erkannt. Er gründete 1871 mit zwei Arbeitern eine Werkstätte zur Herstellung von Metallteilen für Ordnungsmittel. Er begann mit der Fertigung von »Biblorhaptes«, Ordnern mit einer Schnappmechanik und Nadeln zum Aufspießen von Briefen. Die Idee stammte aus Frankreich, der Erfinder blieb unbekannt. Die achtziger Jahre brachten in allen Industriestaaten eine rege Erfindertätigkeit auf dem Gebiet des Ordnungswesens. Vieles davon kam nicht zur Ausführung und wurde bald vergessen. Die Aushebemechanik des Leitz-Registrator jedoch brachte 1886 einen beachtlichen Fortschritt, die Blätter waren an jeder beliebigen Stelle einzuordnen. Dann kam aus Amerika ein Ordner mit Brettunterlage und einer neuartigen Umlegemechanik auf den deutschen Markt. Aus der einfachen Bügelmechanik entwickelte Leitz die heute millionenfach bewährte Bügelmechanik, bei der die Bügel fest geschlossen und arretiert werden konnten. Die Mechanik der Bügel wurde in einen Bucheinband eingenietet, welcher stehen konnte. Der »Leitz-Ordner« war geboren, er ist gewissermaßen zu einem Gattungsbegriff geworden.

Doch nicht jede Erfindung verspricht ihrem Urheber wirtschaftlichen Erfolg. Die Zahl der Erfinder, die sich während der Kriegsjahre an den Grafen Zeppelin gewandt haben mit der Bitte um wohlwollende Förderung ihrer respektablen Erfindungen, soll so groß gewesen sein, daß sie auf der Fläche des Bodensees »recht unbequem« zusammengestanden hätten. Die Unkenntnis der zu erwartenden Schwierigkeiten, das eigene rastlose Bemühen um die Brauchbarkeit verbinden den verbissen kämpfenden Erfinder mit seiner Idee so fest, daß er schließlich außerstande ist, sich davon zurückzuziehen. Solche Privaterfinder, »Inhaber mehrerer nutzloser Schutzrechte«, sogenannte Papierpatente, stehen oft nach Jahren großer Geldverluste am Rande des Ruins. Uneigennützig und spielerisch benützte hingegen Gustav Schworetzky (1863–1929), ein Esslinger Künstler und Tüftler seinen Einfall, die Kerzen einer Tanne mit einer Zündschnur zum Brennen zu bringen; dies geschah einmal jährlich bei der Christmesse. Seine Enkelin berichtet: »*Auf einer großen Leiter befestigte mein Onkel an den Zweigen die hundert Wachskerzen und spannte die Zündschnur*«. Einmal soll ein Lausbub das Schauspiel am Vortag abgezogen haben. In einem kleinen Esslinger Anektodenbüchlein lesen wir weiter: »*Es soll wie ein Wunder gewirkt haben, wenn die Flamme von Kerze zu Kerze hinauf lief bis an die Spitze und der Baum immer schöner erglänzte. Ein lautes Ah und Oh tönte dann durch das Kirchenschiff*« (der Esslinger Stadtkirche).

Der »Tausendsassa« Schworetzky hat sich auch mit Feuerlöschern beschäftigt.

Spielerisch im wörtlichsten Sinn ein anderer Tüftler. Heiner Costabel aus Stuttgart. Fast kurios mutet es an, wenn der schmächtige 37jährige schwäbische Pianist von seinem mit zwei Konzertflügeln beladenen klimatisierten Transportfahrzeug steigt. Er entblättert eine maßgezimmerte mit Filz ausgeschlagene Holzkiste, die er mit seinem in zweijähriger Arbeit gebastelten Transportgerät auch über Treppen behutsam in einen Konzertsaal gefahren hatte. Dann läßt er virtuos Chopin oder Schubert erklingen. Geübt hatte der fahrende Musikant im Laderaum, während das Gefährt von seiner Frau zum Einsatzort chauffiert wurde – ungewöhnlich, aber aus der Not geboren, wie so manche hilfreiche Erfindung. Der Schwabe nimmt das Kleine so wichtig wie das Große, verfolgt dabei zäh sein Ziel. Ihn aber gleichzusetzen mit den Ameisen, die, wenn man Mark Twain Glauben schenken will, nur arbeiten, wenn man ihnen zuschaut, hieße ihn verleumden, denn er arbeitet (hierzulande »Schaffe« genannt) für sich. Er ist von verschlossener Zurückhaltung und – weil er sich das bäuerliche Wesen seiner Vorfahren bewahrt hat – ein eigenwilliger Kopf, im Positiven gesehen aber auch ein Träumer.

Aufwachsen und leben in engen Räumen, abgeschlossenen Kesseln der Landschaft, entwickelt geistige Unruhe und Sehnsucht, beschwingte Phantasie sucht das Weite. So ist es dann kein Zufall mehr, daß dieses Land viele große Flugzeugkonstrukteure und Flieger hervorgebracht hat. Auf dem Berg stehen, über den Berg sehen wollen – und im Schwabenland findet man überall einen Hügel vor sich – zieht das Herabschweben nach sich, das in die Lüfte steigen. Auf einem Felsvorsprung am Albrand ist

man dem vogelgleichen Fliegen näher als auf einer Sanddüne am Nordseestrand.

Württembergischer Erfindergeist wurde aber auch zahl- und/oder erfolgreich ins Ausland exportiert. Wieviele Seiten würde dies Buch umfassen, wenn sie alle, die einmal schwa(l)bengleich wegzogen, genannt würden? Doch an einige, die sich Besonderes oder »Ausgefallenes einfallen« ließen, wollen wir uns erinnern. Da ist Ottmar Mergenthaler aus Hachtel bei Mergentheim (1854–1899). Er baute in den USA eine automatische Zeilensetzmaschine, die vollständige Schriftzeilen aus Metallmatrizen ausgießt. Man setzte mit seiner »Linotype« bis zu 7 000 Buchstaben in der Stunde.

Da ist der 1837 in Petersburg (heutiges Leningrad) verstorbene Paul Liwowitsch Schilling von Kanschtadt, Nachfahr eines Cannstatter Adelsgeschlechts, dessen Familie vermutlich über die Verwaltung des Deutschen Ordens nach Estland gekommen war. Der russisch-schwäbische Diplomat wird in seinem Heimatland Russland als Erfinder des elektromagnetischen Telegraphen geehrt. (Beim Besuch des Moskauer Technischen Museums erfährt der ausländische Besucher mit Erstaunen, daß die meisten großen Erfindungen russischen Ursprungs sind.)

Aus Unterheimbach bei Heilbronn stammt Otto Schäffler (1838–1928), ein vergessener Erfinder der Lochkartentechnik. Es verschlägt ihn 1855 nach Wien, wo er bis 1895 achtzehn Patente für nachrichtentechnische Apparate erhielt, darunter für einen Vierfachdrucker, dessen Tastatur dem späteren Fernschreiber ähnlich war. Sein Einspruch gegen das umstrittene Patent des Amerikaners Bell für das Telefon ist in Teilen erfolgreich. Er arbeitete mit Dr. Herrmann Hollerith, dem Erfinder der Lochkartenzählung, zusammen. 1895 erwarb er ein Patent zur

»Verbesserten Anwendung der elektrischen Zählmaschine«, das mit seinem »Generalumschalter« (Programmiergerät) den Beginn der technischen Programmierung einleitete.

Ein rechter Schwabe faulenzt nicht, er arbeitet oder läßt andere für sich arbeiten, wobei er dann die Geschicke mit sicherer Hand lenkt. Zur Beweisführung dieser Aussage sei ein geographischer Abstecher südlich des Äquators erlaubt. Ein schwäbischer Schreiner namens Adolf Winter aus dem Kreis Heilbronn erfand den größten Tisch der Welt. Er baute ihn vor der südwestafrikanischen Wüstenküste im Südatlantik, stellte diesen mit 17 000 m² Fläche auf über 1 000 Füße auf den felsigen Untergrund des Küstenschelfs. Nach dem schwäbischen Motto: *»Erst wäg's, dann wag's«* baute er diesen Riesentisch im Laufe von Jahren zu einer Insel, die Zehntausenden von Seevögeln Platz bot für das Brüten und – was für das Konzept des tüftlerischen Schwaben, der diese originelle Idee »ausgebrütet« hatte, das Wichtigere war – für die Ablage ihres Verdauungsproduktes. Dieses wiederum »erntete« er jährlich einmal und brachte den Vogelkot in eine Düngemittelfabrik nach Kapstadt. Mit 200 Mark Verkaufserlös je Tonne (im Jahre 1958) verhalf der in den 60er Jahren Verstorbene seinen lachenden Nachfahren zu einem reichen Erbe. Dem Prinzip der »unsichtbaren Hand des Marktes«, das der englische Nationalökonom Adam Smith (1723 – 1790) herausgefunden hat, wird in einer ungewöhnlichen Verknüpfung von Gemeinnutz und Eigennutz genügt.

Eine ebenso ausgefallene Idee hatte Karl Lämmle aus Laupheim. Im Jahr 1909 begründete er Hollywood; er brachte die ersten Stars mit Namen auf die Leinwand. Vom Habenichts zum Filmstadtbesitzer – er hatte eine Marktlücke entdeckt.

Bürger, die sich wegen der Energieverschwendung den Kopf zerbrechen, gibt es nicht erst seit der Ölkrise im Jahr 1973. Einer davon ist Karl Kiener, heute 75jährig. Er hat in seiner ärmlichen Baracke in Goldshöfe bei Aalen einen neuen Hochdruckgasmotor entwickelt und gleich die nötige Energiequelle dazu: Hausmüll. Da eine Tonne Müll den energetischen Gegenwert von 244 Litern Heizöl besitzt, so Kieners Berechnungen, verspricht seine Müllverschwelungs- oder Niedertemperaturpyrolyse-Anlage eine beachtliche Energiegewinnung, außerdem eine Reduzierung des Abfalls: fünf Tonnen Müll werden zu 500 kg Schlacke entgast. In der Anwendung simpler Naturgesetze werden in der Pyrolyse alle Arten von Müll, also auch Autoreifen, Tierkadaver und Krankenhausabfälle in einer beheizten Röhre unter Luftabschluß durch die Auspuffwärme eines Gasmotors auf 450 Grad erhitzt, brennbares Gas entweicht. Hochmolekulare Schwelgasanteile werden in der anschließenden Verbrennung bei 1 100 Grad auseinandergebrochen. Ein Gasmotor-Generator-Aggregat verbrennt das gespaltene Gas und wandelt mechanische Energie in elektrische Energie um. Für heizwertreichen Müll aus dem städtischen Bereich kann je Tonne zukünftig eine Stromerzeugung von über 500 Kilowattstunden erwartet werden, der Müll eines halben Jahres liefert einem mehrköpfigen Haushalt immerhin einen Monat Strom.

»Etwas teurer« als eine neue Heizölanlage kam dem Esslinger Werner Länder seine *»Einrichtung zur Erzeugung von Wärme, bei der eine Brennkraftmaschine eine Induktionsmaschine antreibt, die einen Durchlaß für ein Heizmedium aufweist«.* Krönung seiner Tüchtigkeit – die übrigens jeder erwartet, der ins Schwabenland kommt – ist eine Patentanmeldung im Jahre 1983. Eine betriebswirtschaftliche Betrachtung

sei dem Autor erspart. Gewinn hatte jedenfalls der Patentanwalt, der die eine Seite umfassende Erklärung des Erfinders auf eine zwölfseitige Patentschrift anwachsen ließ.

Zum Schluß sei noch auf die berühmteste, urschwäbische Erfindung hingewiesen, die jedem begegnet, der die einheimische Küche kennenlernt: Die Spätzle. Ihrem Erfinder kann leider kein Denkmal geschenkt werden, weil er nicht bekannt ist; Alter und Ursprung verlieren sich im Dunkel der Geschichte. Man kennt das Spätzlesbrett, auf dem dünne, wurmartige, aus der Höhe betrachtet wie ein Bachlauf geringelte Gebilde aus Mehl, Wasser, Salz und in guten Zeiten Eiern ins kochende Wasser geschabt werden, bei uns schon im Mittelalter. Thaddäus Troll erzählt uns die Geschichte des pietistischen Pfarrers Flattich, der einmal am Hofe Herzog Carl Eugens geladen war. Als einziger sei er mit ungepuderten Haaren an der Tafel gesessen. (Bis ins 18. Jahrhundert war in feineren Kreisen neben der Verwendung großer Mengen Duftwassers für bedeckte Körperstellen Puder das meistgebräuchliche Mittel zur Körperpflege, das den Bedarf von Waschwasser erübrigte.) Vom Herzog seines Eigenwillens wegen ermahnt, habe er geantwortet: »*I brauch mei Mehl zu de Spätzle*«.

Zahlreiche Patente auf Spätzlesmaschinen, hochdeutsch Nudelpressen, und ihr Zubehör findet man in der Patentstelle im Stuttgarter Landesgewerbeamt. Vom Spätzles-Heimweh geplagt war der ins Ausland verzogene Hildrizhausener Ferdinand Schulz – kgl. Bayerischer Hoftheatermaschinist in München – als er eine Spätzleschab-Maschine baute (hochdeutsch Nudelschneidmaschine). Sie wurde anläßlich der Preisverleihung zur »Belebung der vaterländischen Industrie« auf dem landwirtschaftlichen Hauptfest 1832 auf dem Cannstatter Volksfest mit einer Medaille gewürdigt. Die jüngste Küchenhilfe ihrer Art aus dem Jahr 1983 unterscheidet sich gegenüber herkömmlichen Nudelpressen dadurch, daß »*die Lochplatte, durch welche der Spätzlesteig gedrückt wird, nicht gleich große kreisrunde Öffnungen hat, sondern solche verschiedener Art, beispielsweise auch ovale, dreieckige, sternförmige und ähnliches.*« Damit soll die Formenvielfalt der handgemachten Spätzle erreicht werden! Für den Outsider sei angemerkt: Dieser fromme Wunsch braucht den Vergleich nicht zu scheuen mit einem aus Kunststoff gefertigten Holzimitat, mit dem eine zweitklassige Ware aufgewertet werden soll. Der Patentinhaber, gleichzeitig Regierungspräsident von Nordwürttemberg, übersah, daß wir nicht mehr im Zeitalter der Mechanisierung leben, sondern der Automation. Wenn sich also die Nudelpresse bei den Schwaben bisher nicht durchzusetzen vermochte, dann wird auch die neue Lochplatte den Durchbruch nicht erzwingen. (Die »Anleitung zu Erfindungen für Behörden«, in welche sich der innovationsfreudige Erfinder vertieft haben mag, assoziiert den »Großvadder« – das beim Schaben zu dick geratene Spätzle – mit dem Beamtenspätzle: Dick für Hinterteil, sprich Sitzfleisch, glitschig für Loyalität, sprich Opportunismus, schlaff für Rückgrat, sprich keines.) Handgeschabte Spätzle schmecken allemal besser als alle maschinell gemachten. Die ängstliche Frage von Cäsar Flaischlen, dem Stuttgarter Schriftsteller (1864–1920): »*Ist der Mensch für die Erfindungen da, oder gar umgekehrt?*« läßt sich mit dem Beispiel des Spätzlesbretts leicht beantworten.

Philipp Matthäus Hahn – der Mechanikerpfarrer

Von Joachim Sommer

Mann, vor dem sich Gott enthüllte,
als er Dich mit Licht erfüllte,
und an Christus Statt geschickt;
Hahn, der mit der Lichtgebehrde
in die Todesnacht der Erde
wie ein Stern vom Himmel blickt.

Rechte Seite:
Technische
Zeichnung eines
kopernikanischen
Planetariums
(Ausschnitt).

Als der Pfarrer Philipp Matthäus Hahn im Jahr 1781 von seiner Pfarrei in Kornwestheim nach Echterdingen berufen wird, bekommt er ein langes Gedicht mit auf den Weg, das mit diesem lobpreisenden Vers beginnt. Verfasser ist kein Geringerer als der traurig-berühmte Christian Friedrich Daniel Schubart. Zu dieser Zeit ist er schon seit vier Jahren auf dem Hohenasperg inhaftiert, sechs weitere Jahre werden noch folgen. Zunächst von der Außenwelt isoliert, wurden später Schubarts Haftbedingungen wesentlich gelockert: man wollte den scheinbar »Unverbesserlichen« auf den rechten Weg führen. Ein gewichtiger Part in dieser »Therapie« war dem Pfarrer vom nahen Kornwestheim, Philipp Matthäus Hahn zugedacht. Er besuchte mehrmals den Inhaftierten und muß auf ihn einen nachhaltigen Eindruck hinterlassen haben. Hermann Kurz hat in seinem Roman »*Schillers Lehr- und Wanderjahre*« diese Szenen der Begegnung auf dem Hohenasperg phantasievoll ausgemalt, wo der wartende Pfarrer, dem legendären Vorbild Archimedes gleich, selbstvergessen geometrische Figuren in den Sand einkratzt.

Wer war dieser Philipp Matthäus Hahn, den man »Mechanikerpfarrer« nannte und der wegen seiner mechanischen Instrumente Berühmtheit erlangte?

Angefangen hatte alles damit, daß sich der achtjährige Philipp Matthäus gewundert hat: »*An jedem Nagel im Hause*« macht er bei Sonnenschein Beobachtungen über die Stellung von dessen Schatten. Er ist verwirrt, als er bemerkt, »*daß dieser Schatten in einigen Tagen nicht mehr auf Zeit und Stunde zutreffen wollte*«, was soviel heißt, daß er nach ein paar Tagen zu derselben Uhrzeit eine andere Lage einnimmt. Dem Leser sei die Lösung des Problems des Achtjährigen überlassen. Auch der Vater kann dem Buben nicht weiterhelfen. Eines Tages bekommt er eine Zylindersonnenuhr geschenkt, eine Sonnenuhr in Taschenformat. Er experimentiert mit ihr auf vielfältige Weise, doch verstehen kann er sie nicht.

Im Alter von dreizehn Jahren kann er sich eine Abhandlung über Sonnenuhren ausleihen. Er schreibt und zeichnet sie ab und bekommt allmählich ein Verständnis für die komplizierten Probleme. Hier ist die Arbeitsweise schon angelegt, die ihn später so auszeichnet: das Selbststudium und das zähe, langwierige Ringen nach Lösungen. Oft ist er in der Folgezeit mit dem Erreichten nicht zufrieden und zerstört fertige Produkte, um dann sogleich eine verbesserte Ausführung in Angriff zu nehmen. Während seines Theologiestudiums in Tübingen (1756–1760), wo er große materielle Entbehrungen auf sich nehmen muß, bildet er sich autodidaktisch in Mathematik und Naturwissenschaften aus. In den Ferien hält er sich in Onstmettingen auf, wo sein Vater zu der Zeit Pfarrer ist. Hier legt er die Grundlage seines späteren praktischen Schaffens. Zusammen mit dem Sohn des dortigen Schulmeisters, Philipp Gottfried Schaudt, bastelt und konstruiert er nach Herzenslust. Als Hahn von 1764 bis 1770 selbst Pfarrer in Onstmettingen ist und dort seine mechanische Produktionsstätte begründet, wird Schaudt sein engster und befähigtster Mitarbeiter. Die Ideen, die er in Tübingen aus den Büchern bekommt, versucht er hier umzusetzen. Die beiden bauen zusammen Sonnenuhren, Sprachrohre, schleifen optische Gläser und fer-

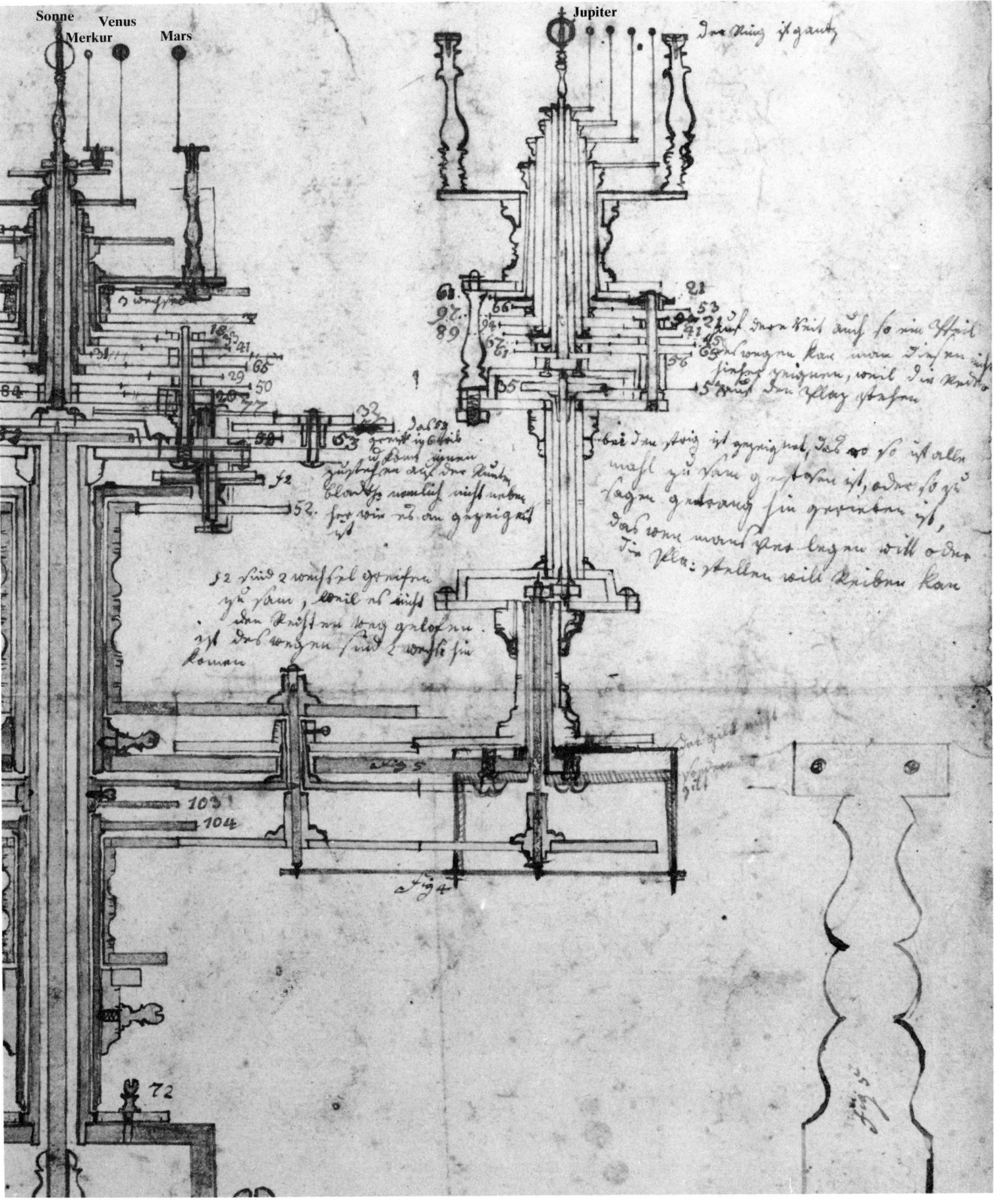

18

tigen daraus Fernrohre an. Als Hahn am Balinger Kirchturm eine Sonnenuhr anbringt, wofür er dreißig Gulden bekommt, merkt er, daß man mit dieser Liebhaberei auch Geld verdienen kann: *»So reich war ich noch nie«,* schreibt er.

Er verbeißt sich in die Konstruktion eines Perpetuum mobile, stellt *»unzählige«* Versuche dazu an, *»wobei er einmal drei Wochen nicht zu Bette kam«,* um schließlich einzusehen, *»daß eine beständige Bewegung ein Unding, eine Chimäre sey«.* So legt er durch die Methode von *»Versuch und Irrtum«* den Grundstein seines späteren Erfolgs. Nach dem Theologieexamen 1760 versieht Hahn verschiedene Stellen als Vikar und Hauslehrer. Auch jetzt kommt er von seinen Ideen nicht mehr los. Er beschäftigt sich mit der Verbesserung von Sonnen- und Kirchenuhren, mit der Steigerung der Genauigkeit von Taschen- und Pendeluhren und ersinnt so nebenbei eine *»bequeme Hauswaage«.*

Oft wird Hahn als der Erfinder der Neigungswaage betitelt. Es ist bis heute nicht geklärt, ob diese Erwähnung aus seiner Biographie für das Jahr 1763 dazu berechtigt. Dies ist für die Würdigung seines technischen Schaffens auch völlig unwesentlich. Auf jeden Fall hat er später in seiner Werkstatt diese anwendungsfreundliche Schnellwaage – sie besteht im Prinzip aus einem abgewinkelten Hebelarm, auf dem ein fest angebrachtes Gegengewicht der aufgelegten Last das Gleichgewicht hält, und die Größe der Last an einer Skala abgelesen werden kann – produziert und möglicherweise mit deren Verkauf die finanzielle Basis für seinen Betrieb sichergestellt. Anzumerken ist, daß diese Waage für mehrere verschiedene Lastbereiche ausgelegt wurde.

Später in Kornwestheim beschäftigt er sich auch mit der Konstruktion einer sogenannten hydrostatischen Waage in Konkurrenz zu dem

Philipp Matthäus Hahn 1739–1790.

25. 11. 1739 In Scharnhausen
bei Stuttgart geboren
1747 erste Beobachtungen über wandernde
Sonnnenschatten
1756/60 Theologiestudium in Tübingen,
anschließend Vikar und Hauslehrer in
Herrenberg
1764 Übernahme der ersten Pfarrstelle
in Onstmettingen/Alb,
Beginn des Werkstattbetriebs
1769 Fertigstellung der ersten
»Astronomischen Maschine«, Aufstellung
für Herzog Karl Eugen
im Schloß Ludwigsburg
1770 Pfarrstelle in Kornwestheim, erste
Überlegung zum Bau einer
vierzehnstelligen Rechenmaschine
1779 Besuch von Goethe aus Weimar
in Kornwestheim
1781 Pfarrstelle in Echterdingen
2. 5. 1790 Tod in Echterdingen

berühmten Instrumentenbauer Brander in Augsburg. Sie arbeitet nach dem archimedischen Prinzip des Auftriebs (»Gewichtsverlust«) in Flüssigkeiten. Man kann sie zum Beispiel zur Bestimmung des Goldgehaltes in Legierungen benutzen. Ferdinand Oechsle hat später eine andere Ausführung zur Bestimmung des Alkoholgehalts in Wein verwirklicht.

Ab dem Jahr 1764 beginnt Hahn in Zusammenarbeit mit Schaudt in Onstmettingen mit seinem Werkstattbetrieb. Bei den dortigen Uhrmachern findet er schon die praktischen Fertigkeiten vor, in Stahl und in Messing zu arbeiten. In dieser Wechselwirkung liegt die Keimzelle der späteren feinmechanischen Industrie auf der Balinger Alb begründet.

So unheilvoll Herzog Karl Eugen in das Leben des Poeten und Musikers Schubart eingegriffen hatte, so wohlwollend trat er als Gönner und Förderer des Pfarrers Hahn auf. Freilich hatte dieser ihm auch etwas zu bieten gehabt: Im Sommer 1769 wurde in der herzoglichen Bibliothek in Ludwigsburg die »Astronomische Maschine« aufgestellt. Nach Hahns Plänen war sie in Onstmettingen auf der Alb – Hahn war dort seit 1764 Pfarrer – angefertigt worden. *»Seine Herzogliche Durchlaucht habe den höchsten Augenschein auf eine Viertelstunde lang eingenommen den 26. Juli und war sehr zufrieden und vergnügt darüber gewesen«*, berichtet Hahn in einem Brief über die Präsentation seines Werkes in Ludwigsburg. Für den stark aufs Renommée bedachten Herzog, im Sinne des aufgeklärten Absolutismus aufgeschlossen gegenüber den Künsten und aufstrebenden Naturwissenschaften, waren mechanische Kunstwerke zur Mehrung seines Ruhmes höchst willkommen. Mit dem Wert der fürstlichen Kunst- und Kuriositätensammlung stieg doch auch das Ansehen ihres Besitzers. Dabei ist zu dieser Zeit Kunstwerk

im weitesten Sinn des Wortes zu verstehen; alles, was vom Menschen künstlich geschaffen wird, also auch mechanische Apparate, gehört dazu. So tauchten später viele Bestände fürstlicher Sammlungen im Gerätefundus der entstehenden physikalischen Kabinette an den Universitäten wieder auf.

Für Karl Eugen war es nach der Vorstellung der »Astronomischen Maschine« im Juli 1769 klar, daß der Pfarrer Hahn *»deplacieret sei, das Pfarramt sei nicht sein rechtes Fach.«* Er, der Herzog *»sei geneigt ihm eine jährliche Pension cum Titulo Professoris zu geben, wenn er ... sich auf die Mechanic und der gleichen Wissenschaften allein legte.«* Doch Hahn winkte ab. Zu fest war er davon überzeugt, daß er direkt von Gott ausersehen war, die Menschen zu einem frommen und nützlichen Lebenswandel anzuhalten, damit sie sich einen Platz im herannahenden Reich Gottes sicherten. *»An Christus statt geschickt«*, so hat es Schubart formuliert, *»Gott ist in mir«*, so hat es Hahn selbst ausgedrückt.

Aber trotzdem konnte Hahn den Bau und Verkauf der astronomischen Maschine, der Preis soll mehrere tausend Gulden betragen haben, nutzbringend umsetzen: Er, der Sohn eines strafversetzten und bei der Obrigkeit nicht gut angesehenen Pfarrers, bekommt nun durch die Gunst des Herzogs den Zugang zu den höheren Kreisen der Gesellschaft. So wie der Herzog nach außen mit der Kunstfertigkeit seiner Landeskinder renommieren kann, so öffnet das Wohlwollen des Landesfürsten dem Pfarrer viele Türen, die ihm sonst verschlossen geblieben wären. Er bekommt auf diese Weise die Möglichkeit, seine Glaubensansichten auch unter Mißbilligung der kirchlichen Vorgesetzten in höheren Gesellschaftsschichten zu propagieren.

Einen zweiten, noch direkteren Vorteil, konnte Hahn für sich verbuchen: Er bekommt

Das Betriebsklima in dem Hahnschen Unternehmen war oft gestört. Einerseits stellte der Pfarrer sehr hohe Anforderungen an die Qualität, andererseits war die Pflichtauffassung der Beschäftigten noch nicht vom herannahenden Industriezeitalter geprägt.

Zu der heute so verrufenen »Montagsproduktion« ließ man es erst gar nicht kommen; so heißt es am Montag 10. Dezember 1787 im Tagebuch: »Alle drei Arbeiter, Christoph, Liomin und Gerwig ganzen Tag spazieren. Christoph nichts als die Steigradzähne der Repetieruhr unterteilt vormittags. Da er sollte an der Rechenmaschine arbeiten, ließ ers liegen.«

Die »Accuratesse«, die Hahn von seiner technischen Tätigkeit gewohnt war, und die bedingungslose Unterordnung, die er von seinen Arbeitern verlangte, prägte aber auch seine Ansichten über eine geordnete Haushaltsführung. Oft kommt es mit der Frau zum Streit. So ist es kein Wunder, daß seine zweite Frau Beata Regina nach seinem Tod manche Tagebuchseite vernichtet hat. Doch auch die erhaltenen Seiten geben Auskunft über die Eheprobleme: »Morgens als ich den Christoph wegen Unbotmäßigkeiten gegen seinen Informator züchtigte, Händel mit der Frau bekommen und ihr Ohrfeigen gegeben wegen ihren bösen Worten. Hat mich gereuet, ob sie es schon verdient hatte.«

mische Maschine und seine Rechenmaschine vorgeführt. Sein Kornwestheimer Tagebuch, inzwischen vorbildlich ediert, spiegelt die rastlosen Aktivitäten Hahns in dieser Zeit wider. Ein Arbeitstag von 16 bis 18 Stunden Dauer ist für den magenkranken Hahn fast die Regel. Darüber allerdings klagt er kaum, denn nach pietistischer Überzeugung hat ihm Gott seinen Platz auf der Erde gegeben, um unermüdlich aktiv zu wirken.

Der Gegensatz zwischen der seelsorgerischen und der mechanischen Arbeit konnte, wenn auch nicht in bezug auf die alltäglichen Probleme, aufgehoben werden. Gott offenbart den Menschen seine Größe in seinem gesamten Schöpfungswerk, von dem auch die unbelebte Natur ein Teil ist. Schon für Johannes Kepler war es bei der Suche nach den kosmischen Harmonien, die er dann auch in Form seiner Planetengesetze mathematisch formulieren konnte, letztes Ziel, damit die Größe Gottes aufzuzeigen. Isaac Newton hatte gegen Ende des 17. Jahrhunderts mit der Postulierung seiner drei Axiome und der Aufstellung des Gravitationsgesetzes den Weg vollends geebnet zur Errichtung einer Mechanik des Himmels: Alle Bewegungsvorgänge am Himmel, die Erde einbezogen, lassen sich aufgrund der von Gott etablierten Naturgesetze vom Menschen erkennen und werden mathematisch beschreibbar. Der Ablauf des Kosmos im Großen gleicht so dem Lauf eines Uhrwerks im Kleinen. Es entsteht die Vorstellung von der »Welt als Uhr«, von der »himmlischen Maschine«. Die Mechanisierung des Weltbildes hat begonnen.

So gesehen war es durchaus verständlich, daß die schon in langer Tradition stehenden Uhrenbauer und Feinmechaniker sich daran machten, dieses himmlische Uhrwerk im Kleinen abzubilden. Und so gesehen war es für den

1770 die weit besser dotierte Pfarrstelle in Kornwestheim, auch wenn »das Herz ihm blutet«, weil deswegen der dortige kranke Pfarrer mit seinem Sohn aus dem Pfarrhaus ausziehen muß. Kornwestheim, nahe dem Machtzentrum des herzoglichen Württemberg gelegen, bringt aber nicht nur Vorteile; das ruhige Arbeiten, wie es in dem abgelegenen Albdorf Onstmettingen möglich war, wird er nicht aufrechterhalten können.

In der Tat wird das Leben von Hahn in Kornwestheim äußerst unruhig. Zum einen begründet er neben seiner normalen seelsorgerischen Arbeit viele pietistische Arbeitskreise in der Umgebung, wo er als Leiter von sogenannten Erbauungsstunden fungiert. Zum andern sorgt die Berühmtheit seiner mechanischen Produktionsstätte für regen Besuch von Interessenten. Im Jahr 1779 sind bei ihm Goethe und der Herzog Carl von Weimar zu Gast, nachdem sie auf dem Hohenasperg Schubart aufgesucht hatten. Zwei Jahre zuvor hatte Hahn dem in Stuttgart weilenden Kaiser Joseph II. seine astrono

Entwurf einer astronomischen Weltmaschine. Das geozentrische Weltmodell steht bei dieser Abbildung separat im Vordergrund. (Zeichnung von Schönhardt)

Pfarrer Hahn ebenfalls eine Lobpreisung des Schöpfers, wenn er dessen großartiges natürliches Uhrwerk den Menschen im Modell präsentieren konnte, als astronomische Maschine.

Diese Maschine, in Höhe und Breite jeweils ungefähr zwei Meter messend, war ursprünglich in rokokohaftem Schwung verkleidet. Sie wurde zu Beginn des 19. Jahrhunderts nicht gerade zu ihrem Vorteil in ein geradliniges, nüchternes Gewand gesteckt. So kann man sie heute im Württembergischen Landesmuseum in Stuttgart besichtigen. Sie gliedert sich in drei Einheiten: In der Mitte ein turmartiger Aufbau mit drei Zifferblättern, links das Modell des Planetensystems nach Kopernikus, rechts das Modell der Himmelskugel, so wie sie dem Beobachter von der Erde aus erscheint.

Das oberste Zifferblatt zeigt die Stunden, Minuten und Sekunden an, das mittlere die Monate, Monatstage und Wochentage. Zusätzlich ist hier das Tierkreiszeichen eingetragen, in dem die Sonne sich gerade befindet, ein Hinweis darauf, woher wir unsere Zeiteinteilung nehmen. Im Zeitalter der Atomuhren ist uns dieser Hintergrund weitgehend verlorengegangen. Das unterste Zifferblatt, von Hahn wohl nicht ohne Absicht mit dem größten Durchmesser versehen, verweist uns auf das absolute Alter der Welt. Ein Zeiger gibt uns das Jahrhundert an, der andere das jeweilige Jahr in dem betreffenden Jahrhundert.

Dieses absolute Weltalter hatte für Hahn fundamentale Bedeutung: der Pietist Johann Albrecht Bengel hatte es aus der Bibel, aus dem Buch der Offenbarung, berechnet. 7777 7/9 Jahre sollte es betragen. Zur Zeit der Geburt Christi waren etwas über 3940 Jahre seit der Erschaffung der Welt vergangen, und im Jahr 3836 nach Christi Geburt sollte dann alles irdische Dasein sein Ende finden, wie uns die Inschrift auf dem Zifferblatt verheißt: *»Neu Jerusalem. Neuer Himmel. Neue Erde. Welt Ende. Gericht.«*

Nun gut, kann man als aufgeklärter Zeitgenosse sagen, diese Prognose wird für uns nicht zu kontrollieren sein. Aber eine weitere Vorhersage auf dem Zifferblatt, nach der im Jahr 1836 n. Chr. *»das Königreich Christi auf Erden oder die gute Zeit der Kirche Christi«* anbrechen, und der *»Satan 1000 Jahre in den Abgrund versiegelt«* werde, benötigte schon eine gute Portion festen Glaubens. Denn bereits für die Kinder und Enkel von Hahn und Bengel sollte diese Aussage überprüfbar werden.

In diesem Gegensatz zwischen Aufklärung einerseits und Bibelinterpretation andererseits blieb Hahn zeit seines Lebens gefangen. Im Zweifelsfall entschied er sich für die Heilige Schrift: In einer Zeit, in der sich die Naturwis-

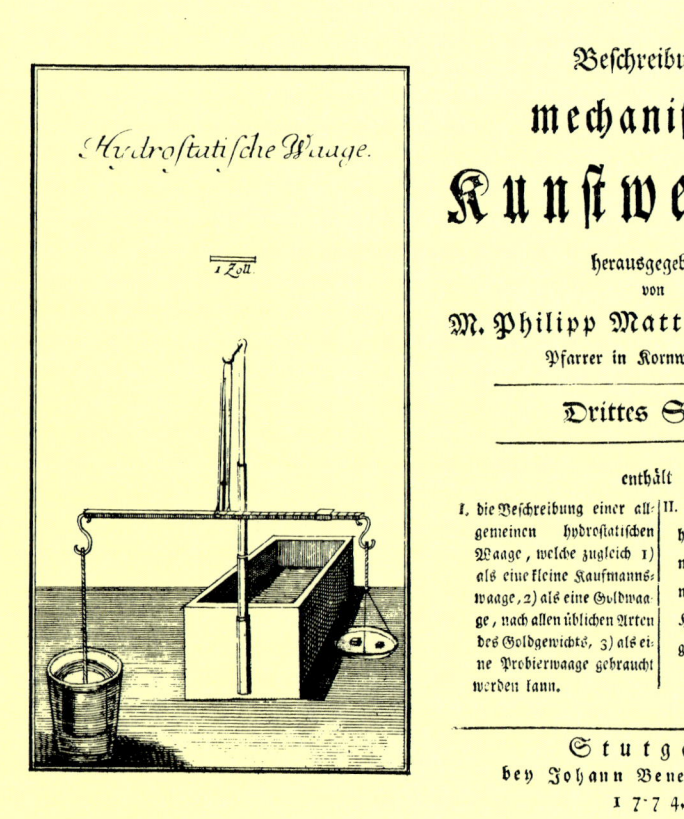

Beschreibung mechanischer Kunstwerke, Teil 3 (1774)

senschaftler zu der Erkenntnis vorzutasten begannen, daß das Alter der Erde möglicherweise Millionen von Jahren betragen könne, legt sich Hahn auf eine vergleichsweise lächerliche Zeitspanne fest. Selbstverständlich kann der Mathematiker Hahn aus der Bibel auch den Raum berechnen, den die gerechten Auserwählten am Weltende in »Neu Jerusalem« haben werden. Pro auserwähltem Menschen – 24 Millionen insgesamt werden es sein – wird ein Raum von 32 Meilen im Quadrat Grundfläche und einer »Ruthe« Höhe zur Verfügung stehen!

Ähnlich ergeht es Hahn mit der Entscheidung, wer denn nun recht habe: Kopernikus, der im 16. Jahrhundert behauptet hatte, die Erde sei ein Planet, der die Sonne umkreise, oder die antiken Naturphilosophen und mit ihnen die christlichen Bibelinterpreten, die die Erde unbeweglich in das Zentrum der Welt setzten. Die Kontroverse war zumindest für die Naturwissenschaftler seit Isaac Newton zugunsten des Kopernikus entschieden, was Hahn jedoch

nicht davon abhält, im Jahr 1777 in sein Tagebuch zu notieren: »Als ich heute das 21. Capitel der Ofenbahrung Johannis genau betrachtete, so kam mir der Gedancke, ob denn diß auch wahr sey, was die neuen Astronomen sagen, daß unser Erd ein Planet sey, der sich mit andern um die Sonne bewege.«

Er konnte aber, wenn er für die aufgeklärte Schickeria des 18. Jahrhunderts astronomische Maschinen baute, nicht auf das kopernikanische Modell verzichten. Keiner hätte ihm sonst seine Maschinen abgekauft, denn schließlich gab es auch noch andere Hersteller. Zu reizvoll war obendrein die Aufgabe, solche Modelle mechanisch zu realisieren. Keinesfalls fehlen darf dabei aber das geozentrische Modell der Himmelskugel, wo die Bewegungen der Himmelskörper so dargestellt sind, wie wir sie von der Erde aus empfinden. Dies war – und ist – für die Astronomen unverzichtbar, denn schließlich ist es die Erde, von der aus sie ihre Fernrohre nach den Objekten am Himmel richten.

Und so ist auf der astronomischen Maschine für Herzog Karl Eugen eben links das Weltmodell des Kopernikus und rechts das geozentrische der Bibel angebracht. Gerade für dieses Modell war ein äußerst komplizierter Mechanismus notwendig. Im Innern der Himmelskugel befinden sich 130 Zahnräder; um alle Bewegungen genau abzubilden wären Zahnräder mit über tausend Zähnen notwendig gewesen, eine technisch undurchführbare Aufgabe. Hahn ersinnt einen Ersatzmechanismus, den er allerdings nicht mitteilt. Einen wirksamen Patentschutz gab es noch nicht!

In den folgenden Jahren hat Hahn in viel größerer Anzahl als solche großen astronomischen Maschinen, von denen es nur wenige Exemplare gibt, die weit weniger aufwendigen würfelförmigen Stockuhren hergestellt. Bei ih-

Kopernikanisches Weltmodell in der »Astronomischen Weltmaschine« für Herzog Karl Eugen (1769). Ein Ring mit eingravierten Tierkreiszeichen ist zur besseren Übersicht entfernt worden.

nen dominiert immer, neben den verschiedenen Zeitanzeigen, das geozentrische Modell der Himmelskugel, das auf der Oberseite der Uhren aufgesetzt ist. Das kopernikanische Weltmodell in vereinfachter Ausführung ist meistens an einem unscheinbaren Platz auf einer der Seitenflächen der Uhren angebracht.

Während die großen Maschinen von einem Uhrwerk mit Sekundenpendel durch Gewichte angetrieben werden, besitzen die kleineren Ausführungen Federantrieb. In der Regel mußten sie alle acht Tage neu aufgezogen werden. Für die große astronomische Maschine prognostiziert Hahn eine Lebensdauer bis ans Ende der 7777 Jahre und eine Ganggenauigkeit, die bei den Planetenbewegungen zumindest eine Korrektur erst nach Jahrhunderten erfordert! Allerdings scheint es in der Praxis doch Proble-

me gegeben zu haben, denn oft muß sich Hahn zu seinem Verdruß von Echterdingen ins nahe Hohenheim auf den Weg machen, wo er die Kaminuhr der Herzogin Franziska wieder neu einstellen muß.

Allen astronomischen Maschinen und Uhren gemeinsam ist, daß das Uhrwerk abgekoppelt werden kann, und man mit Handbetrieb die Stellung der Himmelskörper in Vergangenheit und Zukunft für jeden beliebigen Zeitpunkt simulieren kann, so wie wir es heute in den großen öffentlichen Planetarien erleben können.

Während diese Produkte aus der Hahnschen Werkstatt nur auf Bestellung wohlhabender Kunden hergestellt wurden, wurden Taschenuhren, ebenfalls mit vielfältigeren Anzeigen versehen als unsere heutigen Gebrauchsuhren, in größerer Anzahl und wohl auch auf Lager produziert. Diese gewerbliche Herstellung war die Frucht der fast zehnjährigen Arbeit, die Hahn während der sechziger Jahre in die Konstruktion seiner ersten Astronomischen Maschine gesteckt hatte.

»Theoria cum praxi«, die fruchtbare Verbindung von Theorie und Praxis, war der Wahlspruch des großen Leibniz gewesen, als unter seiner Leitung im Jahr 1700 die Berliner Akademie gegründet worden war. Er selbst hat bei der Verwirklichung dieses Programms viele Mißerfolge einstecken müssen. Die Konstruktion seiner Rechenmaschine mißlang, weil die Mechaniker seine Ideen nicht umsetzen konnten. Siebzig Jahre später ist Hahn mit diesem Konzept erfolgreicher. In Kenntnis des Scheiterns von Leibniz macht er sich an den Bau einer Rechenmaschine für alle vier Grundrechenarten. Er möchte sie nicht als Verkaufsprodukt herstellen, sondern sie soll ihm lediglich als Hilfsmittel dienen, seine zeitaufwendigen lästigen Zahlenrechnungen zu erleichtern. Acht Jahre tüftelt er

daran in Kornwestheim, bis er 1779 im »Teutschen Merkur« mit der »Beschreibung einer Rechnungs-Maschine« dem Publikum die Fertigstellung einer vierzehnstelligen Rechenmaschine präsentieren kann. Es werden nur wenige Stücke davon hergestellt, noch weniger sind uns heute erhalten, wie das Exemplar einer elfstelligen Maschine im Landesmuseum in Stuttgart. Ein Absatzmarkt für die Maschine bestand zur Zeit Hahns noch nicht.

Wie konnte der Pfarrer bei der Vielfalt seiner praktischen Tätigkeit überhaupt seiner Hauptaufgabe, seinem Beruf gerecht werden? Er hatte die Prioritäten klar gesetzt: seine Lebensaufgabe sah er darin, nicht nur selbst fromm zu sein, sondern, getreu seiner pietistischen Überzeugung aktiv seine Mitmenschen im Dialog zu ihrem Seelenheil zu verhelfen, also Seelsorge im wahrsten Sinn des Wortes zu betreiben. Oft quält er sich in seinem Tagebuch mit Selbstzweifeln, ob seine mechanisch-technischen Ambitionen mit seinem Pfarrerberuf vereinbar seien, ob sie nicht zu viel von seiner Arbeitskraft beanspruchten: »Die Wasserwaage und andere Maschinen machten mich sehr verdrießlich. Wenn ich doch nichts dergleichen angefangen oder wieder davon los wäre, weil ich die

notwendigsten Geschäfte zum Reich Gottes vor mir sehe.« Oder: »Oh, was habe ich mir für eine Rute durch diese mechanischen Dinge auf den Rücken gebunden!« Oder: »Morgens vier Uhr aufgestanden... Habe gemeint, ich wolle den Elias vollends durchgehen und auch etwas an der Römer-Epistel machen. Allein ich kam in astronomische und mechanische Gedanken hinein, die mich nicht verließen bis um sechs Uhr, da ich auf die Predigt studieren sollte.«

Aber auch die andere Seite, die mechanische Tätigkeit, kann bei ihm die Oberhand gewinnen: »Stark mit dem Gedanken umgegangen, meinen Dienst aufzugeben und eine freie Stelle als Professor Mechanicus et Astronomiae zu Tübingen mit einer hinlänglichen Besoldung durch Beihilfe der Rechnungsmaschine zu suchen, um dem Reich Gottes nicht mehr im Zwang, sondern in der Freiheit besser dienen zu können, weil mir seit etlichen Tagen alles entleidet war.« Hier bezieht sich Hahn auf das Angebot des Herzogs, an der Universität in Tübingen eine Professur zu übernehmen. Dazu kam es nicht, auch hätte Hahn die Rechnung ohne seine zukünftigen Kollegen von der Theologischen Fakultät gemacht, die seine Schrift »Christliche Unterredungen« im Jahr 1783 als äußerst umstürzle-

Links:
Taschenuhr mit Anzeige von Wochen- und Monatstagen, Monaten, Sonnenstand und Mondphasen.

Rechts:
Neigungswaage.

**Elfstellige Rechen-
maschine.**

»württembergische Sehenswürdigkeit«, wie ihn Theodor Heuss genannt hat, hat aber noch mehr bewirkt. Unbewußt hat er dem rohstoffarmen Agrarland Württemberg einen Weg in das Zeitalter der Industriellen Revolution vorgezeichnet, nämlich die Etablierung einer verarbeitenden Industrie auf der Grundlage naturwissenschaftlich-technischer Bildung. Ein Tüftler und Bastler? Ein Tüftler war er sicher, während seiner Jugendjahre ein verständiger Bastler, der zu dem wurde, was wir heute einen Ingenieur nennen. Sein Grab ist, wie das seines Landsmannes Johannes Kepler, nicht mehr auffindbar, und sicher kennen die wenigsten Stuttgarter das ihm zu Ehren errichtete Denkmal mit der geozentrischen Himmelskugel, das auf dem Platz vor der Liederhalle steht.

risch einstuften. Das Beispiel seines großen Landsmannes Johannes Kepler, den man knapp zweihundert Jahre zuvor aufgrund seiner nicht ganz normgerechten Glaubensansichten von Tübingen nach Graz fortgelobt und dessen beständigen Wunsch, als Lehrer an die Universität zurückzukehren, man immer erfolgreich ignoriert hatte, hätte für Hahn eine Warnung sein können.

Für den Mann, unter dessen Leitung so viele Uhren gebaut wurden, war die Uhr für die Einteilung des eigenen Tagesablaufs ein unverzichtbares disziplinarisches Hilfsmittel. Wie oft beklagt er sich in seinem Tagebuch über unergiebige Besuche, die sein ganzes Programm durcheinanderbringen. Möglicherweise war der so akkurate Pfarrer Hahn, der mit seinem Lebenswandel ein Beispiel geben will und hohe Anforderungen an seine Familie und Mitmenschen stellte, kein sehr umgänglicher und liebenswerter Mensch. Sein Tagebuch gibt dafür tiefe Einblicke.

»Aber Du hast alles geordnet nach Maß, Zahl und Gewicht.« So steht es in der Bibel. Für den Pfarrer Hahn, der im Zweitberuf Uhren, Rechenmaschinen und Waagen konstruierte, war dies das Programm für sein Leben. Die

Albrecht Ludwig Berblinger – der »Schneider von Ulm«

Von Erwin Regele

Als Albrecht Ludwig Berblinger am 31. Mai 1811 in Ulm vor Herzog Heinrich, dem Bruder König Friedrichs von Württemberg, seinen mißglückten Flugversuch unternimmt, gab es schon eine lange Reihe ernst- und weniger ernstzunehmender, glaubhafter und weniger glaubhafter Flugversuche.

Der Traum vom Fliegen dürfte so alt wie die Menschheit sein. Und da es der Mensch nicht den Vögeln gleichtun konnte, verlieh er seinen Göttern die Gabe des Fliegens. Man denke nur an den griechischen Götterboten Hermes mit seinem flügelbewehrten Helm und seinen gefiederten Sandalen. Auch in vielen Märchen und Sagen der Völker findet die Sehnsucht zum Menschenflug ihren Niederschlag. Die bekannteste Sage berichtet von Dädalus, dem Erbauer des kretischen Labyrinths, in dem das Ungeheuer Minotaurus hauste. Er entfloh mit seinem Sohn Ikarus der Gefangenschaft des Königs Minos, indem er Flügel aus Wachs und Federn fertigte. Beim Flug kam der unvorsichtige Ikarus der Sonne zu nahe, das Wachs schmolz und Ikarus stürzte ab. Ähnlich bekannt ist auch »Wieland der Schmied« der nordischen Mythologie, der sich metallene Flügel fertigte. Sowohl die abendländische als die orientalische Mythologie und Märchenwelt ist voller Beispiele des menschlichen Fliegens. Man denke nur an den fliegenden Teppich und fliegenden Koffer oder an die auf Besen reitenden Hexen des Mittelalters.

An wirklichen Beispielen von Flugversuchen ist die frühere Geschichte arm. Erst mit Beginn des 17. Jahrhunderts mehren sich die Meldungen. Der wohl erste historisch beglaubigte Flugversuch erfolgte im Jahr 67 n. Chr. zu Rom. Die Apostelgeschichte berichtet, daß der Magier Simon im 13. Jahr der Regierung des Kaisers Nero tatsächlich geflogen sei. Erst 880

hören wir dann wieder von einem Gleitflug-Versuch durch den Araber Abu'l-Qasim, genannt Abbas Ibn Firmâs, der sich als Gelehrter u. a. auch mit der Mechanik befaßte.

Ihm folgte im Jahr 1065 der englische Benediktiner Oliver von Malmersburg, ein berühmter Mönch, Astrologe und Physiker. Er sprang mit seinem selbst gebauten Flügel von einem hohen Turm, soll eine längere Strecke geflogen sein, stürzte dann aber ab, erlitt schwere Verletzungen und blieb für die Folge gelähmt.

Nach den Erzählungen des Historikers Niketas Akominatos unternahm 1160 ein Sarazene anläßlich der von Kaiser Manuel Komnenos zu Ehren eines Seldschukensultans veranstalteten

25. 6. 1770 In Ulm/Donau geboren
ab 1783 Jugend im Waisenhaus
1792 Meisterprüfung im Schneiderhandwerk
1792 Verheiratung mit Anna Scheifelin, sechs Kinder
1794 Eigene Werkstatt
1795 Neben Schneiderei Bau von Kinderchaisen und Chaiseschlitten
1808 Herstellung von Prothesen für Gliedmaßen
ab 1810 Vorbereitungen zum Bau einer Flugmaschine
30. 5. 1811 Besuch König Friedrichs von Württemberg, mißglückter Flugversuch
31. 5. 1811 Berblinger fällt beim zweiten Flugversuch vom Sprunggerüst in die Donau, er wird zum Gespött von jedermann
28. 1. 1829 Berblinger neunundfünfzigjährig in Armut in Ulm gestorben

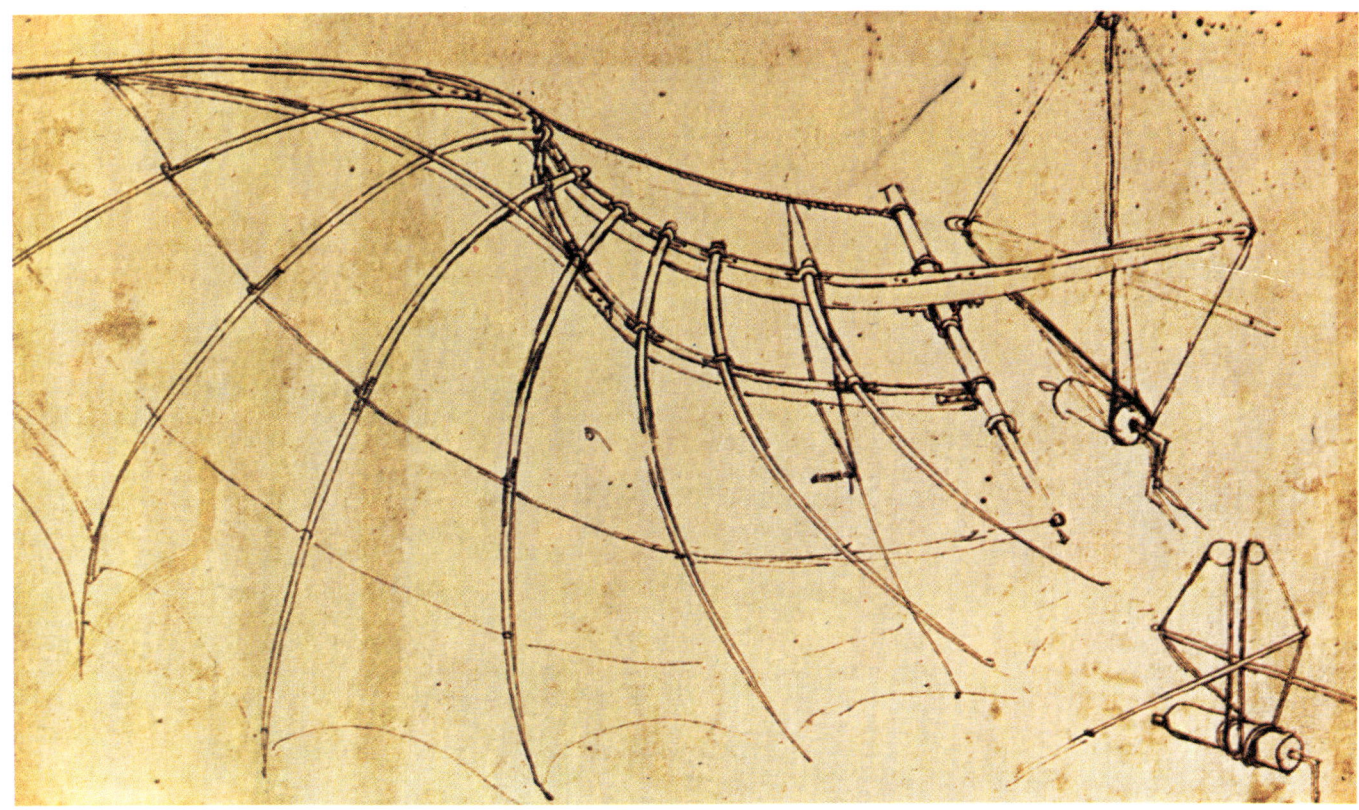

Empfangsfeierlichkeiten einen Flugversuch, wobei er abstürzte und sich Arm- und Beinbrüche zuzog. Dieser Versuch hat in Bezug auf den Anlaß des Fluges eine erstaunliche Übereinstimmung zu dem Flugversuch Berblingens vor dem König bzw. dessen Bruder.

Dann taucht in der Geschichte des Menschenflugs in leuchtenden Lettern der Name des italienischen Universalgenies Leonardo da Vinci auf. 1452 geboren, erforscht er als erster mit wissenschaftlichen Methoden das Problem der Flugmechanik. Seine Aufzeichnungen sind zahlreich und beweisen seine der Entwicklung um Jahrhunderte vorauseilende Genialität. Er weist darauf hin, daß mit gefiederten Flügeln kein Erfolg zu erzielen ist, sondern nur mit Tragflügeln nach Art der Fledermäuse, wie sie dann viel später Otto Lilienthal bei seinem ersten wirklich gelungenen Menschenflug verwendete. Leonardo da Vinci konstruierte auch Anordnungen zur Verstärkung der Muskelkraft und ersann eine Flugmaschine mit starren Tragflächen, deren Enden beweglich waren. Daß er den Hubschrauber und Fallschirm vorschlug, sei hier nur am Rande vermerkt.

Der erste tatsächlich nachgewiesene Flugversuch in Deutschland fand um 1500 in Nürnberg statt und wurde von dem Kantor Senecio durchgeführt. Aber auch er stürzte ab und verletzte sich schwer. Gottlieb Zeidler hat in seinem berühmten »Fliegenden Wandersmann« diesem Lilienthal des Mittelalters ein Denkmal gesetzt. Diesem Versuch folgte 1503 ein Flug des italienischen Gelehrten G. B. Danti in Perugia. Dieser soll tatsächlich von seinem Startplatz aus, einem Turm, dreihundert Meter weit geflogen sein, bevor er auf ein Dach fiel und sich leicht verletzte. Am 21. 9. 1507, vier Jahre später, wagte John Damian, Abt von Tungland, Hofrat und Alchimist am Hofe König Jakobs IV., einen Absprung von den Mauern des schottischen Schlosses Stirling Castle. Er stürzte ab und brach sich ein Bein.

Im 16. Jahrhundert mehren sich die Nachrichten über angebliche Flüge bzw. über Flugversuche, die wohl zum größten Teil in das Land der Fabeln zu verweisen sind, was die erfolgreichen Flüge betrifft.

Ein im Jahre 1754 im Bibliotheksaal des oberschwäbischen Klosters Schussenried durch den Maler Franz Georg Hermann geschaffenes Deckengemälde zeigt auch die Gestalt eines Paters mit Flügeln aus Gänsefedern. Es handelt sich um den in Württemberg geborenen Pater

Caspar Mohr, ein Universalgenie, der sich um 1610 auch mit dem Bau einer Flugmaschine beschäftigte. Nach der einen ins Reich der Märchen zu verweisenden Lesart soll Mohr vom Schalloch des Kirchturms aus »zwei Stunden« weit zu den Klosterpfarreien Otterswang und Oggelshausen geflogen sein, während die andere – wahrscheinlichere – Version berichtet, daß der Abt dem Pater Mohr den Umgang mit diesem »Teufelszeug« verboten habe.

Dem berühmten Nürnberger Mechaniker und Zirkelmacher Hans Hautsch (1595 – 1670) könnte man schon eher einen ernsthaften Flugversuch zutrauen, war er doch ein ingeniöser Mechaniker, der Uhren, Feuerspritzen, einen Fahrstuhl für behinderte Menschen und mechanische Prachtwagen für den König von Dänemark und einen schwedischen Prinzen ersann und baute. Leider sind über seine Flugversuche keine Einzelheiten hinterlassen, lediglich aus einem – sicher unberechtigten – Spottlied des Botanikers Agricola weiß man von diesen Versuchen.

Den ersten Vortrag in Deutschland über das Fliegen hielt am 5. September 1627 der Professor, Bibliothekar und Poeta laureatus Friedrich Hermann Flayder an der Universität in Tübingen. Diesem folgten zwei weitere. Der Erfolg muß so groß gewesen sein, daß schon kurze Zeit später die in lateinischer Sprache gehaltenen Vorträge unter dem Titel »De arte volandi« gedruckt erschienen. Es dauerte jedoch 110 Jahre, bis dieses erste in Deutschland erschienene Buch über das Fliegen in deutscher Sprache erschien.

Und wieder – 1648 – wird von einer Flugmaschine berichtet. Diesmal kommt die Meldung aus Polen, wo der venezianische Ingenieur Tito Livio Burattini am polnischen Königshof den Entwurf einer Flugmaschine vorlegt, die

Titelseite der Übersetzung der lateinischen Ausgabe des ersten deutschen Buches über die »Flugkunst« von dem Tübinger Professor Friedrich Hermann Flayder, 1737.

sich durch erstaunliche Details auszeichnet. So hat Burattini bereits ein Leitwerk in Form eines drehbaren Schwanzstücks konstruiert und seine Maschine war für Landungen auf dem Lande und im Wasser vorgesehen, also ein Amphibium. Um etwa die gleiche Zeit könnten auch die Flugversuche des Türken Celebi stattgefunden haben, dem man nachsagte, daß er von einem Turm in Galata am Bosporus gestartet und mehrere Kilometer geflogen sei. Sicher eine zeitgenössische Übertreibung.

Ein Schwabe, also ein Vorgänger Berblingers, war der »fliegende Schuster von Augsburg«, der in Cannstatt bei Stuttgart geborene Salomon Idler. Er wollte – wahrscheinlich um 1660 herum – mit seiner Flugmaschine vom Augsburger Perlachturm im Vogelflug herabschweben. Auf Anraten seines wohlmeinenden Beichtvaters versuchte er jedoch vorher, von einem niederen Dach aus auf eine mit Federbetten gepolsterte Brücke herabzugleiten. Der Flug mißlang, die Brücke brach unter dem starken Aufprall zusammen und begrub Flieger und unter der Brücke scharrende Hennen, wodurch diese auch nicht mehr zu fliegen vermochten. Ein Jahr später – 1649 (manche Quellen nennen das Jahr 1659) – läßt sich der Engländer Edward Somerset, Marquis of Worcester, ein »Patent« auf eine Flugmaschine erteilen. Von seinen etwa hundert Erfindungen, die er einreichte, ein Beispiel: »*Wie man einen Menschen fliegen machen kann, was ich mit einem zehnjährigen Knaben in einer Scheune versucht habe.*«

Der englische Naturforscher Robert Hooke baute sich – man schreibt mittlerweile das Jahr 1655 – ein Flugmodell, das mit Hilfe von Sprungfedern gestartet wurde. Er kommt zu dem Schluß, daß die Muskeln des menschlichen Körpers nicht ausreichen, um einen Menschen fliegen zu lassen. Zu ähnlichen Schlüssen kam der Wiener Hofrat Johann Joachim Becher (1635–1682) in seiner »*Närrischen Weisheit und weisen Narrheit*«, in der er sich über das Gleichgewicht und einen künstlichen Antrieb, den er »vim elastica« nannte, Gedanken machte.

Dann folgten Versuche eines gewissen Bernoin in Frankfurt im Jahre 1673, von denen nichts Näheres hinterlassen ist. Fünf Jahre später macht ein französischer Schlosser namens Besnier aus Sablé von sich reden, als er mittels »Paddelflügel« zu fliegen versuchte. 1680 erläuterte der Italiener Giovanni Borelli in seiner Schrift »*De Motu Animalium*«, warum der Mensch ohne mechanische Hilfe niemals werde fliegen können. Trotzdem gingen die Bemühungen weiter und Zeidler berichtet in seinem »*Fliegenden Wandersmann*«, daß Anfang des 18. Jahrhunderts der Schlosser Johann Gabriel Illings aus Halle einen Schwingenflieger in Vogelgestalt gebaut habe.

Dann folgen wieder ernstzunehmendere Meldungen aus Schweden, wo der Ingenieur und Naturforscher Emanuel Swedenborg, Mitglied der Wissenschaftlichen Gesellschaft in Uppsala und des Königlichen Bergwerkskollegiums sowie korrespondierendes Mitglied der Akademie zu Petersburg, in der von ihm ge-

gründeten Zeitschrift »*Dädalos hyperboraeus*« 1716 sehr detaillierte Angaben über Material, Konstruktion, Aerodynamik und Gleichgewichtshaltung einer Flugmaschine veröffentlichte.

Um 1742 versuchte der zweiundsechzigjährige Marquis de Bacqueville vom Dach eines Pariser Hotels zum gegenüberliegenden Ufer der Seine zu fliegen. Auf halbem Wege stürzte er ab, fiel auf ein vorüberfahrendes Schiff und brach sich ein Bein. Die Parallele zu Berblinger ist unverkennbar, nur scheint der Marquis wenigstens einen Teil der Strecke überflogen zu haben. Auch ein aus Wildberg bei Nagold stammender schwäbischer Müller Schweikart versuchte 1750 mittels zweier großer Flügel, die mit Taft bespannt waren, von einem hohen Berg seine im engen Tal liegende Stadt zu überfliegen. Dabei kullerte er den Berg hinab und brauchte für den Spott nicht mehr zu sorgen.

Mit dem am 19. Oktober 1733 in Lehnitzsch bei Altenburg geborenen Melchior Bauer tritt wohl der genialste Flugzeugkonstrukteur vor Caylay und Lilienthal in die Geschichte des Menschenflugs ein. Das Leben dieses seiner Zeit vorauseilenden und von seinen Zeitgenossen verkannten Genies ist voller Tragik. Und es würde den Rahmen dieser »Vorschau« sprengen, wollte man die Fülle seiner fortschrittlichen Gedanken auch nur andeutungsweise aufzählen. Eine Faksimile-Ausgabe seiner »*Flugzeughandschrift des Melchior Bauer*« wurde 1924 durch den Archivrat Professor Friedrich Schneider veröffentlicht.

Um die Mitte des 18. Jahrhunderts unternahm dann ein junger Franzose, dessen Name nicht überliefert ist, vom Dach der St.-Pauls-Kathedrale in London einen Gleitflug und verunglückte tödlich. Ein Holländer namens Adrian Baartjen wollte die von dem Franzosen ge-

Die Flugmaschine Berblingers.

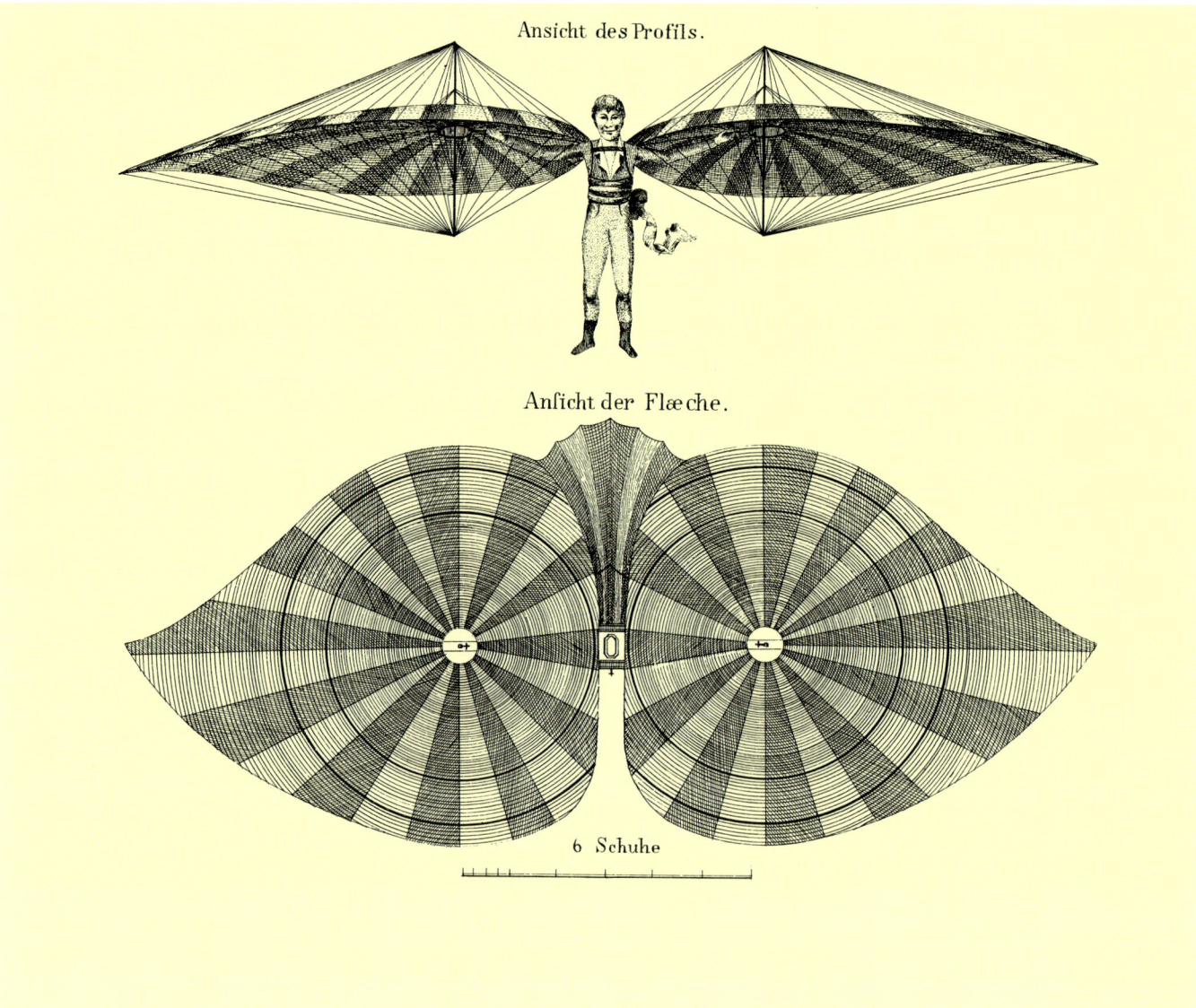

Ansicht des Profils.

Ansicht der Flæche.

6 Schuhe

machten konstruktiven Fehler verbessern, baute sich eine Flugmaschine und versuchte von einem Turm aus zu fliegen. Er stürzte ab und brach sich einen Arm. Um ihn an weiteren Experimenten zu hindern, sperrte ihn die Obrigkeit einfach ins Tollhaus, wo er elendiglich zugrunde ging.

Der Hochfürstlich Badische Landbaumeister Carl Friedrich Meerwein veröffentlichte 1781 und 1784 zwei Schriften über den Menschenflug, in denen er ein Schwingenflugzeug vorstellt. Meerwein war der erste Flieger, der sich Gedanken über das Verhältnis von Flügelfläche zum Fluggewicht gemacht hatte. Nach einer Mitteilung des Karlsruher Professors Boeckmann soll Meerwein in Gießen einen glücklosen Flugversuch unternommen haben, während der Robinson-Crusoe-Übersetzer J. H.

Campe – ein Zeitgenosse Meerweins – in seiner 1786 in Wolfenbüttel erschienenen Reisebeschreibung berichtet, er habe Meerweins Flugzeug besichtigt, mit dem dieser später abgestürzt wäre.

Dann folgte wieder ein ernstzunehmender Zeitgenosse im großen Reigen der Möchtegerne. Es ist der 1760 in Lioderswill in der Schweiz geborene Uhrmacher Jakob Degen, der seit 1807 in Wien Experimente mit einem durch Muskelkraft angetriebenen Schwingenflieger machte, den er an einem Ballon aufhängte. Sein Schwingenflieger dürfte dem von Berblinger Modell gestanden haben. Im übrigen war Degen ein universell veranlagter Mann und brachte es im hohen Alter durch den Verkauf seiner Druckmaschine für den zweifarbigen Druck von Banknoten zu ansehnlichem Vermögen. Er-

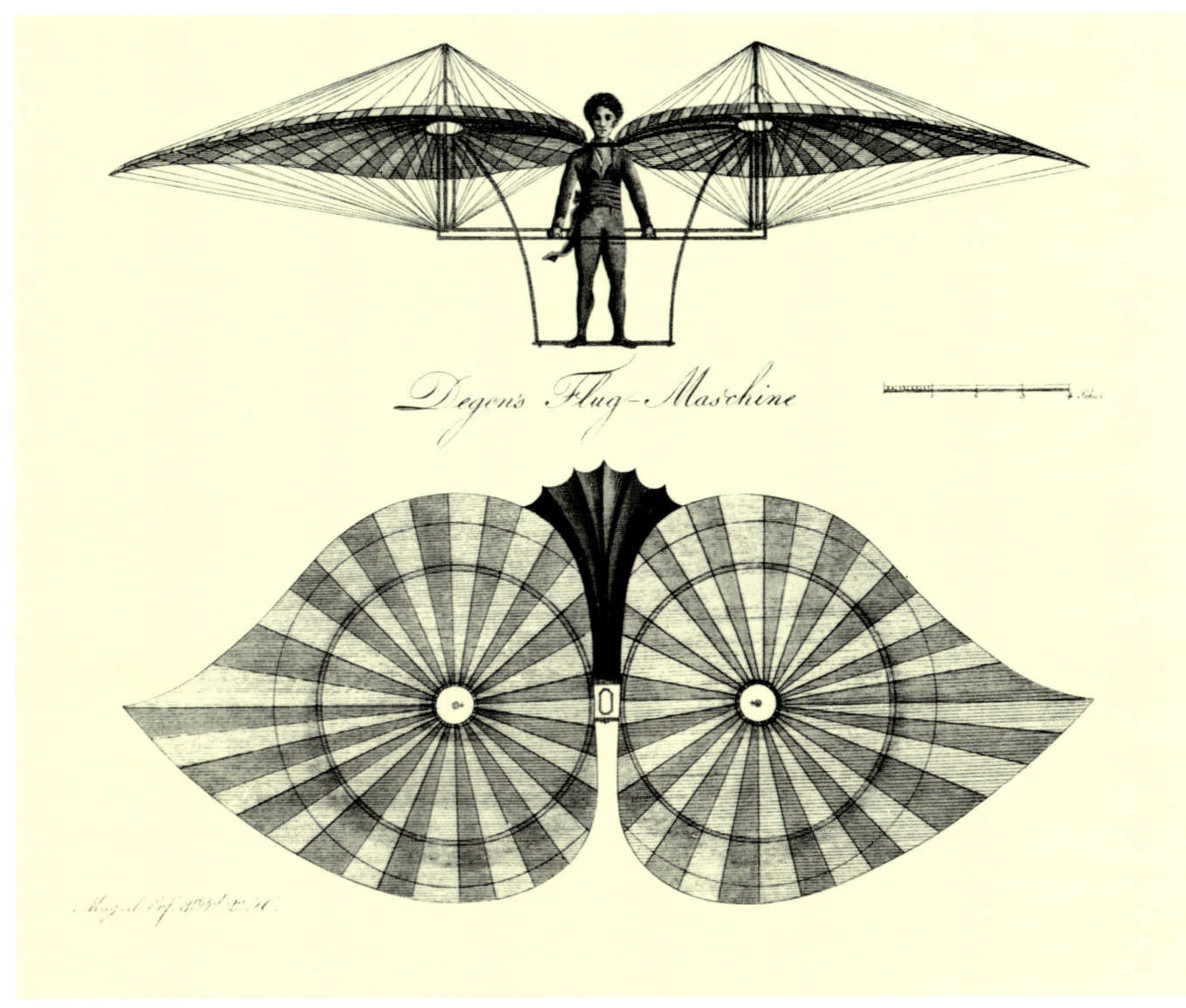

Degen's Flug-Maschine

Die Flugmaschine Degens, die die große Übereinstimmung des Berblingerschen Flugzeugs mit der Maschine Degens erkennen läßt.

währenswert wäre noch, daß es bei einer öffentlichen Vorführung im Wiener Prater im Juni 1817 Degen gelang, ein uhrwerkbetriebenes Hubschraubermodell von sechs Kilogramm Gewicht 160 Meter hoch aufsteigen zu lassen. Zur gleichen Zeit wie Degen dürfte der Mathematiklehrer August Wilhelm Zachariä an der Klosterschule zu Roßleben seine Versuche angestellt haben, die er in seinem Buch »*Die Elemente der Luftschwimmkunst*« beschrieb.

Im Jahr 1808 erprobte der Engländer George Cayley, der »Vater der britischen Aeronautik« sein erstes Gleitflugzeug. Caylay dürfte der Vordenker der machbaren Flugtechnik gewesen sein. Er baute Hubschraubermodelle und entwickelte das Konzept des modernen Flugzeugs. Er bestimmte wesentliche Elemente des Flugzeugs wie Krümmung und Einstellwinkel der

Flügel, Horizontal- und Quersteuerung, Stromlinienform und Propeller.

Alles dies ging dem mißglückten Flug des Albrecht Ludwig Berblinger voraus. Es ist jedoch nicht anzunehmen, daß er von alledem wußte. Anders dürfte es sich mit den Versuchen von Degen verhalten haben, der ja Berblingers Zeitgenosse war und dessen Entwürfe zu eindeutig mit denen von Berblinger übereinstimmen. Da Berblinger jedoch das Standgestell für den Flieger und die Hebelarme zur leichteren Betätigung der Flügel des Degengerätes bei seinem Instrument fortließ und statt dessen seine Arme direkt zur Betätigung der Flügel verwandte, blieb es bei seinem Versuch nicht aus, daß er beim Sprung die voll beaufschlagten Flügel nicht halten konnte, diese nach oben zusammenschlugen und ihn abstürzen ließen.

Albrecht Ludwig Berblinger wurde am 25. Juni 1770 in Ulm als Sohn des Zeugamtknechtes A. L. Berblinger geboren. Der Vater starb schon 1783 und hinterließ Frau und sieben Kinder in großer Armut. Deshalb mußte die Mutter Ludwig und seine beiden jüngeren Geschwister ins Waisenhaus geben, wo er später den Beruf der Schneiders erlernte. Nach den für einen Handwerksgesellen üblichen Wanderjahren läßt sich Berblinger 1792 nach Ablegung der Meisterprüfung als Schneidermeister in Ulm nieder. Im gleichen Jahr heiratet er Anna Scheifelin, mit der er im Laufe seiner Ehe sechs Kinder hat.

Im Jahr 1794 erwirbt er am Ulmer Münsterplatz ein Haus und beschäftigt in seiner Schneiderwerkstätte bald einige Gesellen. Dies ermöglicht ihm, sich neben seinem Geschäft auch um andere Dinge zu kümmern, die seiner erfinderischen Begabung mehr entsprechen. So findet man im »Intelligenzblatt« der Stadt Ulm in den Jahren 1803 – 1808 immer wieder Annoncen, in denen er »gut conditionierte Kinderchaisen und Chaiseschlitten« zum Verkauf anbietet. Er beschäftigt sich auch mit dem Entwurf und der Anfertigung von Prothesen, worüber ihm ein Gutachten im Auftrag des bayerischen Königs bestätigt, daß »Berblinger in der Fertigung künstlicher Füße ein besonderes Geschick beweist, indem er viel Krüppel aus den napoleonischen Kriegen eine kunstreiche Maschine verfertigte, welche das Ansehen des verlorenen Fußes ersetzt und dem Unglücklichen wie mit einem natürlichen Fuß zu gehen gestattet.« Zeichnungen dieser Prothesen befinden sich im Stadtarchiv Ulm.

Erstmals berichtet Berblingers Zeitgenosse, der Pfarrer Weyermann, über dessen Vorhaben des Baus einer Flugmaschine: »Im Jahr 1810 kam dieser unruhige Geist, den immer von

Neuem etwas treibt, auf den sonderbaren Gedanken eine Flugmaschine zu verfertigen, um mit derselben nach Vogelart zu fliegen.«

Und am 28. April 1811 erscheint in der in Stuttgart erscheinenden »Schwäbischen Chronik« folgende hochtrabende Ankündigung:

Ulm, den 24. April 1811 – Neue Flugmaschine Nach einer unsäglichen Mühe in der Zeit mehrerer Monate, mit Aufopferung einer sehr beträchtlichen Geldsumme und mit Anwendung eines rastlosen Studiums der Mechanik, hat der Unterzeichnete es dahin gebracht, eine Flugmaschine zu erfinden, mit der er in einigen Tagen in Ulm seinen ersten Versuch machen wird, an dessen Gelingen er, bestärkt durch die Stimme mehrerer Kunstsachverständiger, nicht im geringsten zweifeln zu dürfen glaubt.
Von heute an ist die Maschine bis an den Tag des Versuchs, der nebst Stunde in diesen Blättern vorher genau angezeigt werden wird, hier im Saale des Gasthofs »Zum goldenen Kreuz« jedem zur Ansicht und zur Prüfung ausgestellt.
Berblinger.

Es ist belegt, daß Berblinger mit seinem Fluggerät zuvor im Hofe seines Hauses und auf einem in der Nähe gelegenen Hügel Flugversuche unternommen hat. Zudem hat er im Saal des obengenannten Gasthofs einen Experimentalvortrag gehalten. Inwieweit die angestellten Versuche nennenswerte Ergebnisse erbrachten, ist nicht bekannt.

Unter dem Datum 27. Mai 1811 vermeldet dann die »Schwäbische Chronik«: »...ein erster Versuch mit der Flugmaschine wird hiermit für Dienstag in der Pfingstwoche, den 4. Junius, nachmittags – wenn die Witterung günstig ist – angekündigt.«

Was den Magistrat der Stadt Ulm dazu bewogen haben könnte, den Flugversuch von

1. Berblinger's unglückliches Unternehmen als Luftfliger in seiner Positur. 2. das Ufer der Donau, mit Zuschauer. 3. die glückliche Rettung des Luftfliger's, von den Fischern. 4. Ulm.

Ein zeitgenössisches Flugblatt über den Flugversuch und Absturz Berblingers vom 31. Mai 1811.

Berblinger auf den 30. Mai 1811, den Tag des Besuchs von König Friedrich von Württemberg in Ulm, vorzuverlegen – darüber können nur Mutmaßungen angestellt werden. Sicher war es das Bedürfnis, seiner Majestät ein besonderes Schauspiel zu bieten.

Ursprünglich wollte Berblinger von der Plattform des – damals noch nicht vollendeten – Münsters herabschweben, was ihm jedoch der Rat der Stadt verbot. Man einigte sich dann darauf, daß der Absprung an der Donau erfolgen solle, wohl in der weisen Voraussicht, daß beim Mißlingen des Fluges wenigstens kein Toter zu beklagen sei. Es ist allerdings unverständlich – und davon muß man ja im Hinblick auf das Resultat ausgehen – daß es Berblinger unterließ, umfangreiche und erfolgreiche Flugversuche in aller Stille durchzuführen. Dessen ungeachtet findet sich am Donnerstag, dem 30. Mai 1811, nachmittags der König mit seinem Hofstaat vor der Adlerbastei am Ufer der Donau ein, um den Schneider Berblinger fliegen zu sehen. Da im Ulmer Rathausprotokoll von 1811 diese Flugveranstaltung mit keinem Wort erwähnt wird, entnehmen wir die Vorgänge in

freier Wiedergabe den Aufzeichnungen von Zeitgenossen:

»Berblinger hat sich als Absprungplatz auf der Adlerbastei ein hölzernes Gestell gemacht, 24 Schuh jenseits der Donau und Mauer, bis an die Donau hinunter war ungefähr 40 Schuh lang, mithin hat man berechnet, 64 Schuh hoch.

Mit einem Ritt durch die Straßen der Stadt unterstreicht Berblinger die Einladung. Dazu trägt er ein weiß-rotes Gewand, geschmückt mit einer Schärpe, so gibt er – mit Trompetenstößen angekündigt – seine Absicht, am Nachmittag über die Donau zu fliegen, bekannt.

Für die Unkosten läßt er sich von den Zuschauern je einen Batzen zahlen.

Auf der Adlerbastei angekommen, besteigt er das Sprunggerüst. Zwei Begleiter helfen ihm, seinen Flugapparat anzuschnallen. Als er nun sprungfertig auf dem Gerüst steht, zeigt er sich den Zuschauern ängstlich benommen, als wollte ihn ein Gefühl der Bangigkeit überkommen. Er trippelt hin und her, versucht mehrmals einen Anlauf zu nehmen und setzte dabei seine Flügel in Bewegung. Vermutlich durch unregelmäßig aufkommende Windstöße funktioniert einer der beiden Flügelarme nicht richtig. Da bei weiterem Hantieren dieser schadhaft gewordene Flügel abknickt, muß Berblinger unverrichteter Dinge – gewollt oder ungewollt – seinen Flugversuch abbrechen. Alles wird nun auf den nächsten Tag verschoben. Bis dahin

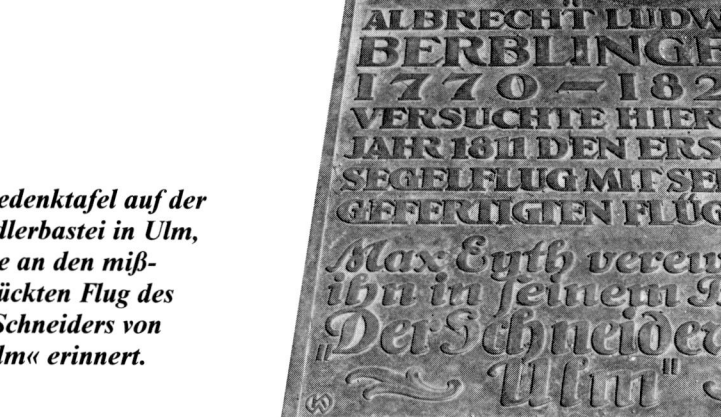

Gedenktafel auf der Adlerbastei in Ulm, die an den mißglückten Flug des »Schneiders von Ulm« erinnert.

sollen auch die Flügelpaare wieder flugtüchtig gemacht sein.

Der König ist durch den Mißerfolg des Unglücksvogels Berblinger sichtlich enttäuscht und reist in seine Residenz zurück, nicht ohne den ›Erfinder‹ als Aufmunterung für weitere Bemühungen in der Kunst zu fliegen aus der königlichen Hofkasse mit 20 Louisdor zu beschenken. Zurück bleibt der Bruder des Königs, Herzog Heinrich von Württemberg, damit beauftragt, dem 2. Versuch Berblingers beizuwohnen und darüber am königlichen Hof zu berichten.

Die erforderliche Zeit für Berblinger, sein Fluggerät wieder in Ordnung zu bringen, ist knapp bemessen und läßt auch keinerlei Erprobung des Mechanismus im Werkstatthof am Münsterplatz mehr zu.«

So wird also der Flug auf den folgenden Tag, den schicksalhaften 31. Mai, verlegt. Darüber berichten die Zeitgenossen Berblingers:

»Wieder reitet Berblinger, diesmal von 2 Trompetern begleitet, gegen Mittag in der Stadt herum, um zur Flugvorführung einzuladen. Nach Fanfarenstoß ruft der Künstler selber aus, er werde bis abends 4 Uhr die Probe mit seiner Flugmaschine ablegen.

Eine große Zuschauermenge und der Herzog selbst erwarten Berblinger um 4 Uhr bei der Adlerbastei. Auch am gegenüberliegenden Donau-Ufer warten viele Schaulustige, die ihn nach geglücktem Flug empfangen wollen. Mehr ängstlich als mutig besteigt er das Abflug-Gerüst. Zweifelt er an der Zuverlässigkeit seines Flugapparates? War die Zeit nicht zu kurz, um die Flügelaufhängung und den Flügelschlag zuverlässig instand zu setzen?

Unter den strengen Augen seines Herzogs trippelt er – genau wie gestern – hin und her, rudert mit den Flügeln in der Luft herum, nimmt immer wieder Anlauf, um sich in die Luft zu schwingen. Doch jedesmal läßt er im entscheidenden Moment die Flügel hängen.

Als er nun wiederum ansetzt und die Flügel schwingt ohne sein Gerüst zu verlassen – es ist zwischen 3/4 auf 5 Uhr gewesen – wird er vom Herzog rauh und barsch angesprochen, er solle nun seine Kunst in Bälde vollziehen. Berblinger ist dabei so erschrocken, daß er – komme, was wolle – Hals über Kopf gesprungen ist und wie ein Mühlstein in die Donau fällt, ohne daß die Flügel Wirkung zeigten.«

Der Hohn und Spott, der nun über Berblinger hereinbrach, wäre sicher ein verständlicher Anlaß gewesen, nun für einige Jahre Ulm den Rücken zu kehren, wie das Max Eyth in seinem berühmten Roman *»Der Schneider von Ulm«* in dichterischer Freiheit auch geschehen läßt. Aber der Kampf ums tägliche Brot für seine Familie läßt diese Lösung nicht zu.

Wir begegnen ihm in der Folge nochmals, als er mit Anzeigen in der örtlichen Presse für seine selbstverfertigten Bruchbänder wirbt. Als 1820 seine Frau stirbt, scheint es langsam bergab zu gehen. So läßt er sich von einem »Wachspoussierer« für ganze zwei Carolins in Lebensgröße mit seiner Flugmaschine in Wachs abbilden und im ganzen Land zur Schau stellen, was den Spott sicher noch vermehrte. Er wurde mit Schimpf und Schande aus der Schneiderzunft ausgeschlossen und Spottbilder und -lieder verbreiteten den Vers: *»Die Schneiderzunft ist hoch gestiegen, daß wir zuletzt noch lernen fliegen«.*

Dann geben nur noch die Schnapsflasche und die Spielkarten Trost, Berblinger wird »Spitäler« und stirbt am 28. Jänner 1829, 59 Jahre alt, kaum betrauert, in Armut und Elend an Auszehrung.

Auch wenn Berblinger nicht das Flugwesen »beflügelte«, möchten die Schwaben ihn nicht missen. Haben sie doch fast so viele Luftfahrtpioniere wie Dichter vorzuweisen; man denke nur an die Namen Zeppelin, Hirth, Heinkel und Dornier.

Joh. S. W. Mayer
contra Jak. Friedr. Kammerer:
der schwäbische Zündholzstreit

Von Jörg Baldenhofer

Nach der Erfindung des Werkzeuges ist die des Feuermachens für die Entwicklung der Menschheit wohl die bedeutendste. Das Feuer diente zur Zubereitung der Nahrung, als Licht- und Wärmequelle und ermöglichte erst Techniken wie die Töpferei, das Schmelzen von Metallen und das Schmieden. Steppen- und Waldbrände – hervorgerufen durch Blitzschlag oder Selbstentzündung – dürften durch Zufall die Möglichkeiten und Vorteile der Feuernutzung aufgezeigt haben. Feuer zu unterhalten vermochte bereits der Pekingmensch vor etwa 400 000 Jahren, ja, man fand in der französischen Höhle von L'Escale Feuerstellen, deren Alter Wissenschaftler auf ca. 750 000 Jahre schätzen.

Zahlreiche Sagen berichten über die Entdeckung des Feuers und den Feuerraub, was den Schluß zuläßt, daß der Gebrauch des Feuers nicht von allen Völkern selbständig entdeckt wurde. Nach der griechischen Mythologie brachte Prometheus das als Eigentum der Götter geltende Feuer den Menschen und wurde dafür vom Gott des Feuers und der Schmiedekunst Hephaistos an einen Felsen geschmiedet, wo ihm ein Adler die immer wieder nachwachsende Leber aushackte, bis er von Herakles, dem Sohn des Göttervaters Zeus, befreit wurde.

Die kultische Verehrung des Feuers als zerstörende und helfende Macht ist fast allen Völkern eigen. Bei den Germanen durfte das Herdfeuer nie ausgehen und ihre mythische Verehrung des Feuers ist in Form der Sonnenwendfeuer bis auf unsere Tage überliefert. Im Iran gab es das „Allerheiligste des Feuers", wo jeder Glut für sein Feuer entnehmen konnte, und in Rom hüteten die Vestalinnen das Feuer. Viele Naturvölker beteten das Feuer an.

In neuentdeckten Höhlen findet man immer wieder alte Feuerstellen, die den Schluß zulassen, daß der Mensch der Vorgeschichte schon bald auch neben dem Feuerhüten das Feuerentfachen beherrschte.

Jedenfalls dürften die Urmenschen durch praktische Erfahrungen sehr schnell die Bedeutung des Feuers erkannt haben, vermochte es doch wilde Tiere fern zu halten, Geräte durch Anbrennen zu gestalten oder Holz biegsam zu machen, zu wärmen, zu beleuchten und die Nahrung zu bereiten.

Es läßt sich heute nicht mehr feststellen, ob in den jüngeren vorgeschichtlichen Perioden der Menschheit (vor ca. 14 000 Jahren) die Feuererzeugung zuerst mittels Zunder und Feuerstein oder unter Verwendung des Feuerbohrers oder -quirls erfolgte, zumal sich wegen der Vergänglichkeit des Holzes letzteres schwer nachweisen läßt.

Das »Schlagfeuerzeug« funktionierte so, daß Chalzedonknollen – sogenannter Feuerstein aus kristalliner Kieselsäure – aneinandergeschlagen wurden und die dabei auftretenden Funken auf trockenem Holzmulm oder Zunderschwamm fielen und durch Anblasen zu einem Feuer entfacht wurden. Diese Methode dürfte dann im Laufe der Eisenzeit durch in ähnlicher Weise benutztes Eisen abgelöst worden sein.

Die Verwendung des Feuerbohrers oder -quirls, dessen Handhabung man noch heute bei manchen Naturvölkern beobachten kann, machen neuere Forschungen für die Jungsteinzeit wahrscheinlich. Bei dem Feuerbohren wird ein runder Holzstab aus hartem trockenem Holz in der Vertiefung eines aus weichem Holz bestehenden Brettes zwischen beiden Händen hin- und hergequirlt, wobei durch die starke Reibung und damit einhergehende Erhitzung am Quirl angehäufte Holzspänchen zur Entzündung kommen. Es gibt verschiedene Abarten dieser Methode, so verwenden die Eingebore-

Eine Zeitungsanzeige von Mayer aus dem Jahr 1831.

nen von Polynesien und Borneo einen sogenannten Feuerpflug, in dem der Hartholzstab in einer aus weichem Holz bestehenden Rinne hin und her bewegt wird.

In verschiedenen Kulturepochen – noch vor unserer Zeitrechnung – verwendete man dann Brenngläser aus Bergkristall bzw. Brennspiegel aus metallglänzendem Magnetit zum Entfachen des Feuers. So wurde in Ninive ein 2 600 Jahre altes Brennglas mit einer Brennweite von über einem Meter gefunden.

Die chemischen Kenntnisse der Alchimisten des Mittelalters hätten zweifellos ausgereicht, das Zündholz zu erfinden. Nur waren diese Herren damit beschäftigt, den sogenannten »Stein der Weisen« zu finden und mit dessen Hilfe aus unedlen Metallen Gold zu gewinnen oder ein lebensverlängerndes »Lebenselixier« zu brauen. In der Folge häufen sich jedoch in den verschiedensten Ländern die Erfindungen, von denen wir nur die wichtigsten herausgreifen wollen. So konstruierte der Baseler Fürstenberger 1780 ein elektrisches Feuerzeug, bei dem durch Betätigung einer Elektrisiermaschine das gleichzeitig entstehende Wasserstoffgas entzündet wurde. 1779 steckte dann der Italiener Pleya eine Wachskerze in eine Glasröhre, präparierte deren Enden mit einer Mischung aus Phosphor, Schwefel und Öl und verschloß die Röhre luftdicht. Zerbrach man die Glasampulle, fand an der Luft eine Selbstentzündung statt. Ihm folgte 1805 der Franzose Chancel mit einem Tauchfeuerzeug, bei dem ein chemisch präpariertes Holz in Schwefelsäure getaucht wurde und sich dabei entzündete. Trotz ihrer Gefährlichkeit und Umständlichkeit fand diese Methode eine gewisse Verbreitung, bis 1823 der Deutsche Johann Wolfgang Döbereiner ein Feuerzeug vorschlug, in dem ein Griffel, an dessen Ende sich Platinschwamm befand, Wasser-

stoffgas entzündete, ein Prinzip, das auch heute noch bei Gasanzündern Verwendung findet.

Dann berichtete 1832 das französische »Journal des connaissances«, daß in England ein Zündholz erfunden worden sei, dessen Kopf aus Schwefel und Knallquecksilber bestehe und das – ziehe man es durch ein Stück zusammengefaltetes Schmirgelpapier – sich entzünde. In England konnte man sich nicht einigen, wem man an diesen sogenannten Congreveschen Zündhölzern die Priorität zusprechen sollte, stritten sich doch gleich drei Erfinder – Cooper, Walker, Jones – um die Urheberschaft. Ein Deutscher namens Böttger erfand dann 1848 ein sogenanntes Sicherheitszündholz, dessen Kopf aus Mennige und Kaliumchlorit an einer Reibfläche aus amorphen Phosphor entzündet wurde.

Trotz alledem war für die breite Bevölkerung das Feuermachen eine umständliche Sache, wozu man den Feuerstein oder Feuerstahl mit dem dazu gehörenden Zunder und viel Zeit und Geduld benötigte. Eine praktikable Art des Feuermachens zu finden, lag also förmlich in der Luft, als in Ludwigsburg und Esslingen fast zur gleichen Zeit zwei Erfinder des Phosphorstreichholzes in Erscheinung traten.

Beginnen wir unsere Betrachtung mit dem 1787 in Esslingen geborenen Johann Wilhelm Mayer. Dieser findige und naturwissenschaftlich interessierte Musterschüler der Lateinschule erlernte nach der Schule das väterliche Handwerk des Kupferschmieds. Der obligaten Wanderschaft folgte die Meisterprüfung. Im Jahr 1816 eröffnete er eine Werkstatt, in der er vorzugsweise Handfeuerspritzen herstellte. Nebenher betreute er – wie zu dieser Zeit üblich – noch ein kleines landwirtschaftliches Anwesen.

Zu dieser Zeit beschäftigte sich Mayer nebenher mit der Verbesserung des Chancel'schen

Tauchfeuerzeugs, das von Paris und Berlin her auf den Markt gekommen war. Er entschärfte das Verfahren, in dem er das gefährliche und umständliche Schwefelsäurefläschchen durch zerkleinerten und mit Schwefelsäure getränkten Asbest ersetzte. Bei diesen Versuchen muß um 1824 erstmals der Phosphor für die Zündmischung verwendet worden sein. Ein Datum ist leider nicht hinterlassen, so daß bis heute nicht eindeutig geklärt ist, ob er je diese Hölzchen, die sich durch Reibung an jeder trockenen Fläche entzündeten, fabrizierte und auf den Markt brachte. In der Lokalpresse angepriesen hat er dieses Produkt nie. Er vertrieb lediglich seine verbesserten Friktionshölzer.

Im Jahr 1833 hat er dann die Produktion der Concreveschen Zündhölzer öffentlich angekündigt. Die *»Schwäbische Chronik«* berichtet, daß Mayer im Jahr 1833 sein Geschäft so ausdehnte, daß ihm Handelspartner Vorschüsse in unbeschränkter Höhe gewährten. Angeblich

wurden zu dieser Zeit in der Mayerschen Fabrik täglich bis zu 70 000 Hölzer produziert. Dann soll eine Arbeiterin der Mayerschen Fabrik, *»deren Name bekannt sei«*, das Rezept zur Herstellung der Zündmasse an J. F. Kammerer, dem Inhaber einer chemischen Fabrik in Ludwigsburg, verraten haben.

Dort begann man im gleichen Jahr mit der Herstellung der neuartigen Phosphorstreichhölzer und produzierte bald mit 24 Arbeitern neben einem breiten Sortiment chemischer Erzeugnisse wie Putz- und Waschmittel, Wachse, Harz-, Öl-, Schwefel- und Fettprodukte, kosmetische und pharmazeutische Erzeugnisse und vieles mehr täglich sechshundert Zündholzpackungen. Bald belieferte Kammerer auch das Ausland. Er war also in jeder Weise erfolgreicher als sein Esslinger Konkurrent Mayer.

Hier ist es vielleicht angebracht, kurz den Werdegang des 1796 im schwäbischen Ehingen geborenen Jakob Friedrich Kammerer zu schil-

Schattenriß von J. S. W. Mayer.

10. 3. 1787 Johann Samson Wilhelm Mayer in Esslingen am Neckar geboren
1816 Geschäftsgründung, Verkauf selbsterfundener Handfeuerspritzen
1824 vermutliche Erfindung der Phosphor-Reibezündhölzchen
1825 Verkauf von eigenen Feuerzeugen
1833 Verkauf von Reibezündhölzchen
ab 1835 Rückgang des Geschäfts
1843 neue Tätigkeiten: Fahrnistaxator und Inventierer
1849 Friedhofaufseher
1851 Konkurs der Firma
18. 12. 1852 Gestorben in Esslingen

24. 2. 1796 Jakob Friedrich Kammerer in Ehningen bei Böblingen geboren
1810 nach Ludwigsburg verzogen
1824 Betrieb einer Hutmacherei
1830 Verkauf und Herstellung von Zündmaschinen
1833 Vorübergehend in Untersuchungshaft auf dem Hohenasperg/Ludwigsburg
1834 Herstellung von Phosphor-Reibezündhölzchen
1837 Verlegung des Betriebs wegen Feuergefährdung vor die Stadt
1838 In die Schweiz geflohen
1849 Rückkehr nach Ludwigsburg
23. 10. 1857 Gestorben in geistiger Umnachtung in Winnenden

Porträt von Jakob Friedrich Kammerer mit Empfehlungskarte seiner Produkte.

dern. Er begann sein Geschäft als Siebmacher, dem Handwerk seines Vaters. Aber bald erwarb er eine Gastwirtschaft, begann dann aber mit der Fertigung neuartiger Hüte. Hierbei gelang ihm die Rezeptur für eine besondere Appretur für Seidenhüte und bald konnte er sich »König-lich-Württembergischer Patenthutfabrikant« nennen. Auch wasserdichte Stiefel pries er an, züchtete Kanarienvögel und baute Musikinstru-

mente. Sehr schnell brachte es der begabte Kaufmann zu einigem Wohlstand und erwarb in Ludwigsburg ein Haus. Dort begann er – von der Nachbarschaft als »Zendler« verschrien – mit chemischen Experimenten. Dabei brannte eines Tages der Dachstuhl seines Hauses ab und die Nachbarn erzwangen daraufhin seinen Wegzug. Er erwarb dann sein späteres Fabrik-Grundstück, wo er seine chemische Fabrik er-öffnete.

Es soll nicht entschieden werden, ob über-haupt einer von beiden, und welcher das Phos-phorzündholz erfunden hat. Glück gebracht hat das Zündholz keinem und beide starben in er-bärmlichen Verhältnissen.

Für Mayer war die Zeit des Erfolges von kurzer Dauer. Ungenügende kaufmännische Fä-higkeiten, der Streit mit den Nachbarn und die

*Zündhölzer – heute
ein Massenprodukt.
Das Bild zeigt die
Herstellung. Hier
werden die Hölzchen
in die Zündmasse
getaucht.*

starke Konkurrenz durch Kammerer und einer Firma G. Friedrich Ebner in Stuttgart machten ihm zu schaffen und führten zum Bankrott. Der einst angesehene Sekretär der Esslinger Bürgerschaft und Vater von dreiundzwanzig Kindern aus drei Ehen wurde zum »Inventierer« und später zum Friedhofsaufseher. Ein Jahr nach dem Konkurs der Firma starb er im Alter von fünfundsechzig Jahren in dürftigen Verhältnissen und laut Totenschein an »Entkräftung«.

Noch tragischer verlief das Schicksal von Kammerer. Im Jahr 1836 wurde er mit einer Reihe anderer Demagogen wegen intellektueller Beihilfe zu einem versuchten Hochverrat – er hatte obrigkeitsfeindliche Schriften verteilt – zu zwei Jahren Festungshaft auf dem Hohenasperg verurteilt. Der Strafe entzog er sich durch die Flucht in die Schweiz, wo er in Zürich

eine Zündholzfabrik errichtete. Er brachte es bald zu ansehnlichem Reichtum. Als im Revolutionsjahr 1848 zahlreiche Demokraten in die Schweiz emigrierten, fanden sie im »Württemberger Haus« Aufnahme und Unterstützung; Hecker, Herwegh und Fröbel waren unter anderen seine Gäste. Später erkrankte Kammerer und mußte – aus seinem Asyl zurückgekehrt – in die Irrenanstalt Winnenden verbracht werden, wo er am 23. Oktober 1857 starb.

Märklin bringt die Technik ins Kinderzimmer

Von
Jörg Baldenhofer
und Christian
Väterlein

Im letzten Jahrhundert setzte sich zuerst beim Staat und allmählich auch bei den gesellschaftlichen Kräften eine positive Einstellung zur Technik durch. Diese Haltung dokumentierte sich nicht nur im aufstrebenden Gewerbe und dem Entstehen von Industrien. Der Fortschrittsglaube spiegelt sich auch in vielerlei Blechspielzeug wider, welches die *»Gedanken beflügelt und die Vorstellungskraft derjenigen stärkt, die damit umgehen«*. In pädagogischer Absicht wird das Spielzeug der Wirklichkeit nachgebildet, allerdings im Maßstab und im Detail nicht getreu. Es lehrt den Umgang mit technischen

Dingen im kleinen, gewöhnt zugleich an die Technik, die allmählich ins Arbeits- und Privatleben eingreift. So wird z. B. schon ein Vierteljahr nach der spektakulären Fahrt der ersten deutschen Eisenbahn zwischen Nürnberg und Fürth am 7. Dezember 1835 in der »Allgemeinen Polytechnischen Zeitung« in Nürnberg eine schienenlose Spielzeugeisenbahn angeboten: Ein *»Dampfwagen der Nürnberg–Fürther Eisenbahn, mit Kohlen- und Personenwagen, durch Uhrwerk bewegbar, von lakirtem Blech 9 fl.*;

---

* Gulden

desgleichen größer 12 fl.; desgleichen noch größer, von Holz und Pappe, ohne Personenwagen 13 fl.«

Jedoch bereits vorher – um die Jahrhundertwende – war eine Spielwarenproduktion mit Puppen, Erzeugnissen aus Pappmaché und Holz entstanden, deren Zentren Thüringen und das Erzgebirge waren. Diese Dinge wurden vorwiegend in Heimarbeit gefertigt. In Mittelfranken mit Nürnberg als Zentrum wurden hauptsächlich Blechspielwaren gefertigt und Fürth war wegen seiner Zinnfiguren bekannt. In Württemberg begann die Spielwarenfabrikation

erst in der ersten Hälfte des 19. Jahrhunderts. In einem Bericht der »Beurtheilungs-Commission« bei der Allgemeinen Deutschen Industrie-Ausstellung in München 1854 lesen wir:
»... Württemberg, dessen Spielwarenabsatz zu einem bedeutendem Theile sich emanzipiert hat. In Württemberg hat die Spielwarenfabrikation aus Papiermasse noch nicht Wurzel gefaßt, dagegen hat die Fertigung der Holz- und Metallspielwaren bedeutend Boden gewonnen.«
In diesem Scenario von technischem Wandel und Traumwelt begegnen wir dem Flaschner Theodor Friedrich Wilhelm Märklin, Sproß ei-

Die Zukunft hat schon begonnen. Noch ist der »Intercity-Experimental« (ICE), der neue Hochgeschwindigkeits-Versuchszug, bei der Bundesbahn im Probeeinsatz, bei Märklin ist er schon lieferbar.

ner Pfarrersfamilie in Thieringen bei Balingen. Sein Vater Jeremias, Seelsorger der evangelischen Gemeinde und dessen Frau Catharina Maria schenkten in den Jahren 1809 bis 1819 fünf Kindern das Leben, das jüngste verstarb schon nach vier Monaten. Nach dem Tod der Eltern 1820 verlieren sich die Spuren der Kinder. Vom ältesten Bruder ist lediglich bekannt, daß er im selben Jahr in ein evangelisches Waisenhaus in Stuttgart aufgenommen und ein Jahr später in das katholische Waisenhaus in Ludwigsburg überstellt wurde. Schon im 17. Jahrhundert finden wir in den Annalen der Familie einen Pfarrer, Melchior Märklin in Nellingen und einen Pfarrer Friedrich Jakob Märklin. In der Ahnenreihe folgt der Apotheker Jeremias Märklin, Konsul und Bürgermeister in Freudenstadt und Mitglied des Landschaftsausschusses. Der Großvater war ebenfalls Apotheker in Freudenstadt.

Wilhelm Märklins Lebensweg begegnen wir erst wieder ab dem Zeitpunkt, da er 1840 in die Metallwarenproduktion des Göppinger Unternehmers Carl Gottlieb Rau eingetreten ist. Er hat sich dort zum Meister emporgearbeitet und bald beschlossen, eine eigene Werkstätte zu eröffnen. Aus der 1844 geschlossenen Ehe stammten zwei Töchter; seine Frau Rosine starb 1857.

Im Jahr 1856 richtet Märklin an den Rat der königlich württembergischen Oberamtstadt ein Gesuch »zur Aufnahme in das Göppinger Bürgerrecht« – eine Voraussetzung für den gewünschten Betrieb. Er begründet darin, daß an seinem Geburtsort sein Gewerbe »in ökonomischer Hinsicht nicht günstig« sei und bekräftigt sein Anliegen mit den Ausführungen: »Da sich in hiesiger Gemeinde blos 5 selbständige Meister meines Gewerbes befinden, und da sich mein Geschäft nicht mit auswärtigen Bestellungen befassen wird, so zweifle ich umso mehr keinen Augenblick an der Willfahr meiner Bitte, als die betreffenden Erfordernisse, namentlich das gesetzlich vorgeschriebene Vermögen nachgewießen ist«.

Die ansehnliche Summe von 1150 Gulden und ein »Prädikatszeugnis« seiner Heimatgemeinde erleichtern dem Stadtrat die Zustimmung. Der Flaschnermeister empfiehlt sich bereits im Göppinger Wochenblatt vom 7. Mai 1856 »zu gefälligen Bestellungen und Aufträgen aller Art« mit Blecharbeiten. Eine Inventarliste aus dem Jahr 1867, angelegt nach seinem Tod, nennt die Palette seines Warenlagers: Haushaltsartikel wie Waschbecken, Trichter, Zucker-

2. 4. 1817 Friedrich Wilhelm Märklin in Thieringen/Schwäbische Alb als viertes von fünf Kindern geboren

15. 11. 1820 Märklin wird Vollwaise

1840 Als Klempner in Göppingen ansässig

1844 Verheiratung mit Rosine Geiger

1856 Aufnahme in das Göppinger Bürgerrecht und Eröffnung eines eigenen Betriebes

1857 Tod seiner Frau Rosine

1859 Wiederverheiratung mit Caroline Hettich. Herstellung von Weißblechspielzeug

1866 Erweiterung der Produktion von Puppenküchenspielzeug

20. 12. 1866 Tod von Friedrich Wilhelm Märklin

1868 Zweite Ehe der Frau Caroline mit J. Eitel

1886 Der Tod des Stiefvaters Eitel führt zur Rückkehr der Söhne Eugen und Carl ins väterliche Haus

2. 12. 1893 Tod von Caroline Märklin in Göppingen

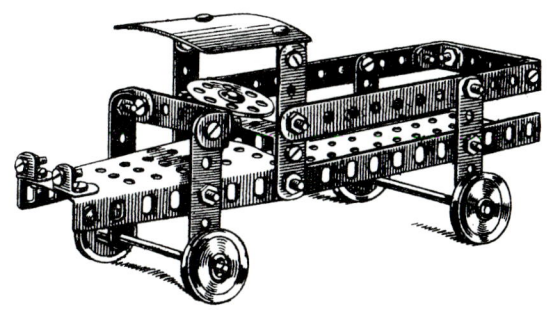

Der strebsame Handwerker, der mit dem erneuten Umzug innerhalb von wenigen Jahren den Grundstock für den Aufbau einer Weltfirma gelegt hatte, stirbt an den Folgen eines unglücklichen Sturzes in seinem Haus und einer durch Bettlägrigkeit verursachten Lungenentzündung. Seine Frau ist mit ihrer Tochter Sofie und den drei Söhnen Wilhelm Friedrich (geb. 1859), Carl Eugen (geb. 1866) und Carl Adolf (geb. 1869) auf sich gestellt. Die Heirat mit Julius Eitel, dem früheren Freund und Partner des verstorbenen Mannes, bringt nur teilweise die erhoffte Unterstützung und die Kinder verlassen das elterliche Haus. Der feste Wille der Witwe sollte jedoch das junge Unternehmen vor dem Zusammenbruch bewahren.

Links:
Anzeige im »Göppinger Wochenblatt« vom 7. Mai 1856.

büchsen, Küchenlampen, Milchseiher, Mehlwaagen, Gewürzbüchsen, Kehrschaufeln u.a. Unter der Rubrik Kinderspielwaren sind große und kleine »Kunstherde« sowie Schöpf-, Schaum- und Vorleglöffel verzeichnet. Die Spielzeugherstellung hatte noch eine untergeordnete Bedeutung, die Artikel waren Saisongeschäft wie die der Drechsler und Töpfer, ihre Fertigung auf die Zeit vor den großen Festen beschränkt.

Offiziell gilt das Jahr 1859 als Gründungsjahr der Firma, als Theodor Wilhelm Friedrich Märklin sein Geschäft für *»gewöhnliche und lakirte Blechwaren«*, darunter Puppenstuben und deren Zubehör, am Schlüsselgraben in Göppingen eröffnete. Möglicherweise stammt die Idee dazu von seiner zweiten Frau Caroline, Tochter des Ludwigsburger Steinzeugfabrikanten Hettich, und über die Mutter mit dem Nationalökonomen List verwandt. Schon bald darauf muß wegen der steigenden Nachfrage ein größeres Wohn- und Geschäftshaus mit einem Verkaufsladen bezogen werden.

Caroline Märklin mit ihren Kindern Wilhelm Friedrich, Carl Adolf, Carl Eugen und Sophie ca. 1870.
(© Claud. Märklin)

Spielzeug aus den »frühen« Märklinjahren, für das heute Sammler beträchtliche Summen zahlen, aus der Sammlung Wolfgang Berendt.

Der Fleiß Wilhelm Märklins, die Beständigkeit seiner Frau sowie der ererbte unternehmerische Mut seines Sohnes Carl Eugen, der nach dem Tod von Eitel 1886 zur Mutter zurückkehrte, waren die Voraussetzungen, die den Erfolg garantierten. Der 1891 erfolgte Ankauf der Ellwanger Spielzeugfabrik Ludwig Lutz, deren Erzeugnisse seit Jahrzehnten im In- und Ausland wegen ihrer Schönheit und Solidität begehrt waren, leitete eine starke Expansion ein. Im gleichen Jahr erregte die Firma Märklin auf der Leipziger Messe mit einer schienengebundenen und uhrwerksgetriebenen »System-Eisenbahn« großes Aufsehen. Der daraus resultierende geschäftliche Erfolg erforderte eine ständige Produktionsausweitung mit erheblichem Kapitalbedarf für Investitionen. Daher nahm man 1892 Emil Friz aus Plochingen als Kompagnon auf und nannte sich fortan »Gebr. Märklin & Co.«. Das unvermindert stürmische Wachstum des Unternehmens machte in den folgenden zwanzig Jahren mehrere Umzüge beziehungsweise Baumaßnahmen erforderlich, die mit der Einweihung eines sechsstöckigen und 110 Meter langen Fabrikgebäudes an der Stuttgarter Straße in Göppingen im Jahre 1911 einen vorläufigen Abschluß fanden. Eine erneute Kapitalaufstockung erwies sich als notwendig und wurde durch den Eintritt von Richard Safft am 1. 5. 1907 als weiterem Teilhaber ermöglicht. Man firmierte fortan: »Gebr. Märklin & Cie.«

Seit den neunziger Jahren war das Warensortiment zugunsten des Kinderspielzeugs bereinigt und die Herstellung von Haushaltsgegenständen aller Art war aufgegeben worden. Dafür setzte Emil Friz seinen Ehrgeiz darein, die »erste und größte Spielwarenfabrik der Welt« zu werden. Die Produktpalette wurde in der Tat fast unüberschaubar und die Kataloge von 1904 bzw. 1909 weisen mehrere tausend Artikel aus.

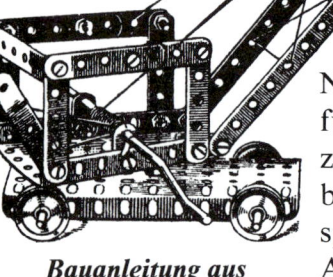

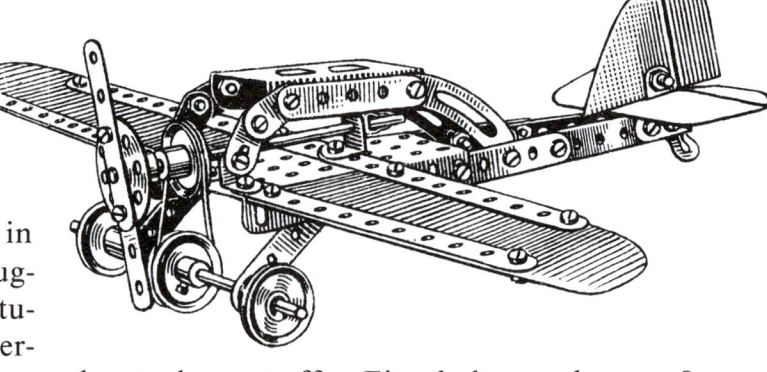

Bauanleitung aus einem älteren »Märklin-Metallbaukasten«.

Technische Modelle aus dem berühmten »Märklin-Metallbaukasten«.

Neben Eisenbahnen in vier, ab 1912 sogar in fünf Baugrößen, werden Schiffe, Autos, Flugzeuge, Dampfmaschinen, aber auch Puppenstuben, Kaufläden samt Zubehör sowie Sommerspielzeug in allen Preislagen angeboten. Allen Artikeln gemeinsam ist die hohe Qualität, die die Marke »Märklin« zum Symbol für Solidität und Langlebigkeit werden läßt.

Der Erste Weltkrieg bildet auch für Märklin eine tiefgreifende Zäsur. Der Verlust wichtiger Exportmärkte und veränderte Lebensverhältnisse nach dem Krieg machen neue Überlegungen zur Geschäfts- und Modellpolitik erforderlich. Nach dem Tode von Emil Friz wurde die Firma 1922 in eine GmbH umgewandelt. 1923 trat Fritz Märklin, der Sohn Eugens, und 1926 Fritz Scheerer, der Schwiegersohn von Emil Friz, in die Firma ein. Das Sortiment wurde stark gestrafft, Eisenbahnen der großen Spurweiten II und III werden nicht mehr hergestellt. 1924 erschienen die ersten Kundenkataloge mit dem geschrumpften Programm. In den Jahren bis 1939 bekam die Eisenbahn ein immer größeres Gewicht, erste Schritte zur echten Modellbahn nach Reichsbahn-Vorbild wurden getan. 1935 erschien die »Miniaturbahn Spur 00«, die sich schnell großer Beliebtheit erfreute.

Nach dem Zweiten Weltkrieg, in dem das Unternehmen vor Zerstörungen bewahrt blieb, stellte Märklin seine Produktion fast gänzlich auf Modelleisenbahnen Spur 00 beziehungsweise H0 um, lediglich der bekannte Metallbaukasten wird bis zum heutigen Tag gefertigt. Mit der Wiedereinführung der Spur I-Eisenbahn im Jahre 1969 und der »Miniclub«-Bahn drei Jahre später konnten neue Käuferschichten gewonnen werden. Im Laufe vieler Jahrzehnte hat sich Märklin jenen Ruf erworben, der ihn bis heute zum unangefochtenen Marktführer hat werden lassen; das Wort »Märklin-Bahn« ist gleichsam Synonym für Spielzeugeisenbahn!

Heinrich Voelter – Papier aus Holz

Von Lothar Suhling

Falls es sie je gegeben haben sollte, die »gute alte Zeit« im vorindustriellen Deutschland, so doch gewiß nicht in jenen Tagen, als Heinrich Voelter 1817 zu Heidenheim an der Brenz geboren wurde und dort seine Kindheit verbrachte. Zwar hatte das große Auspressen, das Schlachten und Sengen in Europa unter der Trikolore des Korsen Bonaparte 1815 endlich ein Ende gefunden, das »Land der Dichter und Denker« war jedoch in weiten Teilen zu einem Armenhaus geworden. Im übervölkerten deutschen Südwesten herrschten Not und Elend; mehrfache Mißernten verschlimmerten noch die bereits äußerst kritische Erwerbs- und Ernährungslage breiter Bevölkerungsschichten. Hunger, Unterernährung, Seuchen und Verelendung waren an der Tagesordnung. Auf der Schwäbischen Alb aßen Weber in ihrer Verzweiflung den Brei, den sie zum Schlichten ihres Garns benötigten. Andere wurden tobsüchtig oder träumten vom Mannaregen wie zu Moses Zeiten. Im Juni 1816 berichtete ein Chronist aus Laichingen: *»Man hat uns Brennesselgemüs zu Brei gemahlen angeraten, und das essen wir nun schon ein paarmal zu einem Bissen Brot... Nur werden bald keine Brennessel mehr sein, weil jetzt alles in die Brennesseln geht.«*

Heinrich Voelter 1817–1887.

Dies war die Situation, als Männer wie Heinrich Voelter und Johann Matthäus Voith auf den Plan traten und durch Tüftelei und Intuition, praktisches Können, Fleiß und Ausdauer zum Wohle vieler in Heidenheim ein industrielles Zentrum von Weltgeltung begründeten. Daß es aber überhaupt dazu kommen konnte, verdankt der Kaufmannsohn und spätere Konstrukteur Heinrich Voelter zunächst einmal dem beherzten Einsatz einer Magd im Hause seiner Eltern. Am 30. 10. 1821 brannte nämlich trotz des reichlich vorhandenen Wassers die Papiermühle der Familien Rau & Voelter auf der »Papierinsel« in der Brenz mitten in der Nacht ab: *»In der allgemeinen Aufregung dachte man anfangs nicht an den Knaben, der im Herrenhaus neben der Papierfabrik schlief. Endlich bemerkte eine Dienstmagd sein Fehlen und holte ihn unter Lebensgefahr aus dem schon brennenden Haus.«*

Um was ging es nun bei der Aufgabe, die sich Voelter stellte und die später unter seinen Händen so reiche Früchte tragen sollte? Es ging im Prinzip um nicht mehr und nicht weniger als um Lumpen, um das Lumpenproblem nämlich oder – vornehmer ausgedrückt – um die Hadernfrage, denn damals war die Papierherstellung nur mittels Textilabfällen möglich. Was uns heute kaum noch verwertbar erscheint, war jahrhundertelang Gegenstand landesherrlich privilegierter Sammeltätigkeit von Lumpen verschiedenster Qualität aus Leinen, Baumwolle und anderen Fasermaterialien in genau festgelegten Sammeldistrikten. Sie waren der unersetzbare Rohstoff für die zahlreichen Papiermühlen im Lande, die den wachsenden Papier-»hunger« zu stillen hatten. Kein Wunder, daß in einer Zeit, da die Papiermaschine mit ihrem erhöhten Bedarf an Rohstoff auch in Deutschland Einzug hielt, die Suche nach preiswerten Ersatzstoffen für das nicht beliebig vermehrbare

1. 1. 1817 Heinrich Voelter in Heidenheim/Brenz geboren

1830 kaufmännische Lehre in der Weberei und Färberei Rieker und Neunhöffer in Heidenheim

1830/31 Aufbau einer Langsiebpapiermaschine von Johann Widmann aus Heilbronn nach engl. Muster in der väterlichen Papierfabrik in Heidenheim

1835 Voelter tritt zur Weiterbildung in die Papierfabrik von K. F. A. Fischer in Bautzen ein

1837 Ausbau der väterlichen Papierfabrik in Gerschweiler/Brenz

1841 Heinrich Voelter wird technischer Direktor bei Fischer in Bautzen

1846 Übernahme der Erfindung zur Herstellung von Papier aus Holz von dem Thüringer Keller

1847 Rückkehr nach Heidenheim, Arbeit an dem Kellerschen Holzschliffverfahren

1854 Vorstellung der Holzstoff-Papiere auf der Deutschen Industrieausstellung in München, Auslieferung erster Holzstoffmaschinen

1859 Bau des Verfeinerungsapparates »Raffineur« durch J. M. Voith

1864 Einrichtung eines Ingenieurbüros, Beteiligung Voelters an der im gleichen Jahr eröffneten Maschinenfabrik Gebr. Decker & Co. in Stuttgart-Cannstatt

1867 Goldene Medaille für die Voeltersche Holzstoffmaschine auf der Weltausstellung in Paris

1879 Aus gesundheitlichen Gründen Rückzug aus den Geschäften

12. 9. 1887 Gestorben in Heidenheim/Brenz

Der Holzschleifapparat von F. G. Keller.

Lumpenangebot zu einem dringlichen Gebot wurde.

Auf die Holzfaser als Rohstoff war bereits im 18. Jahrhundert verschiedentlich hingewiesen worden. Im 19. Jahrhundert griffen die neuentstandenen polytechnischen Zeitschriften das Thema auf. Da wurde neben Holz vor allem Stroh als Ersatzstoff vorgeschlagen, aber auch Schilf, Hopfenschößlinge und Baumblätter, ferner Algen, Zuckerrohrabfälle und Bananenschalen, ja selbst ein so appetitlicher »Rohstoff« wie Spargel. Um 1840 war die Zeit gewissermaßen »reif« für einen grundlegenden Schritt zur Lösung der Rohstoffprobleme. In Deutschland produzierten jetzt 25 Papiermaschinen »endloses« Papier, darunter auch diejenige auf der Papierinsel zu Heidenheim, wo die Voeltersche Papiermühle nach dem Brand 1823

Holzschleifereianlage auf der Pariser Weltausstellung 1867.

mit einem 5 000-Gulden-Kredit König Wilhelms wieder aufgebaut und sieben Jahre darauf mit einer der ersten Papiermaschinen aus deutscher Produktion ausgestattet worden war (von Johann Widmann aus Heilbronn).

Im Mai des Jahres 1846 »flatterte« zufällig ein Werbebrief auf den Schreibtisch des technischen Direktors der Papierfabrik von K.F.A. Fischer im sächsischen Bautzen. Es war der Schreibtisch Heinrich Voelters. Zum nicht geringen Erstaunen des Empfängers war der Brief auf reinem »Holzpapier« geschrieben. Er stammte von einem gewissen Friedrich Gottlob Keller, seines Zeichens Webermeister und Blattbinder.

Was hatte diesen papiertechnischen Laien auf die Fährte gebracht, die von den Fachleuten bislang vergeblich gesucht worden war? Wie

Keller, der sich neben seiner Berufsarbeit mit allerlei technischen Experimenten und Basteleien beschäftigte, später berichtete, hatte er seit etwa 1840 die selbstgestellte Aufgabe »bezüglich Auffindung eines neuen Papierstoffes« nie ganz aus den Augen verloren, sondern war »auf Alles aufmerksam, was möglicherweise zu deren Lösung führen könnte.« Im Spätjahr 1843 hatte dann die Sternstunde seines Lebens geschlagen: »So kam es denn, daß das oft besprochene Wespennest mich auf den Gedanken leitete, Papierfasern aus Holz herzustellen.«

Es war seit langem bekannt, daß die Nester der Wespen, aus faserigem Pflanzenmaterial mit Speichel zu Brei verrieben und getrocknet, eine papierartige Beschaffenheit besitzen. Dies hatte Keller auf den Gedanken gebracht, Holz mit Hilfe eines Schleifsteins unter reichlicher Wasserzugabe zu einem Holzbrei zu zermahlen. Damit war ein erster methodischer »Durchbruch« beim Rohstoffproblem geglückt, wenngleich die angesprochenen Papierexperten sich zurückhielten und die Kredit- und Patentgesuche Kellers bei der sächsischen Regierung keine Gegenliebe fanden. – Bei Voelter hingegen »zündete« die Idee sofort. Bereits ein Monat nach dem ersten Besuch Kellers bei Voelter war ein Vertrag perfekt. Das war der Startschuß für eine Entwicklung, die eine grundlegende Wende in der Fabrikation von Druckpapieren und damit namentlich auch im Pressewesen herbeiführen sollte.

Die ursprüngliche Hoffnung auf eine schnelle, erfolgreiche Übertragung der Kellerschen Erfindungsidee und seines Holzschleifermodells in die betriebliche Praxis stellte sich bald als verfrüht heraus. Zahllose technische Probleme waren ungeklärt, weitere grundlegende Versuche und Erfindungen waren vonnöten, um von der Idee zur praktischen Ausführung zu

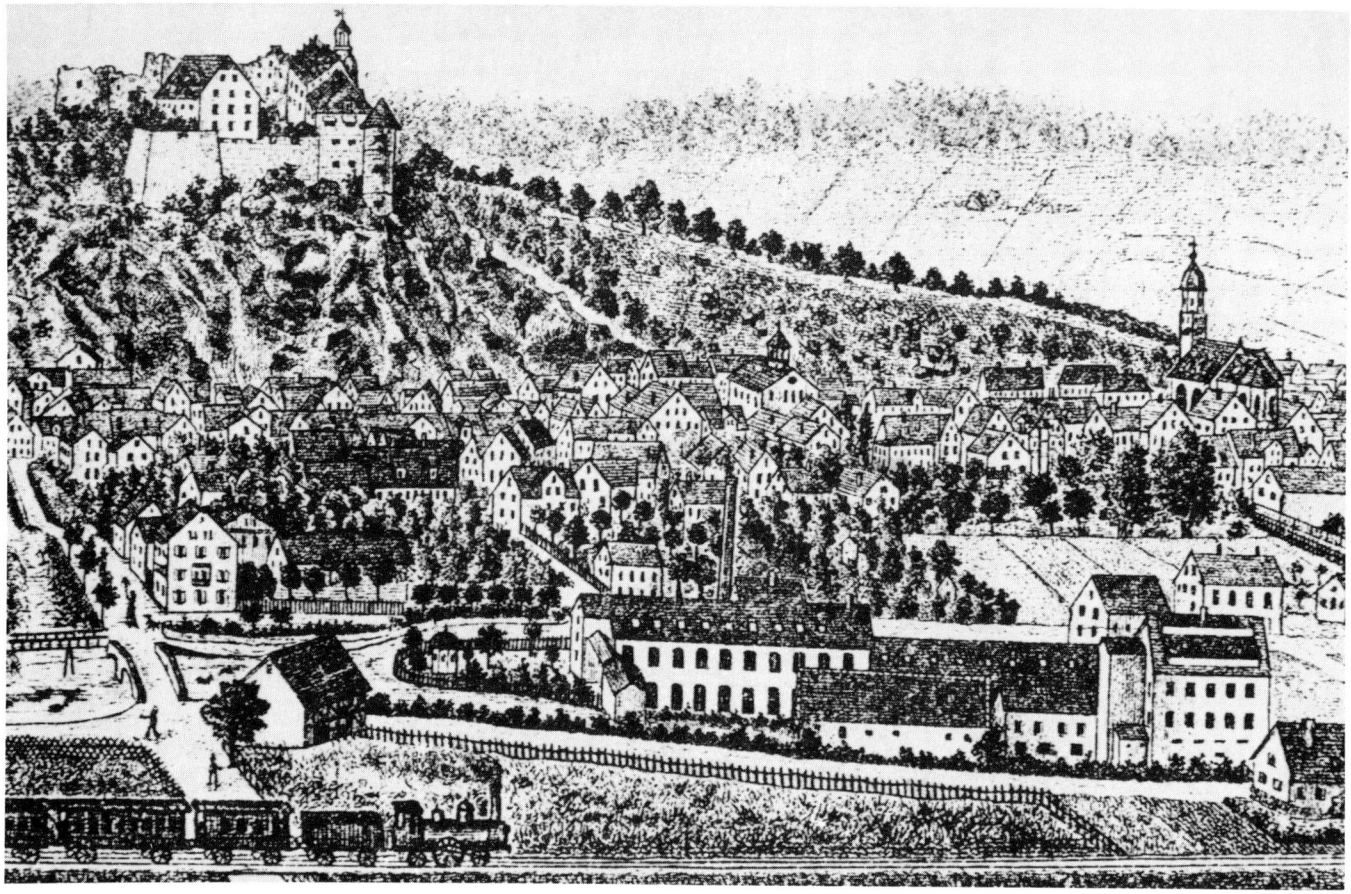

gelangen. Kurz nachdem Voelter Kenntnis davon erhalten hatte, daß seinen wiederholten Patentgesuchen in Sachsen nun endlich entsprochen worden war – in Württemberg war sein Bruder Christian in dieser Angelegenheit bereits ein Jahr früher erfolgreich gewesen –, schrieb er an Keller. Der Brief vom 5. 11. 1847 beleuchtet schlaglichtartig einige der Anfangsprobleme: *»Da man nun die Gewinnung der Holzmasse nicht mehr so sehr geheim zu halten nötig hat, so ersuche ich Sie hiermit zugleich, doch auch das Ihrige mit dazu beizutragen, daß wir möglichst bald das zweckmäßigste Verfahren ausfindig machen und z. B. darüber ins Klare kommen: ob altes oder junges Holz, ob Bergholz, welches zäher und fester, oder Talholz, welches schneller und üppiger emporwächst ...;*
ob vielleicht bei getrocknetem Holz ein Einweichen in Wasser vor dem Verarbeiten von Nutzen usw.?
Welches ist die passendste Größe der Steine; welches deren passendste Umfangsgeschwindigkeit und deren Belastung bei den verschiedenen Holzgattungen und bei einer gewissen Fläche der Letzteren ...?«

Der Appell an Keller war indessen vergeblich; ständige Geldnöte und wohl auch fehlende technologische Kenntnisse hielten den aus Hainichen in Sachsen stammenden Erfinder davon ab, sich weiterhin mit dem Projekt des mechanischen Holzaufschlusses zu befassen. Keller bestätigte später, daß er *»von da an gar keinen geistigen Antheil mehr an der Weiterbildung seines Gedankens«* gehabt habe. So lag es nunmehr an Heinrich Voelter und der Heidenheimer Papierfabrik, in die er nach dem Tod seines Vaters 1847 als Teilhaber eingetreten war, der *»ungemeinen Schwierigkeiten«*, die sich der Einführung des Verfahrens in die Praxis entgegenstellten, Herr zu werden. Doch Voelter wäre kein Tüftler mit einer gehörigen Portion Standfestigkeit und Starrsinn gewesen, wenn er die Herausforderung nicht angenommen hätte.

In Heidenheim begann der eigentliche Leidensweg der Erfindung. Zunächst wurden die noch sehr einfachen Apparate, die Voelter aus Bautzen mitgebracht hatte, weiter erprobt und Schritt für Schritt umkonstruiert. Dabei stand ihm sein vierzehn Jahre älterer Freund Voith, Betreiber einer kleinen mechanischen Werkstät-

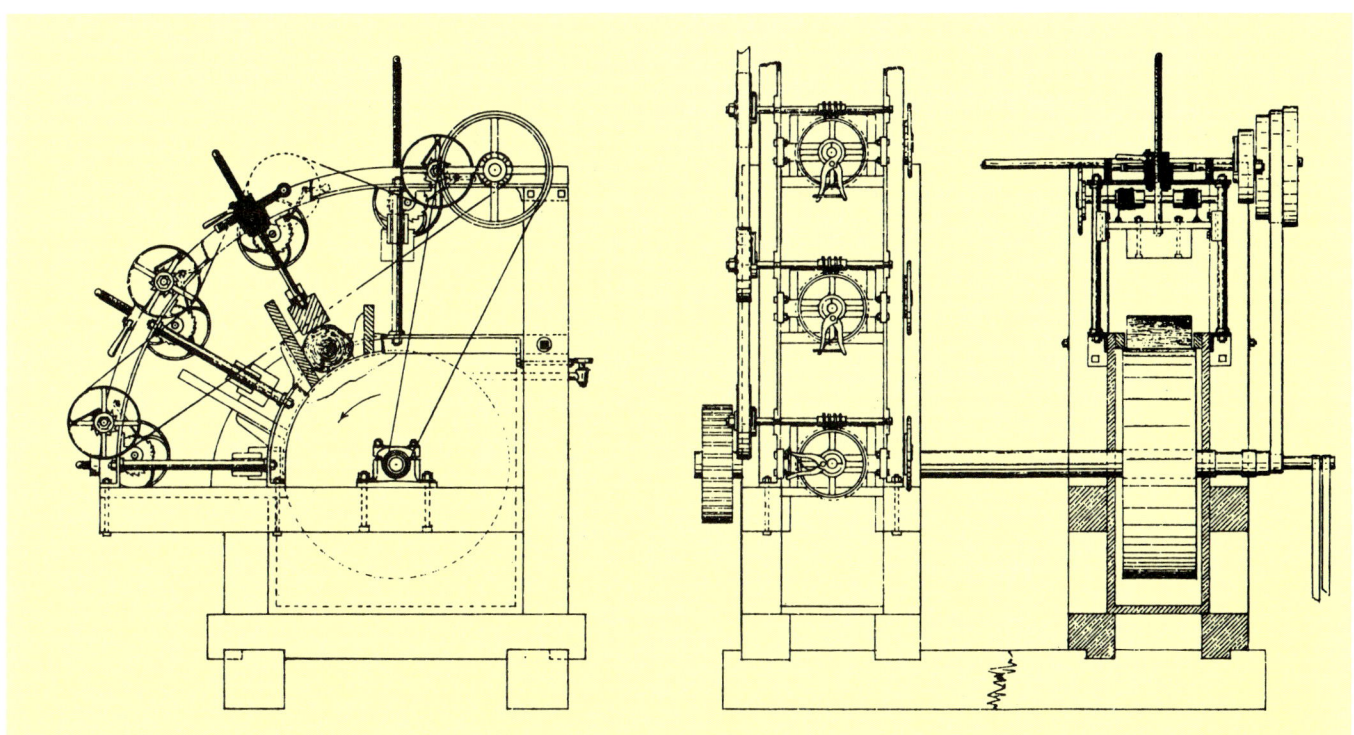

Erster Holzschleifer von Voelter 1848.

te gleich unterhalb der Papierinsel, tatkräftig zur Seite. »*Ich pröbelte und produzierte, aber erst einige Jahre später gelang es mir nach öfterem Neubauen und Verändern, aus meinem Schleifapparat eine für die Praxis brauchbare... Maschine... zu machen*«, schrieb Voelter 1879 in der Rückschau.

Wollte er Erfolg haben mit seinem neuen Papierrohstoff, so mußte er durch einwandfreie Qualität und gute Ausbeute überzeugen, »*denn der Holzstoff war ja dazumal sogar durch die Consumenten (Papierfabrikanten) selbst... so verpönt, daß man ihn im Papier gar nicht wohl sollte entdecken können.*« Diese »*Abneigung des Publikums*« war für Voelter nach eigenem Bekenntnis »*vielfach entmuthigend*«. Geschäftliche Einbußen im Revolutionsjahr 1848 und nahezu erfolglose Werbeanstrengungen brachten das »Unternehmen Holzschliff« um 1850 in eine kritische Situation. Bestellte Apparate wurden nicht abgenommen, andere wieder außer Betrieb gesetzt oder nicht bezahlt. Dazu trafen Absagen und negative Kritiken zuhauf ein. In Briefen an Keller vom November und Dezember 1851 verweist Voelter mißmutig auf »*große Opfer*«, die er »*dem in der Hauptsache jedenfalls mißglückten Unternehmen gebracht*« habe. Angesichts des bevorstehenden Auslaufens vieler

seiner In- und Auslandspatente für das Holzschleifen mußte er wohl zu Recht daran zweifeln, daß ihm »*je noch ein Glück damit blühen*« würde.

Keller hatte indessen eigene Sorgen und mußte – da er sich nicht an den Kosten für die Patentverlängerungen und die Entwicklungsarbeiten beteiligen konnte – nolens volens seine Rechte aus dem Vertrag mit Voelter aufgeben. Dieser war freilich nicht der Mann, der den Kopf lange hängen läßt oder gar aufgibt, solange noch ein Fünkchen Hoffnung auf einen Erfolg der jahrelangen Arbeit bestand. »Jetzt erst recht« muß seine Devise gelautet haben, denn er veranlaßte in der Folge nicht nur die Verlängerung der Patente, sondern ging noch einen entscheidenden Schritt weiter: Von 1852 an beschäftigte er sich nur noch »*speziell mit der Verbesserung und Einführung der Holzzeugmaschinen und der zweckmäßigen Verwendung des damit erzeugten Stoffes*«. Dabei konnte sich Voelter im maschinenbaulichen Bereich auf die Erfahrungen Voiths mit Papiermaschinen stützen. Seit 1852 baute der Mechanikus Voith in seiner Werkstatt für Voelter verbesserte Zerfaserungsapparate (Defibreure) mit je fünf Preßkästen, die einzeln ausrückbar waren und damit das Nachfüllen von Holz unabhängig voneinander gestatteten. Die installierten Leistungen für komplette Schleifereieinrichtungen erreichten in dieser Phase maximal 40 PS.

Obwohl Heinrich Voelter zusammen mit seinem Bruder Christian in der Heidenheimer Papierfabrik bereits seit 1847 Papiere mit einem Holzstoffgehalt bis zu fünfzig Prozent produziert und bald auch den Schwäbischen Merkur in Stuttgart regelmäßig mit derartigem Druckpapier beliefert hatte, dauerte es fast ein Jahrzehnt, ehe das Fabrikat aus Heidenheim erstmals öffentlich bekannt und darüber hinaus offiziell gewürdigt wurde. Den Anlaß bildete die erste Deutsche Industrie-Ausstellung 1854 in München, auf der Voelter eine Mustersammlung der Holzstoff enthaltenden Papiere nebst solchen aus Strohstoff ausstellte: *»Unsere Firma wurde, nachdem ich die Brauchbarkeit der ausgestellten Papiere dargethan und durch Zeugnisse... nachgewiesen hatte, durch die Medaille 1. Classe ausgezeichnet und fand noch weitere Anerkennung durch die ihr im gleichen Jahr von König Wilhelm von Württemberg verliehene große goldene Medaille für Kunst und Wissenschaft. Die Beschickung der Weltausstellung zu Paris 1855 durch Papier mit Holzstoffbeimischung trug uns gleichfalls eine Auszeichnung, die Medaille II. Classe, ein.«*

Das Auftreten in der Öffentlichkeit begann nun allmählich zu wirken. Bis 1859 konnten dreizehn Holzstoffmaschinen aus Heidenheim geliefert werden. Im nämlichen Jahr 1859 maß der bedeutende Technologe Prof. Karmarsch in der Augsburger Allgemeinen Zeitung den *»Herren Heinrich Voelter's Söhne«* das *»große Verdienst zu..., die Verarbeitung des Holzes als Papierstoff zuerst in rationeller erfolgreicher Weise ausgeführt zu haben.«*

Das Jahr 1859 war für die Zukunft der Holzschlifftechnik von größter Bedeutung,

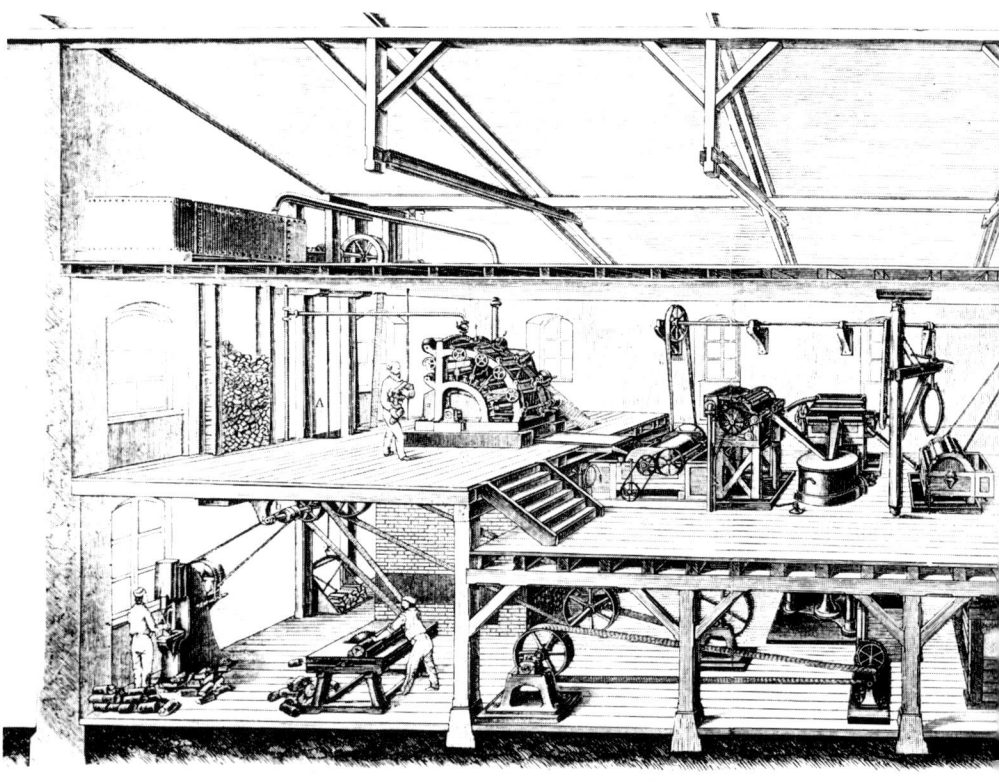

Holzstoff-Fabrik nach dem System Heinrich Voelters.

mußte sich Voelter doch in diesem Jahr »zur Aufstellung eines förmlichen Mahlganges entschließen«, um den immer noch zu hohen Anteil an gröberen Fasern im Holzstoff zu senken. Dabei spielten offenbar Beobachtungen eine maßgebliche Rolle, die Voith im Frühjahr in einer Kreidemühle angestellt hatte. Mahlversuche mit grobem Holzstoff zeigten wenig später den Weg auf, den Voelter und Voith bislang vergeblich gesucht hatten: den Weg zur Entwicklung eines Verfeinerungsapparates, dem sogenannten »Raffineur«. Das Resultat des »Pröbelns«, der Raffineur, an dessen Zustandekommen J. M. Voith wohl den entscheidenden Anteil hatte, ergänzte den Defibreur in der Mahlarbeit, indem er für einen gleichmäßigen Feinstoff sorgte. Das aber trug entscheidend zur Verbesserung der Papierqualitäten, der Holzausnutzung und damit der Rentabilität bei.

Dieser Erfolg von Voelter und Voith – sie hatten sich 1856 auf sechs Jahre vertraglich zur Zusammenarbeit verpflichtet – war das Signal für den Aufstieg des Heidenheimer Papiermaschinenbaus zur Weltgeltung, ebenso wie für den industriellen Aufschwung der Holzstofferzeugung in der Welt. Zwischen 1860 und 1866 konnten bereits sechzig Maschinenanlagen Voelterscher Bauart ausgeliefert werden, zwi-

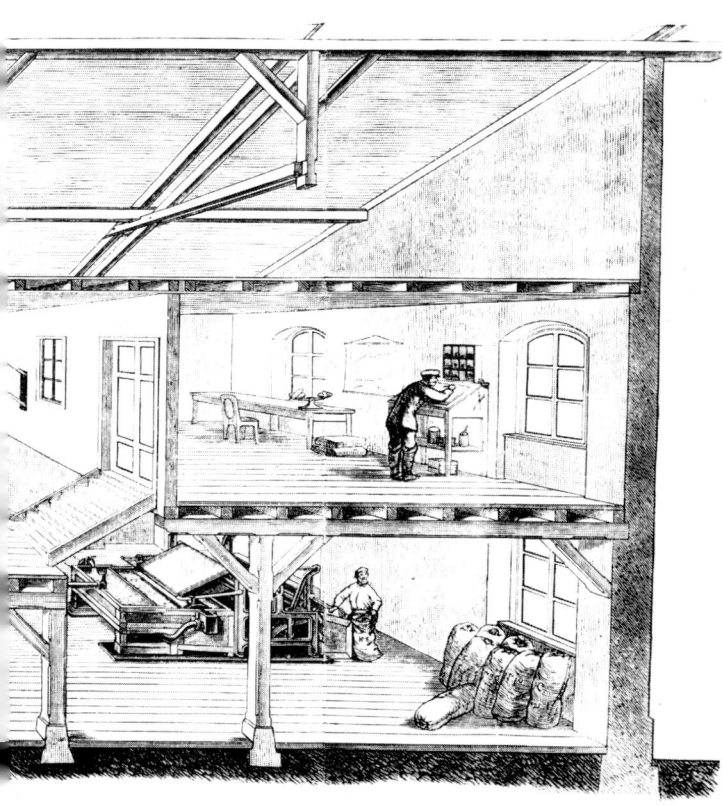

schen 1867 und 1872 sogar 136, nachdem Voelters Holzstoffmaschine auf der Pariser Weltausstellung von 1867 eine goldene Medaille errungen hatte. Aus der Holzstoffabrikation entwickelte sich nunmehr ein Industriezweig, *»der als epochemachend für die ganze Welt angesehen werden muß«*, wie Karmarsch treffend in jenen Tagen prophezeite.

Wenn auch aus Voelters Technischem Büro in der Ulmer Straße zu Heidenheim in der Folgezeit noch manche weitere Entwicklung und Erfindung hervorging, so neigte sich doch die eigentliche Pionierzeit des mechanischen Holzaufschlusses nunmehr ihrem Ende zu. Schon im Jahre 1865 hatte Voelter befriedigt feststellen können, *»daß die zunehmende Verwendung des Holzzeuges in den letzten Jahren dem weiteren Steigen der Hadernpreise bereits einen Damm entgegengesetzt hat, und uns voraussichtlich gegen eine fortschreitende Verteuerung des Papiers, dieses Haupthebels menschlicher Kultur, für immer schützen wird«*. Damit hatte er gewiß nicht Unrecht, wurde doch Papier – zumal Zeitungspapier – im Zuge der Holzschliffentwicklung zu einem preiswerten Massenprodukt. Die Einführung der Zeitungsrotationsmaschine seit den 70er Jahren verlangte geradezu danach. Noch heute besteht das Zeitungspapier

zu ca. achtzig Prozent aus Holzschliff, während in anderen Papiersorten die teuere Zellulose, das Produkt des chemischen Aufschlusses von Holz, überwiegt. Lumpen (Hadern) finden hingegen nur noch in bescheidenem Umfang bei einigen wenigen kostbaren Papiersorten Verwendung.

Als sich Heinrich Voelter im Jahre 1879 krankheitshalber entschloß, sein Ingenieurbüro aufzugeben und die Weiterentwicklung der Holzschlifftechnik der Firma J. M. Voith zu überlassen, die – seit 1867 unter der dynamischen Leitung Friedrich Voiths – in einem schnellen Aufstieg begriffen war, beschäftigte Deutschlands Holzstoffindustrie bereits 4800 Arbeitnehmer (!), ungerechnet die vielen mittelbar daran beteiligten Arbeitskräfte in der Forstwirtschaft, im Maschinenbau, in der Papier- und Druckindustrie. Es war die eigentliche Krönung eines Lebenswerkes, das seinen Träger durch viele Höhen und Tiefen geführt, ihn mit Schmähungen und Anfeindungen konfrontiert, endlich jedoch auch mit Ehrungen und Auszeichnungen reich bedacht hat.

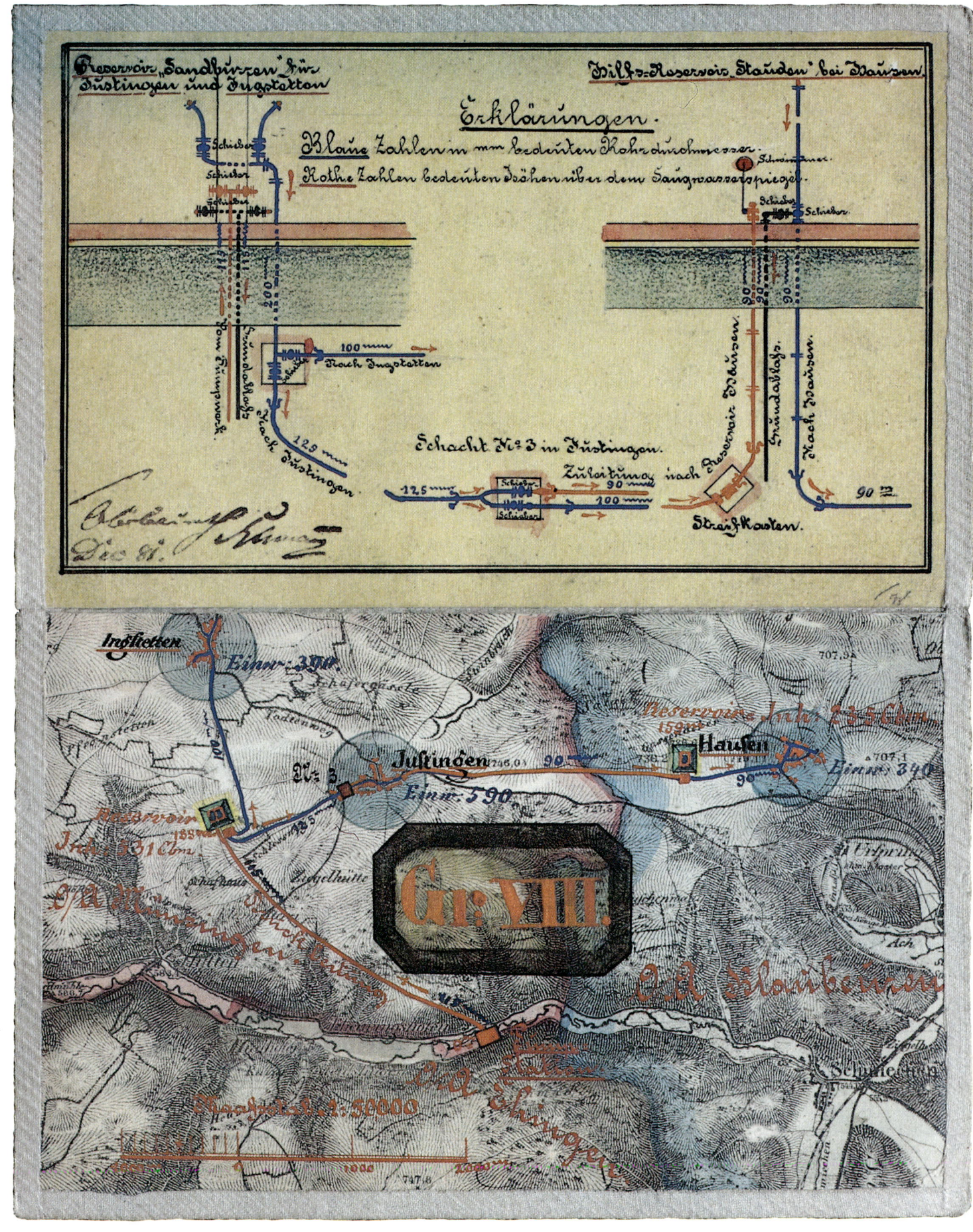

Karl Ehmann und die Wasserversorgung der Schwäbischen Alb

Von Günter Arns

Karl Ehmann

Er war unverheiratet, kinderlos und hatte nichts anderes im Leben als diese seine Wasserleitung.
Alexander Solschenizyn
über den Moskauer Wasserwerkstechniker W. W. Oldenborger

Eine Handkarte Ehmanns für unterwegs, mit Darstellung der frühesten Gruppe VIII; Pumpstation, Rohrverlauf, Reservoire und belieferte Gemeinden sind nachträglich in eine amtliche Karte 1 : 50 000 eingetragen. Oben: Die zeichnerische Darstellung der Rohrabzweigungen mit Signatur Ehmanns.

Man wird kaum behaupten wollen, daß Karl Ehmann zu den wirklich populären Gestalten des schwäbischen Raumes zähle. War sein Werk nicht genügend spektakulär? War seine Persönlichkeit zu wenig volksnah? Ehmanns Bildnis aus dem Feuerbacher Heimatmuseum zeigt einen wohlgenährten Grandseigneur mit großbürgerlicher Montur und Doppelkinn, in seinem Gesamtgestus Anbiederungen und Aufdringlichkeiten diskret zurückweisend. Speziell die Haartracht ist von einem geschmackssicheren Stilwillen geprägt, der auf überdrehten Bombast und damals modische Mätzchen bewußt verzichtet. Es fehlt die wallende Mähne, die Koteletten deuten einen möglichen Backenbart allenfalls an, den Schnauzer hätte Ehmann (oder auch der Maler Georg Erhardt) unschwer zu einem kunstvollen Filigranschmuck zwirbeln können, – Porträts, besonders gemalte, sind ja immer auch Arrangements von Wirklichkeit. Die Augen schauen den Betrachter offen, beinahe freundlich an, und doch hält der Blick merklich auf Distanz. Allem Anschein nach kein Kumpan für grölende Vereinsfeste; eher ein Wunschkandidat für die »gehobenen Stände«. Wenn man mag, entdeckt man in Ehmanns Gesichtsausdruck sogar einen leichten Anflug von Eitelkeit, nicht zu Unrecht übrigens. Davon später noch.

Und seine Leistung? Aufsehenerregend war sie schon deshalb nicht, weil sie sich nicht in baulichen Superlativen zu beweisen trachtete; jeder, der an den zahlreichen, verdeckten Sammelbehältern auf der Schwäbischen Alb achtlos vorbeispaziert, bestätigt indirekt die ge-

24. 9. 1827 Geburt von Karl Ehmann in Berg bei Stuttgart
1844/45 Ausbildung auf dem Polytechnikum in Stuttgart
1847 Auslandsaufenthalte in Österreich, Bayern, England und den USA
1857 Rückkehr nach Württemberg und Niederlassung in Stuttgart als Civilingenieur
1865 Beratungsingenieur für Wasserversorgungsanlagen; Ernennung zum Baurat
1866 Vorlage eines Planes zur Albwasserversorgung beim Innenministerium
1869 Ernennung zum »Staatstechniker für das öffentliche Wasserversorgungswesen«
1883 Versetzung in den vorzeitigen Ruhestand aus Gesundheitsgründen
30. 4. 1889 Tod in Stuttgart

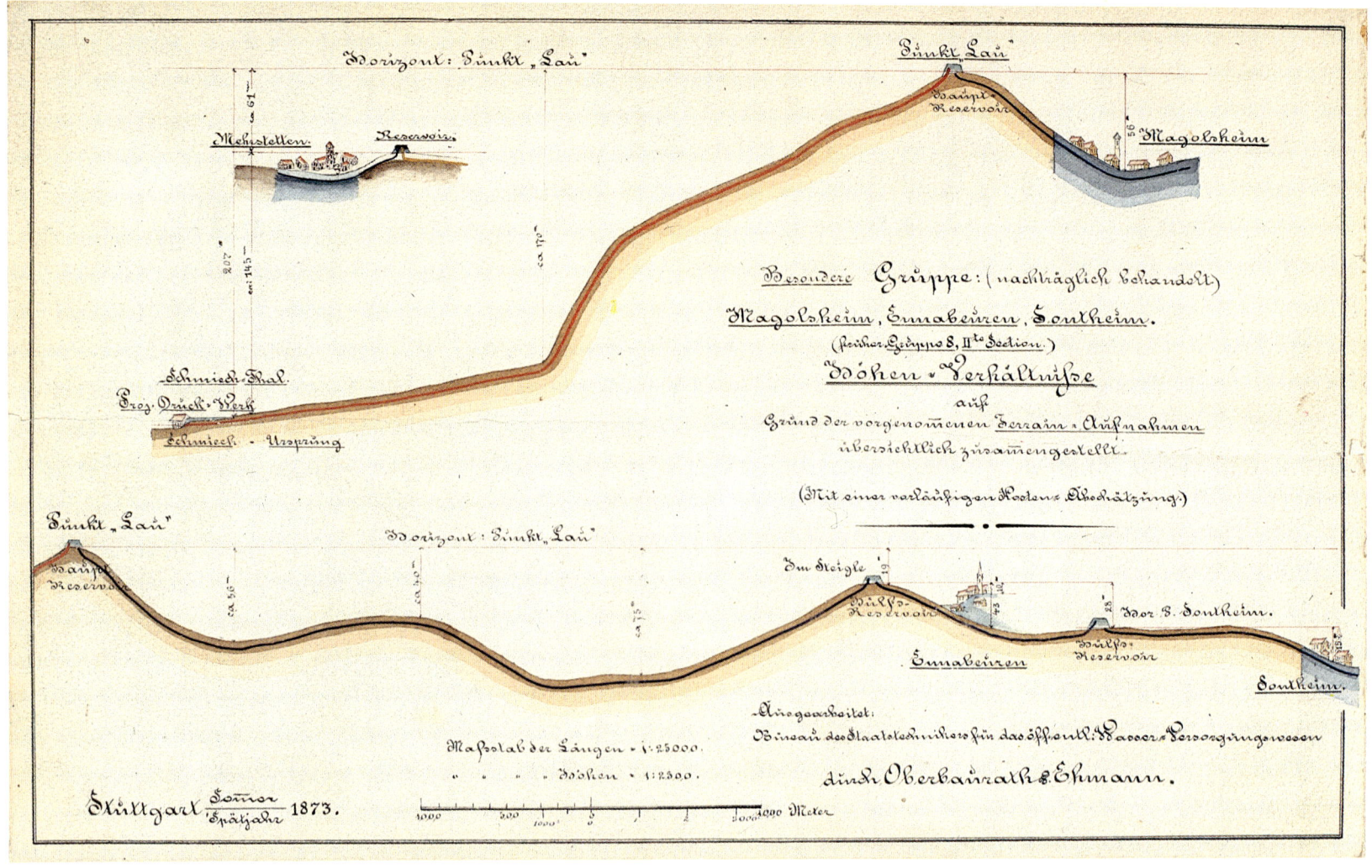

Horizont: Punkt „Lau"

Punkt „Lau"

Mehrstetten   Reservoir.

Haupt Reservoir

Magolsheim

Schmiech-Thal.

Proj. Druck-Werk

Schmiech - Ursprung

Besondere Gruppe: (nachträglich behandelt)

Magolsheim, Ennabeuren, Sontheim.

(früher Gruppe 8, II.te Section.)

Höhen - Verhältniße

auf

Grund der vorgenommenen Terrain - Aufnahmen

übersichtlich zusammengestellt.

(Mit einer vorläufigen Kosten - Abschätzung.)

Punkt „Lau"

Horizont: Punkt „Lau"

Haupt Reservoir

Im Steigle

Hülfs-Reservoir

vor B. Sontheim.

Ennabeuren

Hülfs-Reservoir

Sontheim.

Ausgearbeitet:

Bureau des Staatstechnikers für das öffentl. Wasser-Versorgungswesen

durch Oberbaurath Ehmann.

Maßstab der Längen = 1:25000

„   „   Höhen = 1:2500.

Stuttgart Sommer/Spätjahr 1873.

An der Höhenskizze für die spätere Gruppe IX ist die Funktionsweise des Wassertransports besonders übersichtlich abzulesen: Aus dem Schmiech-Tal nahe der Quellen (»Schmiech-Ursprung«) in 628 Metern Höhe wird das Wasser mittels »Druck-Werk« 207 Meter hoch in das »Haupt-Reservoir« (»Punkt ›Lau‹ «, 835 Meter) gepumpt; von hier aus fließt es 56 Meter tiefer nach Magolsheim bzw. 61 Meter tiefer in ein »Reservoir« zur Versorgung von Mehrstetten (links oben im Bild) sowie über zwei weitere »Hülfs-Reservoire« nach Ennabeuren und Sontheim (unten).

wollte Unauffälligkeit des Ehmannschen Projekts. Das Projekt: den fatalen Wassernotstand der Albregion dauerhaft zu beheben, unter dem Mensch und Tier seit Urzeiten zu leiden hatten. Bereits Sebastian Münster charakterisierte 1544 in seiner »Cosmographia« die Alb als *»ein birgigs/steinigs vnnd rwhes* [rauhes] *land«* mit *»wenig wasser«*.

Die Wasserarmut resultiert nicht einmal aus zu großen Niederschlagsdefiziten. Im Gegenteil, sieht man von den zum Hochrhein streichenden Ausläufern ab, welche vom Regenschatten des Schwarzwaldes noch berührt werden, so erhält die Schwäbische Alb im Schnitt mehr Niederschläge als der übrige Südwesten. Während das langfristige Mittel für Baden-Württemberg bei 931 mm jährlich liegt (Bundesdurchschnitt: 837 mm), summieren sich die Regen- und Schneefälle der Albgegend auf über 1 000 mm.

Eine erhöhte Verdunstung kommt für den Wassermangel auf der Alb, für das Fehlen von Flüssen und Seen ebenfalls nicht in Betracht, weil die Temperaturen dort deutlich unterhalb der Durchschnittswerte verbleiben (Klippeneck 6°C, Stuttgart 10°C). Zur Erklärung bietet sich folglich nur mehr die eine Möglichkeit an, daß der Niederschlag relativ schnell vom Boden bzw. vom darunterliegenden Gestein aufgenommen wird und unterirdisch abfließt.

Tatsächlich bestehen die oberen Gesteinslagen der Alb aus gewaltigen, mehrere hundert

Meter dicken Kalktafeln. Derart immense Materialmassen können sich einzig als Ablagerungen, als Sedimente, im Meer aufgeschichtet haben. Denn Kalk hat die gegensätzliche Eigenschaft, sowohl wasserlöslich zu sein als auch unter bestimmten Bedingungen aus dem Wasser wieder auszufällen. Eindrücklich veranschaulichen das die Tropfsteinhöhlen gerade auch der Schwäbischen Alb, wo eingedrungenes Regenwasser die Klüfte zunächst ausgewaschen hat, um dann Jahrtausende lang in eben diese Höhlen tröpfchenweise meterhohe buckelige Säulen hineinzusetzen. An der Erdoberfläche führt das rasche Versickern des Wassers in den klüftigen Untergrund zur Ausformung einer typischen Karstlandschaft mit dünner Ackerkrume, mit Erdeinbrüchen (Dolinen) und Trockentälern.

Einer florierenden Landwirtschaft stand die geballte Ungunst der Natur – karge Böden, niedrige Temperaturen und Wasserknappheit – entgegen. Sofern es ging, baute man anspruchslose Getreidesorten an: Hafer, Gerste, Dinkel, der, nebenbei gesagt, das beste Spätzlemehl geliefert haben soll; ansonsten bescheidene Viehhaltung, wobei die Schafzucht neuerdings wieder zunimmt. Märchenhafte Schätze konnte man mit alledem nicht anhäufen. Im Marktflekken Justingen etwa, 750 Meter hoch auf der Blaubeurer Alb gelegen, wohnten im 18. Jahrhundert laut einem älteren amtlichen Bericht 235 Familien, unter denen *»56 vom Bettel«* lebten.

Um das spärliche Naß wenigstens in allernötigsten Mengen verfügbar zu machen, fing man das von den Strohdächern herabrinnende Regenwasser in sogenannten Dachbrunnen auf; keine sehr appetitliche Sache, abgesehen davon, daß dieses bräunlich-trübe »Spatzenwasser« massenhaft Krankheitskeime enthielt und regelmäßig zu lästigen, bisweilen bösartigsten Infek-

Eine der selten gewordenen Hülen, hier im Mittelpunkt eines Albdorfes.

tionen führte. Nicht viel hygienischer war das Sammeln der Niederschläge in gemeinschaftlich angelegten Dorfweihern, den Hülen, auf welchen üblicherweise modriges Laub und tote Fliegen herumschwammen und aus denen sich natürlich auch Katzen und Gänse bedienten. Falls es einige Zeit nicht geregnet hatte, mußte das Wasser mühselig per Pferdefuhrwerk oder Ochsengespann aus dem Tal heraufgekarrt werden.

Hier auf Abhilfe zu sinnen, erforderte mithin keinen außergewöhnlichen Einfallsreichtum; den Wunsch nach Abhilfe, nach ausreichenden Wasserreserven hatte manch einer gewiß schon x-mal vor sich hingemurmelt. Derlei Sehnsüchte blieben indes eher ein passives, schicksalergebenes Hoffen auf *irgendwelche* Himmelsfügungen, als daß sie sich zu einer konkreten Utopie verdichtet hätten. In dem Moment jedenfalls, da die Pläne Ehmanns unter den ortsansässigen Bauern ruchbar wurden, brachen tiefsitzende Ängste durch das sprich-

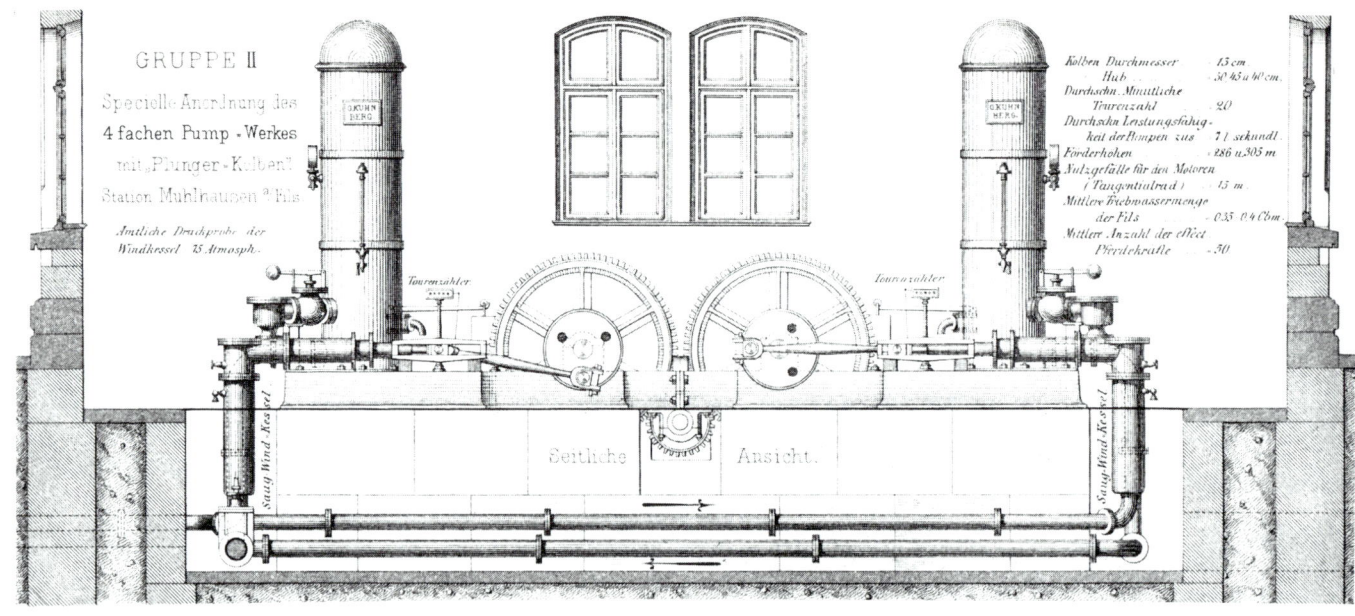

Die letzte noch in Betrieb befindliche Pumpe aus der Zeit Ehmanns; oben die damalige Darstellung desselben Pumpentyps.

wörtliche dicke Fell der Älbler hindurch, war die dörfliche Ruhe passé. Das nüchtern-gedankenklare Modell einer fachmännisch ausgetüftelten Wasserversorgung setzte instinktive Abwehrreaktionen frei, die in Worte zu kleiden abenteuerlichster Gehirnverrenkungen bedurfte. Von trickreich verhedderten Kalkulationen mit Pleiteprognosen bis hin zu frömmelnden Entsagungsformeln, wonach Eingriffe in die Natur wahre Gottesfrevel seien, wurde der Argumentation der Neinsager so ziemlich alles untergemischt, was sich an kruden Irrationalismen und Bigotterien zusammenklauben ließ. Dem respektlosen, gefühlskalten Techniker aus der

Stadt, dem das tranige Biertischpalaver sichtlich auf die Nerven ging, schlug tiefes Mißtrauen entgegen.

Dabei waren Ehmanns Überlegungen ebenso einfach wie einleuchtend: das durchs Erdinnere gesickerte Wasser dort, wo es in Form von Quellen wieder zutage tritt, anzustauen, um es mittels Pumpen und Rohrleitungen erneut auf die Alb hochzudrücken und in großen Reservoirs zu speichern. Aus diesen Speicherbehältern – so Ehmann – könne das Wasser anschließend über ein engmaschiges Verteilernetz kraft natürlichen Gefälles den Endabnehmern zugeführt werden.

Zweifellos gab es dieses Unternehmen nicht zum Nulltarif. Ehmann berücksichtigte in seinem Denkansatz jedoch den Kostenfaktor insofern, als er die Kapazität der einzelnen Wasserförderwerke auf den Verbrauch einer ganzen Reihe von Albgemeinden auslegte; von diesen sollten sich mehrere Nachbarkommunen zu jeweils einer Versorgungsgruppe zusammenschließen und die Finanzierung des Vorhabens anteilig übernehmen. Daß er ohne weitere Umstände gleich acht Versorgungsgruppen mit bis zu siebzig Gemeinden projektierte, bekundet den Systematiker Ehmann, dessen Phantasie mit planerischem Weitblick einherging und der im Ergebnis ein bündiges Konzept aus einem Guß zuwege brachte. Lief alles nach seiner Fasson, dann waren acht Flüsse (oder Flüßchen) anzuzapfen, 250 Kilometer Rohre zu legen und über eine Million Gulden aufzuwenden, dann kamen annähernd 30 000 Leute – ungefähr zwanzig Prozent der Albbevölkerung – in den Genuß einwandfreien, sauberen Trinkwassers. Mit den veranschlagten Geldmitteln hätte man, wie ein zeitgenössisches Beispiel aus Esslingen belegt, eine Fabrikanlage für über 700 Arbeiter hochziehen können.

Was brachte Karl Ehmann überhaupt auf die Idee, einen solch detaillierten »*Plan über die Thunlichkeit einer künstlichen Wasserversorgung der Alborte*« zu entwickeln? Bevor Ehmann das Exposé 1866 dem württembergischen Innenministerium unterbreitete, war er, 38jährig, gerade seit einem Jahr in halbamtlicher Funktion als technischer Berater für Gemeinden und andere öffentliche Stellen tätig. Sehr gut denkbar, daß der Freiberufler den staatlichen Behörden seine Sachkompetenz oder auch seine Unentbehrlichkeit vorzuführen gedachte und nebenher auf eine Beamtenlaufbahn spekulierte. Denn der gelernte Ingenieur hatte bis 1857 längere Zeit im Ausland – in Österreich, Bayern, in England und den USA – gewerkelt und sich anschließend in seiner Heimatstadt Stuttgart selbständig gemacht; vor allem während der England- und Amerika-Aufenthalte scheint er gründlich die moderne Pumpen- und Wassertechnologie kennengelernt zu haben. Nach Württemberg zurückgekehrt, suchte er sein Betätigungsfeld auf dem »*hier völlig neuen Gebiete des öff. Wasser-Versorgungs Wesens*« und kam dadurch fast zwangsläufig mit kommunalen Würdenträgern in Kontakt.

Den unmittelbaren Anstoß zu seinem Prestigeobjekt erhielt Ehmann vermutlich 1865 bei der Inspektion eines Fördermechanismus, mit dessen Hilfe das königliche Gestüt St. Johann (auf halbem Wege zwischen Urach und Reutlingen) seit 150 Jahren die Ressourcen der nahegelegenen Gütersteiner Wasserfälle erschloß. Der Vorbildcharakter der Apparatur wird unverkennbar, wenn man sich die dortige Kolbenpumpe vor Augen führt, die, durch ein großes Wasserrad angetrieben, eine Höhendifferenz von 160 Metern zu bewältigen in der Lage war. Auch Ehmann hielt die Wasserkraft für eine ideale Antriebsenergie, mit der sich der begehrte Grundstoff quasi selbst emporhievte. Allerdings fehlte in St. Johann die überregionale Dimensionierung des Ganzen sowie das Ineinandergreifen der Einzelteile zu einem komplexen Verbundsystem; das Entwickeln dieser beiden Leitlinien machte die schöpferische Originalität des Stuttgarter »Civilingenieurs« aus. Darüber hinaus gab es eine Fülle von Detailproblemen zu lösen: Die Standorte für die acht Pumpstationen (eine pro Versorgungsgruppe) mußten nach Wasserqualität und Beschaffenheit des Terrains ausgesucht, die Förderleistungen auf den geschätzten Bedarf und die unterschiedlichen Hubhöhen abgestimmt werden.

Die größeren Schwierigkeiten bestanden gleichwohl darin, das Unterfangen den direkt Betroffenen schmackhaft zu machen bzw. politisch durchzusetzen, was gemeinhin mit etlichen Unwägbarkeiten verbunden ist. Die zuständigen Fachreferenten im Innenressort gaben nach anfänglichem Stirnrunzeln ihren ministerialen Segen. Aber diese Albbauern... Mit Fug und Recht darf man annehmen, daß die Ehmannschen Pläne als Makulatur in der Aktenablage gelandet wären, hätte nicht das Dorf Justingen in dem Tierarzt Anton Fischer einen aufgeschlossenen jungen Schultheißen besessen, der sich mit geradezu missionarischem Eifer für die Angelegenheit einsetzte. Justingen sollte nach den Vorstellungen Ehmanns mit fünf weiteren Flecken die Gruppe VIII zur Versorgung von zusammen 4 300 Einwohnern bilden. Indessen

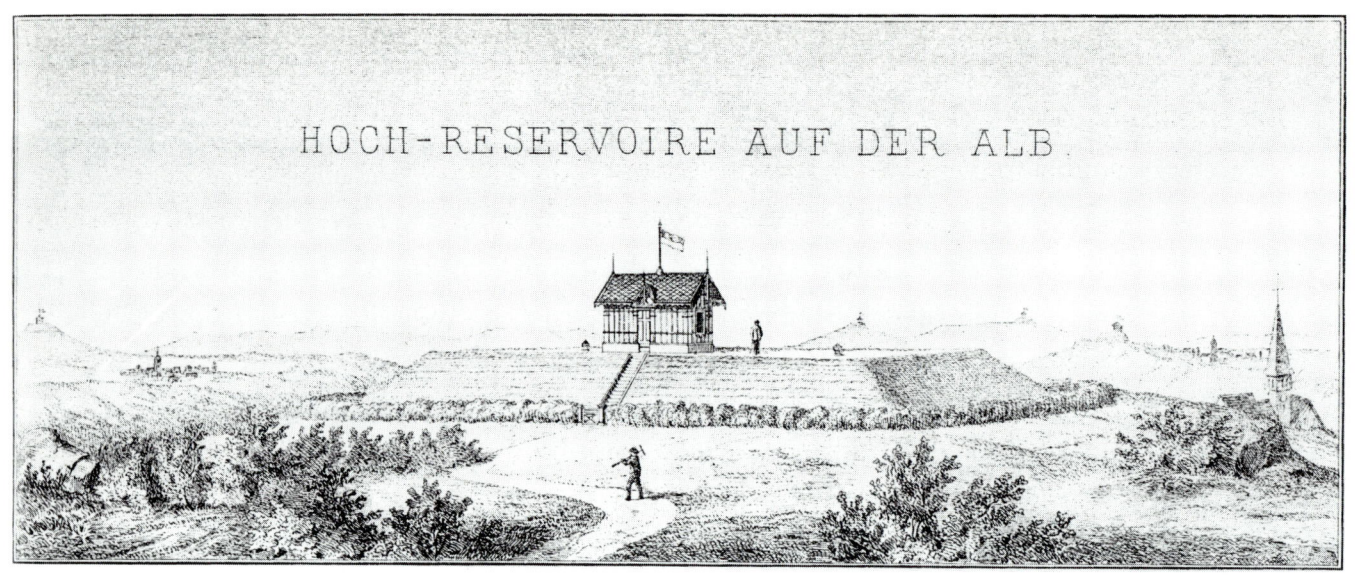

HOCH-RESERVOIRE AUF DER ALB.

zeigte die vom württembergischen Innenminister später so bezeichnete »Gegenagitation« ihre Wirkung: Die Angesprochenen verweigerten sich samt und sonders dem ihnen zugedachten Beglückungsprogramm und bestanden darauf, »es nicht besser haben zu wollen, als Väter und Grossväter es ehedem gehabt«. Erst nach einjährigem geduldigen Zureden wandelte sich die Stimmung langsam; unter den Wanderpredigern in Sachen Wasserversorgung war Anton Fischer unstreitig der rührigsten einer, obgleich auch z. B. Karl Ehmann in seiner neuen Rolle als beamteter »Staatstechniker« für das Schwabenwasser mehrfach vor Ort auftauchte.

Der 20. November 1869 brachte den Durchbruch. Auf einer Delegiertenversammlung der sechs Gemeinden sprachen sich die Vertreter von Justingen, Ingstetten (2 Kilometer nordwestlich davon) und Hausen (3½ Kilometer östlich Justingens) für den Bau der Anlage aus, während Ennabeuren, Sontheim und Feldstetten eine Beteiligung nach wie vor ablehnten, »trotz aller Belehrung, Ermahnung und Aufmunterung«, wie Innenminister Geßler schon am nächsten Tag Seiner Königlichen Majestät gegenüber beteuerte; – aus der bürokratisch unerhörten Eile man im übrigen ersehen kann, welch hohen Initiativwert die Regierung dem kommunalpolitischen Beschluß beimaß.

Wiewohl die Versorgungsgruppe VIII hierdurch auf die drei kleinsten Nester geschrumpft war, die Zahl der Abnehmer auf weniger als 1 500 zurückging und sich in der Konsequenz

die Umlagekosten nahezu verdoppelten, blieb man bei der einmal getroffenen Entscheidung, ohne Frage bestärkt durch die Zusage einer 25prozentigen Landessubvention.

Dann ging's los. An der Schmiech (einem Donauzufluß unterhalb Ehingens) wurde das Pumpenhäuschen zur Wasserentnahme errichtet, 200 Meter höher auf dem »Sandburren«, Justingens Hausberg, entstand der Sammelbehälter mit einem Fassungsvermögen von knapp 600 Kubikmetern. Am 18. Februar 1871, lediglich neun Monate nach dem ersten Spatenstich, sprudelte unter allgemeinem Gejohle das erste Förderwasser aus einer Anzahl von Zapfstellen und Brunnen, den Worten Ehmanns zufolge »krystallhell und rein«.

Die Hochbehälter, soweit sie sich überhaupt noch im ursprünglichen Zustand befinden, sind heute von einem dichten Baumkranz gesäumt, der damals nach Beendigung der Erdarbeiten angelegt wurde.

Gußeiserner Ventilbrunnen, wie er anfangs in den Ortschaften mit Albwasserversorgung aufgestellt wurde.

Psychologisch war damit der Weg geebnet für die zügige Weiterführung des Gesamtkomplexes; wider alle Unkenrufe und Besserwisserei funktionierte die Sache. Scharenweise wallfahrteten Interessentenzirkel aus der näheren und ferneren Umgebung nach Justingen, Ingstetten und Hausen, auch zur Pumpstation ins Schmiech-Tal, um das technische Wunderwerk staunend zu beäugen. Und als hätte eine schlitzohrige Regie es geschickt inszeniert, brachen in Justingen kurz hintereinander zwei Brände aus, von denen einer »sofort einen entschieden gefährlichen Charakter zeigte«, die man aber dank der leicht erreichbaren Hydranten »in kürzester Frist« unter Kontrolle bekam.

Daß dieses Paradestück südwestdeutscher Ingenieursfertigkeit zukunftsträchtige Substanz in sich trug, belegen mehrere Indizien. Zum einen dauerte es nicht lange, bis die zunächst abseits stehenden Ortschaften Ennabeuren, Sontheim und Feldstetten wegen eines Anschlusses an den technischen Komfort der Neuzeit vorfühlten; für die beiden ersteren sowie für zwei andere Spätzünder bastelte Ehmann 1873 eine eigene Versorgungsgruppe IX zurecht. Feldstetten kam in die Gruppe II. Zum andern wurden die Ehmannschen Planungen mit nur geringfügigen Korrekturen wie den gerade erwähnten in die Tat umgesetzt, und mit dem weiteren Unterschied, daß 1881 – als die vorerst letzte Gruppe ihren Wasserbezug aufnahm – statt der anfangs vorgesehenen sechzig bis siebzig Verbandsmitglieder hundert Gemeinden und Streuhöfe, insgesamt »rund 40 000 Seelen«, mitmachten. Drittens fand der ursprüngliche Entwurf unter den Händen des siebzehn Jahre jüngeren Vetters Hermann Ehmann vor der Jahrhundertwende seine logische Fortschreibung im Aufbau von fünf zusätzlichen Versorgungsgruppen (X – XIV), so daß die ganze Schwäbische Alb von

der bayerischen Grenze im Osten bis zum hohenzollerisch-preußischen Hoheitsgebiet im Westen komplett mit einer fein verästelten Wasser-Pipeline durchzogen war; Vetter Hermann war es auch, der mehreren württembergischen Landesteilen regionale Netzwerke bescherte, etwa der Enz-Nagold-Gegend die »Schwarzwald-Wasserversorgung«. Und nicht zuletzt nutzte der zweite Ehmann-Nachfolger, Oskar Groß, seine bei den Albgruppen gewonnenen Erfahrungen, um während des Ersten Weltkrieges in vergrößertem Maßstabe die sogenannte Landeswasserversorgung aufzuziehen und das lebensnotwendige Gut aus dem Donauried (20 Kilometer flußabwärts von Ulm) über die Alb hinweg in den Stuttgarter Raum zu pumpen. Inzwischen – seit Ende der fünfziger Jahre – erhält das stark industrialisierte Revier des Mittleren Neckar bis weit hinter Heilbronn sein Wasser zum überwiegenden Teil aus dem Bodensee, worin eine abermalige Steigerung sowohl der Ansprüche als auch der öffentlichen Aufgaben zum Ausdruck kommt.

Karl Ehmann hat all diese Dinge nicht mehr erlebt und in ihrer Monumentalität schwerlich vorauszudenken vermocht. Zu seiner

Die erste Pumpstation der Albwasserversorgung. Das rote Zahnradgestänge diente zur Regulierung des Triebwassers, das einige hundert Meter oberhalb aus der Schmiech in einen künstlichen Kanal abgeleitet wurde.

Zeit war die Gruppenwasserversorgung der Alb ein Pilotprojekt, das international Aufsehen erregte und seinem Schöpfer über Württemberg hinaus fachliches Renommee eintrug, ganz zu schweigen von den mannigfaltigen heimischen Orden und Würdigungen einschließlich Ehrendoktor und Adelstitel. Ehmann genoß solche Beweihräucherungen ohne den leisesten Anflug von distanzierender Ironie, und vielleicht bedurfte er, gesundheitlich labil, der demonstrativen Wertschätzung auch in besonderer Weise. So bat er, nachdem sein vorzeitiges Entlassungsgesuch vom November 1883 mit den üblichen Höflichkeitsfloskeln bewilligt worden war, postwendend darum, die ihm *»gütigst mitgetheilte Allerhöchste Anerkennung Sr. Majestät des Königs«* als ihn *»höchst ehrend«* publik machen zu dürfen. Die Kolportage, Ehmann habe Socken mit dem eingestickten Monogramm »K.v.E.« getragen, wird harmlos-bissige Über-

treibung sein, zumal der Wasserbau-Ingenieur zeitlebens keine Frau, keine Töchter für die erforderlichen Stickereien hatte. Dennoch karikierte jener verwandtschaftliche Tratsch nur das gespreizte Gehabe um seine äußere Erscheinung, die er ungeheuer wichtig nahm. In dem eingangs wiedergegebenen Porträt, welches Ehmann mit 36 Jahren – vor jeder allgemeineren Reputation – von sich anfertigen ließ, schlägt diese Marotte recht deutlich durch.

Beinahe versteht sich von selbst, daß Ehmann dem etablierten Stuttgarter Honoratiorenklüngel zugehörte und auch dazugerechnet werden wollte. Noch Jahre nach den entsprechenden Ereignissen berichtete Ehmann mit ausladender Breite und unverhohlener Genugtuung von den drei Besichtigungstouren des württembergischen Königs auf die Alb »unter jedesmaliger Führung des Oberingenieurs«. »Einem wahren Triumphzuge« hätten diese Reisen inmitten »einer jubelnden, festlich gekleideten Bevölkerung« geglichen, und man spürt förmlich, wie ihm noch in der Erinnerung die Wonneschauer über den Rücken liefen.

Die Bevölkerung: ein Objekt, das vertrauensvoll obrigkeitlicher Fürsorge und Wohlfahrt harren durfte und dafür bei entsprechenden Feierlichkeiten gefälligst zu jubeln hatte, das, wenn nötig, auch mal zur Räson gebracht werden mußte, – dieser politische Konsens verband Ehmann mit den Führungseliten der frühindustriellen Gesellschaft im »Ländle«. Konservativ bis auf die Knochen, setzte er sich 1847 angesichts der revolutionären Gärung (»in Folge der damaligen Zeitverhältniße«, wie er seine Motive umschrieb) aus den heimatlichen Gefilden ab, während die große Mehrzahl der Emigranten drei Jahre später vor der einsetzenden Reaktion flüchtete. Kurze Zeit darauf zog Ehmann nach Alabama in den Süden der USA, um als »techn. Vorstand« auf Baumwoll- und Zukkerplantagen Beschäftigung zu finden. Die dort praktizierte Negersklaverei berührte ihn anscheinend nicht im geringsten, wogegen ein anderer deutscher Ingenieur, der nachmalige Konstrukteur der New Yorker Brooklyn-Brücke Johann A. Roebling, bereits zwanzig Jahre vorher eine Tätigkeit in einem Sklavenhalterstaat rundheraus verworfen hatte, »selbst wenn er ein Paradies wäre«.

Möglicherweise hat Ehmann ganz bestimmte politische Gegebenheiten schlicht verdrängt bzw. gar nicht erst an sich herankommen lassen. Trotzdem impliziert ein derartiger, vorgeblich unpolitischer Rückzug auf technokratisches Spezialistentum durchaus politische Haltungen und politische Wirkungen; eine Wirkung bestünde im demokratischen Rückstand des monarchisch-administrativen Systems, was von Ehmann nicht einmal beabsichtigt, mit seiner Dienstbeflissenheit gegenüber den Herrschenden, mit dessen altbackener Ideologie von Ruhe und Ordnung prächtig harmonierte.

Freilich erschiene es gleichermaßen unhistorisch wie pharisäerhaft, dem Individuum Ehmann eine soziale und politische Mentalität ankreiden zu wollen, die seinerzeit gang und gäbe, fast obligatorisch war und sich selbst heute noch verbreitet findet. Aber festmachen an der Person, benennen darf man dies schon. Schließlich war Ehmann nicht nur auf technischem Gebiet ein die meisten Zeitgenossen überragender Kopf, sondern eben auch in politischer Hinsicht ein Kind seiner Zeit.

Matthias Hohner –
der Meister der Mundharmonika

Von Günter Arns

Eines Tages war ein herabgekommener sächsischer Handwerksbursche auf der Wanderschaft durch Trossingen auch zu Hohner gekommen und hatte um Brot und um einen Schnapsgroschen gebettelt.

»Du kannst drei Kreuzer verdienen, wenn du eine halbe Stunde den Schleifstein treibst.«

»Drei Kraizer?«, meinte der Sachse, »das scheent mir aber doch e bißche wenich.«

»Ja«, antwortet der Meister, »hier krieg ich genug Leute, die für zwei Kreuzer treiben«.

Da parierte der Sachse mit einleuchtender Logik: »Meester, so mach ich den guten Laiten das Geschäft nicht wechnehmen. Geben Se mir den dritten Kraizer und setzen Se eenen armen Familienvater mit den andern zwei Kraizer ins Brot.«

Schnurriges aus dem biedermeierlichen Dorfalltag, obwohl mit halber Pointe. Denn man wüßte ja gern, wie das Gefeilsche zwischen dem schlagfertigen Sachsen und dem haushälterischen Schwaben ausgegangen ist. Dabei steht zu vermuten, daß Matthias Hohner höchstpersönlich die Anekdote beifallheischend und auch wiederholt zum besten gegeben hat, um durch wortreiches Fabulieren zu bedeuten, daß er, der Prinzipal kleinbürgerlicher Abkunft, den Verhaltensmustern des gemeinen Volkes keineswegs entrückt sei. Imagepflege also, Selbststilisierung.

Die Begebenheit – wahr oder geschönt – muß sich während der siebziger Jahre des vorigen Jahrhunderts zugetragen haben, zu einer Zeit, da noch keine Dampfmaschine die manuelle Plackerei in den Hohnerschen Werkstätten erleichterte. Mit dem *»Schleifstein«* war nämlich ein Schwungrad gemeint, das über mehrere Zwischenräder eine Reihe von Hilfsaggregaten antrieb, etwa einen Stanzapparat, der einzelne Bauteile für die Mundharmonika aus Messing-

Matthias Hohner, 1833–1902. Gemälde aus dem Jahre 1899.

blechen herausschlug. Die erste Dampfmaschine, mit einer Leistung von anderthalb PS, wurde im Spätherbst 1881 bei Hohner angeschmissen; nach und nach kamen wuchtigere, stärkere hinzu. Indes wäre hiermit der Entwicklung weit vorgegriffen, die doch erst einmal skizziert sein will.

Folgt man mündlicher Überlieferung, so brachte Ende der zwanziger Jahre ein Trossinger Uhrenträger eine Mundharmonika aus Wien mit in die Baar-Gegend heim und reichte sie an den »Zeugchriste«, den Verlobten seiner Tochter und Sohn eines Tuch- oder »Zeug«machers, weiter. Christian Messner, der »Zeugchriste«, habe derart eifrig auf dem Instrument gespielt, daß binnen kurzem eine Reparatur fällig

Die Fertigung von Mundharmonikas um 1910.

geworden sei, wozu er sich in einen Taubenschlag auf dem Dachboden des väterlichen Hauses zurückgezogen haben soll. Unter dem Gegurre leicht irritierter Brieftauben seien auf diese Weise nicht nur die Mißtöne des Wiener Modells beseitigt, sondern im Anschluß daran die ersten schwäbischen Mundharfen handgefertigt worden.

Ungefähr drei Jahrzehnte später gab es in Trossingen abermals einen aufgeweckten Burschen, den »Webermatheis«, der gleichermaßen im Bau von Mundharmonikas seine Bestimmung sah. Als die letzten Bastelhürden allein nicht zu nehmen gewesen seien, habe dieser »Webermatheis« seine Zuflucht darin erblickt, mit gespieltem Desinteresse und um so wache-

ren Sinnen die Messnerschen Produktionskniffe auszuspionieren. Gar kein Zweifel, daß der talentierte Kopf den Trick mit dem Gießen der Stimmplatten, kaum erspäht, im Handumdrehen auch schon herausgefunden hatte. Die Herstellung von Mundharmonikas konnte ein weiteres Mal aufgenommen werden, nunmehr in den Hohnerschen Werkräumen; der »Webermatheis« war halt niemand anders als Matthias Hohner.

Wie verläßlich solche Legenden die Tatsachen wiedergeben, läßt sich im nachhinein schlecht ausmachen. Soviel scheint aber selbst die lokalpatriotische Erbauungshistorie einzuräumen: daß die Erfindung des kuriosen Gegenstandes lange vor der Zeit Hohners und auch außerhalb Schwabens zu suchen ist. Kenner der Materie verweisen gewöhnlich auf einen Friedrich Buschmann in Berlin als den Schöpfer der von ihm so bezeichneten »Mundäoline«, die bis ins Jahr 1821 zurückdatiert werden kann. Mit der Serienfertigung fing nach allem, was man weiß, die Wiener Firma Wilhelm Thie an, und insoweit ist das örtliche Erzählgut der zwischen Schwarzwald und Schwäbischer Alb gelegenen Baar-Ebene um den Christian Messner tendenziell glaubhaft.

Neben Messner wandten sich noch andere Trossinger dem neuen Metier zu, Christian Weiß beispielsweise, der 1855 mit einigen Gehilfen und klotziger Firmierung seine »Württembergischen Harmonikafabriken« aufmachte, oder zwölf Jahre später Andreas Koch. Offenkundig nötigte die anhaltende Wirtschaftsflaute der fünfziger und Anfang der sechziger Jahre zu einer nervösen Suche nach ungenutzten Erwerbsmöglichkeiten, da die überkommenen Branchen keine Zukunftsperspektive mehr zu bieten schienen. Dies galt für die Textilherstellung, wovon der Niedergang des Trossinger »Tuchmarktes« zeugt, genauso wie für die chronisch krisenanfällige Landwirtschaft; dies galt auch für die Schwarzwälder Uhrmacherei und den traditionellen Uhrenhandel, seit aus den USA verstärkt sogenannte Amerikaneruhren – industriell gefertigt und entsprechend billig – auf die einheimischen Märkte drängten.

Im Hause Hohner hätte man ein Lied von den deprimierenden Verhältnissen zu singen gewußt. Vater Jacob Hohner war als Stückwerker in der Leineweberei tätig und mußte heilfroh sein, die siebenköpfige Familie halbwegs mit Anstand, ohne Betteln, durchbringen zu können. Der Sohn Matthias hatte bei seinem Schwager das Uhrenhandwerk erlernt und auf ersten Verkaufstouren ins Oberschwäbische die

12. 12. 1833 Matthias Hohner in Trossingen geboren
1848–55 Lehrling und Uhrmachergeselle bei Johannes Kohler in Trossingen
1857 Heirat mit Anna, geb. Hohner
1857 Einrichtung einer Fertigungsstätte für Mundharmonikas zusammen mit den Brüdern Jacob und Paul Hohner
1879 Wahl von Matthias Hohner zum Schultheißen von Trossingen (bis 1885)
1881 Bezug eines neuen Fabrikgebäudes mit eigenem »Dampfhaus« (zur Aufnahme einer Dampfmaschine)
1887 Aufbau der ersten Produktionsfilialen in den Trossinger Nachbargemeinden Aldingen und Deißlingen
1891 Eröffnung einer Vertriebsagentur in New York unter Leitung des Sohnes Hans
19. 9. 1900 Übergabe der Firma an die Söhne Jakob, Matthias, Andreas, Hans und Gottlieb Wilhelm
11. 12. 1902 Matthias Hohner in Trossingen gestorben

Absatzschwierigkeiten am eigenen Leibe zu spüren bekommen, – immerhin machte das wogende, tickelnde Gepäck auf dem Rücken eines Uhrenträgers gut vierzig, fünfzig Pfund aus. Dermaßen holprig stotterten die Kundengespräche des zwanzigjährigen Matthias voran, daß er sich *manchmal in den Schatten eines Baumes legte und über [sein] Schicksal weinte«*. Alsbald stand für ihn fest: das Uhrenmachen stellte keine Alternative zur Weberei dar. Matthias Hohner nahm sich die beiden Christians zum Vorbild und sattelte, 1857, auf das Anfertigen von Mundharmonikas um.

Hohner war folglich kein Erfinder im engeren Wortsinne; Tüftler schon eher, wie noch zu zeigen sein wird. Das Herausragende des Matthias Hohner, dasjenige, was ihn von seinen Zunftkollegen abhob, bestand in etwas anderem:

An erster Stelle wäre da die vordergründige Tatsache zu nennen, daß Hohner ungleich mehr Erfolg hatte als die Konkurrenz. Christian Messner & Co., die National-Harmonica-Com-

Zwei Mundharmonika-Veteranen; rechts aus dem Hause Messner um 1830. Bei dem linken ist der handgeschnitzte Holzkörper deutlich zu erkennen. Die Stimmplatten sind in beiden Fällen aus Blei gegossen.

pagnie des Wilhelm Kratt, Christian Weiß und Andreas Koch: sie alle wurden von der Hohner-AG geschluckt, wenn auch erst nach dem Rückzug des Firmengründers aus dem Geschäft bzw. nach dessen Tod. Analog dazu unterstreicht der Aufkauf der Harmonikawerke Hotz in Knittlingen, Kalbe in Berlin und Gessner in Magdeburg die erdrückende Position Hohners auf dem Sektor des Musikinstrumentenbaues.

Zweitens erklärt sich der Erfolg Hohners großteils aus dem Willen zu einem kompromißlos hoch angesetzten Qualitätsstandard, und hinter dieser konzeptionellen Grundhaltung standen nicht irgendwelche Marktanalysen oder Vertriebsstrategien, sondern die Wertmaßstäbe und letztlich die Charakterzüge eines vierschrötigen Dickschädels, dem Pfuscharbeit innerlich zuwider war. Zur Illustration zwei Beispiele dafür, daß Hohnerscher Tüftelfleiß zwar nun nicht in weltbewegenden Basisinnovationen, aber doch in sinnreichen Detailverbesserungen und von daher in mitunter entscheidenden Wettbewerbsvorteilen seinen Niederschlag fand. Die

»normale« Mundharmonika besaß damals als tragendes Element ein abgelagertes Stück Holz, aus dem die Tonkanäle herausgeschnitten und auf das oben und unten die metallenen Stimmplatten genagelt waren; an den beiden Platten saßen – je nach Tonhöhe in unterschiedlicher Länge – die Stimmzungen oder »Federn«, die durch Vibrieren die eigentliche Klangerzeugung zu bewerkstelligen hatten. Bei achtlos zusammengeschustertem Ramsch konnte eine scharfkantige Stimmplatte, gar noch mit sperrig aufgenieteten Federn, zu recht unangenehmen Reizungen oder Schürfungen an den Lippen und mindestens zu nachhaltigem Musizierverdruß führen. Hohner setzte deshalb auf die Stimmplatten eigens ein gerundetes Abdeckblech und war hierdurch seinen Mitanbietern in puncto Spielkomfort wieder mal um ein paar Jahre voraus. Sodann bemühte sich der »Meister«, wie er inzwischen allerseits tituliert wurde, um eine bessere Entlüftung des Instrumentes, damit der Spieler *»nicht den üblen Geruch«* in die Nase kriege, den laut Hohner die *»ordinären Blasaccordeons [...] schon nach kurzer Zeit«* von sich gaben. Mit derart systematischer Produktpflege machte Matthias Hohner aus dem billigen Jahrmarktströdel einen soliden Markenartikel und seinen Namen zum weithin anerkannten Inbegriff für Seriosität.

Zum dritten setzte Hohner, wo immer es ging, Maschinen ein. Von der Nutzung des Dampfantriebs war einleitend schon die Rede. Gewiß ebenso wichtig war jedoch die Mechanisierung der zeitraubenden Kleinarbeit wie etwa das Abkappen der Federn von einem Messingband und ihr anschließendes »Ausstimmen«, d.h. deren sorgfältiges Zurechtfeilen auf exakt die erforderliche Länge. Eine Stimmenfräsmaschine, 1880 auf der Leipziger Messe geordert, lieferte stündlich mehr Messingzungen, als ein

Das früheste Dokument, das Matthias Hohner als »Harmonnicker« ausweist, bezeugt gleichzeitig seinen Geschäftssinn. Im Juli 1857 lieferte der »Drehsler Schuhmacher« eine »Preß« für die Herstellung der Harmonikadeckel und gewährte darauf »ein 4tel Jahr Garantie«. Hohner leistete eine Anzahlung von 55 f. (Gulden), während Schuhmacher auf »den übrigen Rest« (!) bis zum Ablauf der Garantiezeit zu warten hatte, da die Sache »noch nicht ganz im Reihnen« war: laut Randnotiz vom September wollte Hohner den Stanzapparat »anders gemacht« wissen.

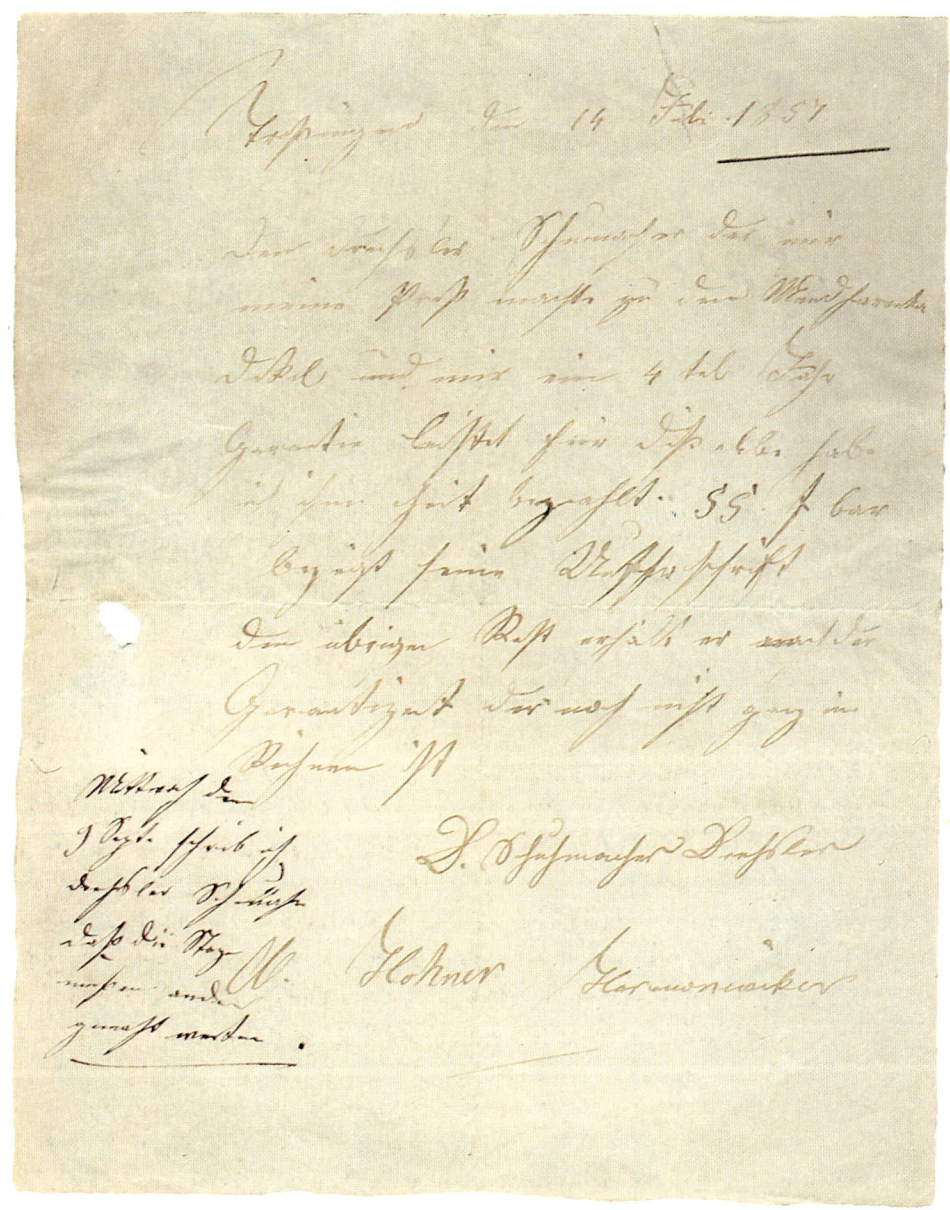

Der Hohner-Fabrikkomplex mit Dampfhaus um 1900.

Wohnhaus und erste Fertigungsstätte von Matthias Hohner, um 1865.

Arbeiter in einem ganzen Monat schaffte, nach Berechnungen Hohners genug für eine halbe Million Mundharmonikas pro Jahr. Kurz darauf wurde die erste »Stimmaschine« aufgestellt, welche das Abgleichen der Federn enorm erleichterte, aber auch deutlich beschleunigte. Und bereits seit den späten sechziger Jahren war bei Hohner eine Holzfräse für das Schneiden der Tonkanäle in den Hartholzkörper im Einsatz. Die Umstellung der handwerklichen Fertigungsweise auf die industrielle Großproduktion lief mit einer Eigendynamik ab, die nur noch gewaltsam hätte gebremst werden können.

Schließlich – und viertens – verdankte die Firma ihre führende Stellung der rigorosen Auslandsorientierung des Chefs. Während Christian Messner oder Andreas Koch überwiegend auf den kahlgetretenen Handelswegen innerhalb Deutschlands, äußerstenfalls in Österreich oder der Schweiz ihrem Unternehmerglück hinterherliefen, standen dem Matthias Hohner von vornherein sehr viel kühnere Fernziele vor Augen. Schon 1879 gingen sechzig Prozent der Transportkisten in die Vereinigten Staaten, vor der großen Wirtschaftskrise Ende der zwanziger Jahre betrug der Exportanteil – *»unverändert gegenüber 1913«*, wie ein Reichstagsausschuß staunend registrierte – um die neunzig Prozent, und wer heutzutage amerikanische Souvenirläden auf Kitschmitbringsel hin durchkramt, stößt mit ziemlicher Sicherheit auf »Hohner harmonicas«. Weder waren Konjunktureinbrüche noch zwei Weltkriege in der Lage, den Hohner-Nimbus jenseits des Atlantik ernsthaft anzukratzen; erst in jüngster Zeit scheint die moderne Elektronik, hier in Gestalt plärrenden Plastik-Tinnefs, auch der Mundharmonika bedrohlich zuzusetzen. Es mag ja durchaus sein, daß ihre epidemische Verbreitung wesentlich mit dem Flair von ländlicher Naturnähe und

heiter gemächlichem Lebensstil zu tun hat, der diese Dinger umgibt.

Daß Klischees solcher Machart nicht selten auf einem Wechselspiel von gezielter »Öffentlichkeitsarbeit« einerseits und nostalgischen Sehnsüchten seitens der Adressaten beruhen, erweist sich gerade im Falle der Mundharmonika. Von versonnenem Werkeln bei trautem Kerzenschein und knisterndem Kaminfeuer konnte in Anbetracht der Produktionsziffern schwerlich die Rede sein: 1887 wurde die Millionengrenze überschritten, 1900 – im Jahr der Übergabe des Betriebes an die zweite Hohner-Generation – erreichte der Ausstoß vier Millionen Exemplare. Gleichzeitig stieg die Mitarbeiterzahl: 1888 lag sie bei ungefähr dreihundert, zur Jahrhundertwende bei über tausend Beschäftigten. Unter den fortlaufenden Wachstumsschüben gestalteten sich die Arbeitsbedingungen alles andere als idyllisch. Umgekehrt wäre allerdings die Vorstellung auch abwegig, wonach Hunderte von Proletariern auf einen schrillen Sirenenton hin riesige Fabrikationsanlagen bevölkert hätten, um in strenger geometrischer Ausrich-

Frühe Stimmmaschine.

tung von morgens bis abends ein paar stupide Handgriffe zu machen.

Mit Bedacht hatte nämlich Hohner ein dezentralisiertes Niederlassungsnetz im näheren Einzugsbereich von Trossingen geknüpft und die ausgedünnten Landstriche der Baar und des Heubergs mit zeitweilig mehr als zwanzig Filialen überzogen. Dahinter stand der Gedanke, die Produktionstätigkeit an die bodenständigen Kleinbauern der umliegenden Ortschaften heranzuführen, aber unstreitig auch, größere Investitionen in Trossingen einzusparen. Außerdem war die draußen nicht so suspekte Hausindustrie weder an vertragliche Mindestlöhne noch an gesetzlich vorgeschriebene Arbeitszeiten gebunden. Den Stücklohn im sogenannten Verlagswesen setzte der Patrimon aufgrund der Menge der erledigten Aufträge fest, weshalb Stückwerker nach Hohners eigenem Bekunden *»jedenfalls etwas länger«* als zehn Stunden täglich über den zugelieferten Materialien hocken mußten. Und ob die Arbeit womöglich an andere Familienmitglieder weitergereicht wurde, brauchte den Fabrikherrn *in seiner Eigenschaft als Verleger* nicht zu interessieren; dementsprechend vermochte Matthias Hohner 1881 *»nicht gut zu bestimmen«*, in welchem Ausmaß *»Kinder unter 14 Jahren«* in den heimischen Fertigungsprozeß eingespannt waren. Kinderarbeit scheint nach diesem wurstigen Statement zu jener Zeit der Frühindustrialisierung nichts allzu Ungewöhnliches und keiner weiteren Aufregung wert gewesen zu sein.

Noch in einem anderen Punkte will das putzig-dekorative Rankenwerk um die Mundharmonika nicht recht zur Realität passen. Die Bewahrung volksmusikalischer Traditionen gehört gemäß Firmenangaben zu den besonderen Verpflichtungen des Hauses Hohner, und die Festschrift zum hundertjährigen Jubiläum von 1957 liest sich seitenlang wie eine Eloge auf die eigenen kulturellen Verdienste. Die moderne Volkstumsforschung sieht die Sache bei weitem skeptischer und stellt im Gegenteil eine Ausdünnung des ehedem reichhaltigen volksmusikalischen Instrumentariums fest, mitbedingt durch das massenhafte Hineindrücken der Hohnerschen Industrieware in das dörfliche Milieu. Wozu bemerkt sei, daß das Akkordeon, die Ziehharmonika, jenes Musiziergerät für Gruppenunterhaltung par excellence, erst 1903, erst nach dem Ausscheiden des Seniors aus der Firmenleitung, ins Herstellungsprogramm kam. Alte, differenzierte Spielfertigkeiten gingen solchermaßen unter, das Volksliedgut fiel einem schleichenden Vergessen anheim, archaischherbe Ausdrucksformen wurden von einer unbedarften Folklore-Fröhlichkeit zu Touristikzwecken beiseite geschoben. Derlei Nebeneffekte hatte Matthias Hohner kaum vorausgesehen und schon gar nicht beabsichtigt, alldieweil er den Worten seines Ältesten zufolge *»nicht besonders«* musikalisch war, und seiner ganzen Veranlagung nach auch nicht der Typ, der sein kommerzielles Tun kritisch zu reflektieren pflegte. Freilich geht es hier nicht um persönliche Schuldzuweisungen, sondern darum, die objektiven Konsequenzen hohnerischen gewerblichen Engagements aufzuzeigen.

Nun war die sorgsam inszenierte Harmonika-Romantik keineswegs nur publikumswirksame Werbemasche. Matthias Hohner selbst bot in seiner Person hinreichende Gewähr für den Zusammenklang von Mundharfe und den ihr unterlegten sentimentalischen Werten, gab er doch das Urbild eines Gemütsmenschen ab, der gern und genüßlich im Vergangenen weilte. Seine tiefwurzelnde Bindung an die Scholle, konkreter gesagt: sein zwanghafter Zugriff auf landwirtschaftlichen Grund und Boden werden

Frühe Handharmonika aus dem Hause Hohner.

triarchalische Jovialität eines Mannes Bahn, der sich in eins wußte mit seinem Werk.

Allem bemühten Frohsinn zum Trotz dienten solche Veranstaltungen nicht zum mindesten der Festigung innerbetrieblicher sozialer Hierarchien und dem Einimpfen vorgegebener autoritärer Ordnungsstrukturen; die Lehrlinge lachten lieber als letzte. Irgendwie bezeichnend, daß Matthias Hohner bei seiner Abschiedsrede im Herbst 1900 die Ermahnung der Belegschaft für angezeigt hielt, seinen *»fünf bewährten Söhnen«,* wie es sich gezieme, *»mit Liebe und Achtung«* gegenüberzutreten und *»ihnen den schon schwerren Stand nicht noch schwehrer«* zu machen.

Die *»bewährten Söhne«* werden die schulterklopfende Attitüde der Vaterfigur sehr bald als deplaziert empfunden haben, zumal das Unternehmen, fünfzigjährig geworden, über zweitausend Personen beschäftigte und als *»größte Musikinstrumentenfabrik der Welt«* figurierte. Wiederum zwei Jahre später, und sieben Jahre nach dem Tod des Alten, wurde die Firma in eine Aktiengesellschaft umgewandelt; die letzten Signaturen familiärer Geborgenheit fielen der angedeuteten äußeren Expansion zum Opfer. Die Hohner-AG war ein *»richtiger«* Industriekonzern geworden.

aus dieser Stimmungslage heraus ähnlich begreiflich wie manche kauzig-habituellen Rituale im Umgang mit »seinen« Leuten.

Das »Wurstmahl« gehörte dazu, welches regelmäßig nach einer Hausschlachtung stattfand; das bescheidene Geldgeschenk zur Geburt eines Hohner-Sprößlings – nicht weniger als fünfzehn –; die alle Jahre wieder-kehrende Weihnachtsfeier, bei der jeder Arbeiter zwei Mark und eine große (!) Brezel erhielt; der sonntägliche gemeinsame Kirchgang – wehe, wer sich drückte! – sowie die anschließende Wochenlöhnung in der Trossinger »Linde« mit dem Anstich eines Bierfasses. Bei geselligem Umtrunk konnte man die allfälligen wöchentlichen Sensationen noch einmal in Ruhe durchkauen und einen längst bekannten Schwank neu aufleben lassen, wobei der »Meister« statusbewußt den erzählerischen Part übernahm, während sich die Rolle der Umsitzenden wohl eher darauf beschränkte, die Stichworte zu liefern und prustend den Witz der Geschichte zu markieren. Launig gelöst brach sich dann die pa-

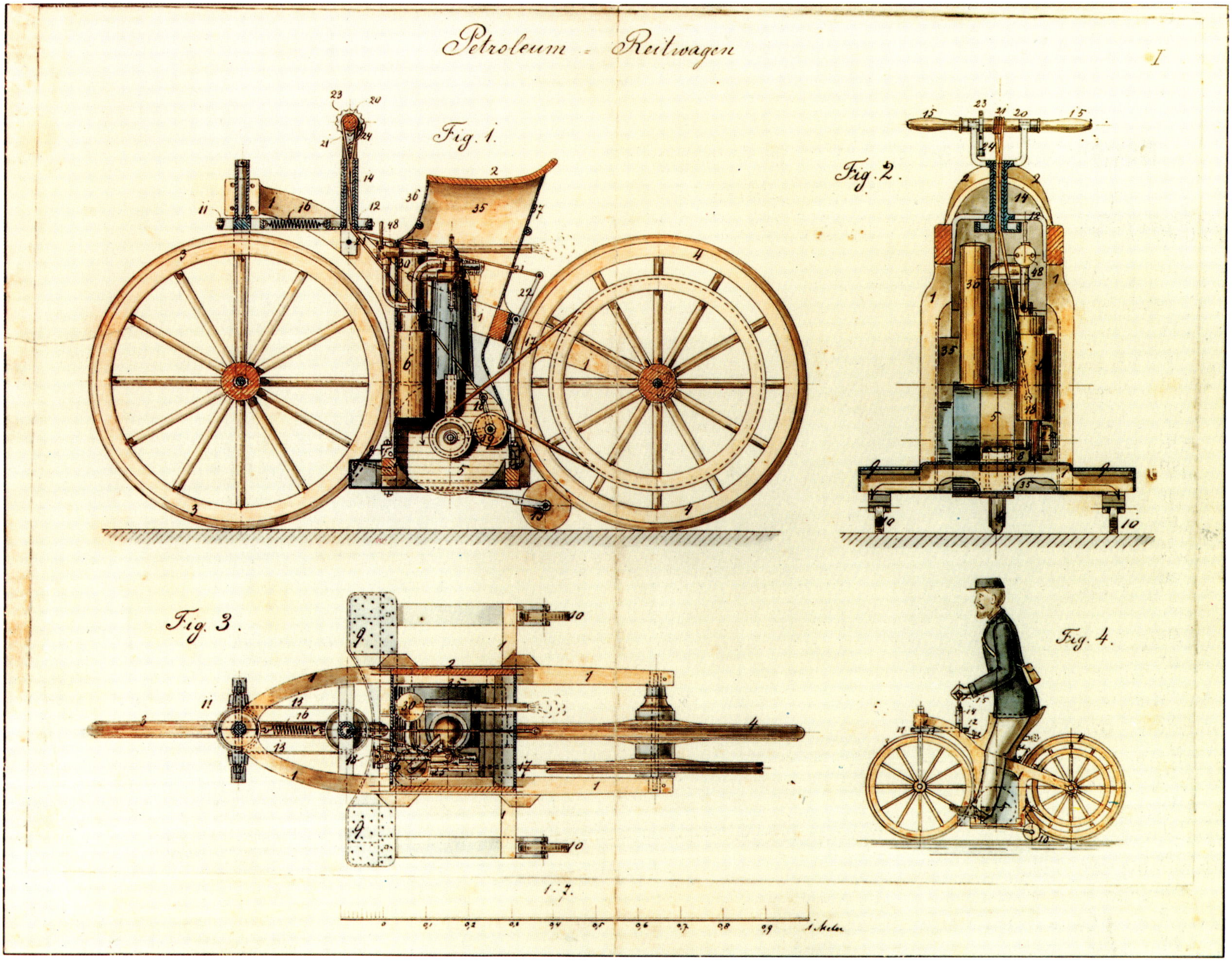

Petroleum = Reitwagen

I

Fig. 1.

Fig. 2.

Fig. 3.

Fig. 4.

1:7.

Das erste Motorrad der Welt (1885), von Daimler und Maybach als »Reitwagen« bezeichnet.

Gottlieb Daimler und Wilhelm Maybach: Pioniere der Motorisierung

Von Max-Gerrit von Pein

Die Eisenbahnfahrt von Köln nach Antwerpen hatte sieben Stunden gedauert. Um fünf Uhr früh in der belgischen Hafenstadt angekommen, zog es Wilhelm Maybach an diesem trüben Montagmorgen sofort in den Hafen. Man schrieb den 11. September des Jahres 1876.

Wilhelm Maybach war zu diesem Zeitpunkt dreißig Jahre alt. Seit drei Jahren war er bereits Chefkonstrukteur der Gasmotorenfabrik Deutz. Und nun befand er sich auf dem Weg nach Amerika. Seine Firma schickte ihn als offiziellen Vertreter zur Weltausstellung nach Philadelphia – welch ein Erfolg für einen Dreißigjährigen! Heute im Zeitalter der »Jumbo-Jets« sind die Kontinente zusammengerückt und eine USA-Reise ist nur noch ein Flug von wenigen Stunden. Aber auch im Zeitalter des Massentourismus ist Mallorca für viele von uns eher erreichbar als das Traumland Amerika. Wie muß sich Wilhelm Maybach wohl vor über hundert Jahren gefühlt haben, als er diese phantastische Reise antreten durfte?

Nachdem er zunächst im Hafen das Schiff begutachtet hatte, wanderte er die nächsten eineinhalb Tage zielstrebig durch Antwerpen und studierte aufmerksam die Sehenswürdigkeiten dieser Stadt. Am 12. September 1876 – Dienstagnachmittag 16.30 Uhr – fuhr das Schiff ab. Über das Einquartieren schreibt Maybach in seinem Tagebuch: *»Der Purser schob zusammen, was sich teils von selbst zusammentat, teils auch leicht schieben ließ, zu 4 in eine Kajüte. Ein Amerikaner und ich blieben schließlich noch übrig. Meine Zurückhaltung brachte mich mit diesem zusammen in eine Kajüte mit nur 2 Betten und 1 Sofa, welches es in den anderen Kajüten nicht gab.«*

Als das Schiff an diesem Nachmittag in die Schelde hinausfuhr, der »Neuen Welt« entgegen, stand Wilhelm Maybach an Deck und dachte zurück. Zurück an Heilbronn, Stuttgart, Reutlingen und Karlsruhe. Er war zwar erst dreißig Jahre alt und doch war in seinem Leben schon so viel geschehen.

Geboren wurde Wilhelm Maybach am 9. Februar 1846 in Heilbronn. Sein Vater betrieb dort eine eigene kleine Schreinerei, die zunächst recht gut ging. Politische Wirren, Revolutionen in einzelnen deutschen Bundesstaaten, Mißernten und die Folgen des Hungerjahres 1847 zwangen den Vater jedoch, sein Geschäft zu schließen. 1851 zogen Maybachs Eltern mit ihren fünf Söhnen nach Stuttgart. Der Vater fand eine Stellung als Schreinermeister in einer Klavierfabrik und es schien zunächst ein wenig aufwärts zu gehen. Doch schon zwei Jahre später starb die gesundheitlich geschwächte Mutter.

Wilhelm Maybach – der zweitälteste – war gerade sieben Jahre alt. Nur drei Jahre später folgte ein noch schwererer Schicksalsschlag. Im März 1856 verunglückte der Vater tödlich. Wilhelm Maybach und seine vier Brüder wurden Vollwaisen.

Freunde der Familie veröffentlichten am 20. 3. 1856 im »Stuttgarter Anzeiger« einen Hilferuf, der zufällig auch von dem Theologen Gustav Werner aus Reutlingen gelesen wurde. »Vater Werner« – wie er genannt wurde – leitete zu dieser Zeit das Bruderhaus in Reutlingen; ein Heim, in dem junge Menschen Unterkunft und Erziehung

Aus dem »Stuttgarter Anzeiger« vom 20. März 1856.

Bitte an edle Menschenfreunde
für 5 vater- und mutterlose Knaben von 12 bis 4 Jahren.

Die Mutter dieser 5 Waisen starb vor 3 Jahren, und der Vater fand kürzlich seinen Tod in einem See in Böblingen; da sie nun gar keine Mittel zu ihrer Erhaltung haben, auch an Kleider und Weißzeug sehr entblößt sind, so ergeht daher die herzliche Bitte an wohlthätige Menschen, sich der armen Kinder durch Liebesgaben annehmen zu wollen, auch die kleinste Gabe ist willkommen.

Beiträge übernehmen und werden zu seiner Zeit Rechenschaft ablegen: Louise Kauffmann, verlängerte Hauptstätterstraße Nr. 77, 3 Tr. Catharine Lott, im Mangold'schen Handschuhladen, Königsstraße Nr. 45.

17. 3. 1834 Gottlieb Daimler in Schorndorf geboren

9. 2. 1846 Wilhelm Maybach in Heilbronn geboren

1867 Maybach lernt als Lehrling in Reutlingen den Leiter der dortigen »Maschinenfabrik zum Bruderhaus« G. Daimler kennen

1869 Daimler wird Betriebsleiter bei der »Maschinenbau-Gesellschaft-Karlsruhe«, Maybach folgt ihm als Konstrukteur

1872 Daimler wird Technischer Direktor der »Gasmotorenfabrik Deutz«, er nimmt Maybach als Chefkonstrukteur nach Köln-Deutz mit

1875/76 Erprobung des neuen Treibstoffes Benzin durch Maybach

1882 Daimler und Maybach verlassen Deutz, Gründung einer Versuchswerkstatt in Stuttgart-Cannstatt

1883 Patente für einen schnellaufenden leichten Benzinmotor

1885 Einbau eines Benzinmotors in ein hölzernes Zweirad: das erste Motorrad der Welt

1886 Einbau eines stehenden Einzylinder-Motors in eine Pferdekutsche

1886/91 Einbau von Motoren in Boote, Schienenfahrzeuge, Luftschiffe, Lastwagen und in Feuerspritzen

1895 Maybach wird Technischer Direktor der »Daimler-Motoren-Gesellschaft«

1895/96 Daimlerfahrzeuge als Omnibusse und Taxis

6. 3. 1900 Tod von Daimler in Cannstatt

1907 Maybach scheidet krankheitshalber aus der Firma aus

1909 Maybach gründet unter Mitwirkung von Zeppelin eine Spezialfabrik für Luftschiffmotoren, spätere »Maybach Motoren GmbH« in Friedrichshafen

1926 Zusammenschluß der Firmen Daimler (Stuttgart) und Benz (Mannheim) zur Daimler-Benz AG

29. 12. 1929 Tod von Maybach in Cannstatt

Gottlieb Daimler und Wilhelm Maybach.

fanden. Hier wurde der zehnjährige Wilhelm Maybach aufgenommen, hier besuchte er in den nächsten Jahren die Schule und lernte ein geordnetes, einfaches und bescheidenes Leben kennen. Zum Bruderhaus gehörte seinerzeit auch eine Maschinenfabrik, in der Maybach dann als fünfzehnjähriger seine Lehre begann. Da er sehr gut zeichnen konnte, kam er in das technische Büro und besuchte abends noch zusätzlich die städtische Fortbildungsschule. So lernte er noch nebenher Englisch, Französisch, Physik, perspektivisches Zeichnen und Stenographie. Nach viereinhalbjähriger Lehrzeit erhielt er dann bei der Maschinenfabrik des Bruderhauses einen Anstellungsvertrag als technischer Zeichner.

Im Jahr 1867 kommt es zu einer schicksalhaften Begegnung. Zwei Jahre zuvor hatte ein neuer Mann die Leitung der »Maschinenfabrik zum Bruderhaus« in Reutlingen übernommen. Es war Gottlieb Daimler. Daimler sollte die veralteten Werkstätten neu organisieren und war gerade dabei, sie zu einem rentablen Betrieb umzuformen, als er in dieser Umstellungsphase Wilhelm Maybach kennenlernte. Daimler war damals gerade 33 Jahre alt – galt aber bereits als ein erfahrener, weitgereister Ingenieur.

Auch Gottlieb Daimler war ein Schwabe. Sein Leben – das den Lauf der Welt so gründlich verändern sollte – begann am 17. März

1834 in Schorndorf. Hier betrieben seine Eltern in der Höllgasse Nr. 7 eine kleine Bäckerei und hier am Ort erlernte Gottlieb Daimler nach seiner Schulzeit den Beruf eines Büchsenmachers. 1852 legte er die Gesellenprüfung ab und nachdem er ein Jahr lang die Abendkurse der Gewerblichen Fortbildungsschule in Stuttgart besucht hatte, zog es den neunzehnjährigen erstmals hinaus in die Fremde. Von 1853 bis 1857 arbeitete er in einer Maschinenfabrik in der Nähe von Straßburg und lernte dort nicht nur handwerkliche Fähigkeiten, sondern auch ein perfektes Französisch. Als 23jähriger beginnt er dann im Jahr 1857 ein zweijähriges Studium an der Polytechnischen Schule in Stuttgart und geht anschließend nochmals für weitere zwei Jahre zu der Maschinenfabrik ins Elsaß zurück.

1861 erhält er ein Reisestipendium für Paris und geht von dort aus nach England. Die nächsten Stationen sind Leeds, Manchester und Coventry. Im Jahr 1862 besucht er die Weltausstellung in London und kehrt anschließend in die Heimat zurück.

Als Gottlieb Daimler mit der Reorganisation der Maschinenfabrik des Bruderhauses in Reutlingen beginnt, ist er knapp dreißig Jahre alt. Er verfügt über ein umfassendes technisches Wissen auf theoretischem und praktischem Sektor. Und er spricht fließend französisch und englisch. Für ihn wird der zwölf Jahre jüngere Maybach in Reutlingen schon bald ein wichtiger Ansprechpartner im Konstruktionsbüro. Maybach bewundert das technische Wissen Gottlieb Daimlers und dessen Unternehmungsgeist und Organisationstalent – Daimler dagegen schätzt an dem jungen Maybach die Zielstrebigkeit sowie das zeichnerische und konstruktive Talent.

Hier in Reutlingen begann die Zusammenarbeit: Daimler und Maybach gingen von nun an ihren weiteren Lebensweg gemeinsam, wobei Daimler beruflich jeweils die höhere Position einnahm. Dabei spielten sicherlich nicht nur Alter und Erfahrung eine Rolle. Genauso entscheidend waren wohl auch die unterschiedlichen Wesenszüge dieser beiden Männer. Gottlieb Daimler war nicht nur ein äußerst fähiger Ingenieur und Organisator, er war in erster Linie auch ein hervorragender Geschäftsmann. Für ihn war es selbstverständlich, daß er sein Wissen und Können jeweils so teuer wie möglich verkaufte. Wilhelm Maybach dagegen war hauptsächlich Konstrukteur und Erfinder. Er war deshalb keineswegs unrealistisch oder weltfremd. Gerade seine Konstruktionen beweisen, daß er sich immer am technisch Umsetzbaren orientierte. Dennoch – bei den Gehaltsverhandlungen nutzte ihm sein Erfindungsgeist offensichtlich recht wenig; hier vertraute er völlig den Ratschlägen Gottlieb Daimlers. Und er ist offenbar damit nicht schlecht gefahren.

Im Juli 1869 verließ Daimler das »Bruderhaus« und wurde Betriebsleiter bei der »Maschinenbau-Gesellschaft-Karlsruhe«. Bereits ein halbes Jahr später holte er Wilhelm Maybach als Konstrukteur ebenfalls nach Karlsruhe und bot damit dem 23jährigen die Gelegenheit, modernste Fabrikationsmethoden in einem großen Maschinenbaubetrieb kennenzulernen. Dennoch sollte Karlsruhe nur eine Zwischenstation sein.

Etwa hundert Jahre vor dieser Zeit – um 1770 – hatte James Watt in England die erste praktisch brauchbare Dampfmaschine entwickelt und damit einen der Grundsteine für die Industrialisierung gelegt. Mit Hilfe der Dampfmaschinen wurden damals in den Fabriken über Transmissionen die einzelnen Maschinen – Webstühle, Drehbänke, Bohrmaschinen usw. – angetrieben und natürlich konnten sich nur gro-

Erste Daimler-Motorkutsche, 1886
1 Zylinder 1,1 PS

Daimler-Stahlradwagen, 1889
2 Zylinder 1,65 PS

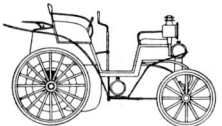

Daimler-Vis-à-Vis, 1894
2 Zylinder 3,7 PS

Daimler-Phönix-Rennwagen, 1899
4 Zylinder 27 PS

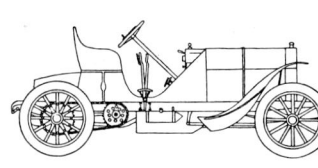

Mercedes-Rennwagen, 1903
4 Zylinder 60 PS

ße Firmen eine solche Antriebsquelle leisten. Für die vielen kleineren Betriebe war eine solche Investition unmöglich. Fieberhaft wurde daher nach einer kleineren Antriebsquelle gesucht. Aber noch viele Jahre sollten vergehen, bis der Kaufmann Nikolaus August Otto nach unzähligen Versuchen und Rückschlägen zusammen mit seinem Partner, dem Kölner Ingenieur Eugen Langen, einen funktionierenden stationär arbeitenden Motor vorstellen konnte. 1867 wurde ihr Antriebsaggregat als zuverlässigster und wirtschaftlichster Gasmotor auf der Pariser Weltausstellung mit der »Goldenen Medaille« ausgezeichnet. Bereits nach wenigen Wochen gingen aus aller Welt die ersten Bestellungen ein und die Firma »Otto und Langen« konnte mit der Produktion beginnen. Steigende Produktionszahlen brachten in den nächsten Jahren dem Unternehmen aber nicht nur Erfolg, sondern auch erhebliche Probleme. In erster Linie bereitete die Fertigungsqualität Sorgen und so nahm Eugen Langen Kontakt mit Gottlieb Daimler auf, der einen hervorragenden Ruf als Betriebsingenieur und Fertigungsplaner hatte.

Im Januar 1872 wurde Gottlieb Daimler als Technischer Direktor Mitglied der Geschäftsleitung der »Gasmotorenfabrik Deutz«. Wieder nahm er Wilhelm Maybach mit, der im Dezember 1872 seinen Dienst als Leiter des Konstruktionsbüros in Deutz antrat. Damit hatte Maybach mit 26 Jahren bereits die Position eines Chefkonstrukteurs erreicht. Sein Jahresgehalt betrug damals sechshundert Taler plus einen Taler Sonderbonus für jede abgelieferte Maschine – für damalige Verhältnisse viel Geld. In Deutz begann Maybach – unter Daimlers Anleitung – sofort mit der konstruktiven Verbesserung der Ottoschen und Langenschen Gasmaschinen.

Die nächsten – historisch wohl bedeutendsten Ereignisse – sind den Jahren 1875/76 zuzuordnen. Bisher waren die Motoren immer von einer Gasanstalt abhängig und nun erprobte Maybach im Auftrag von Nikolaus A. Otto einen neuen Treibstoff: Benzin. Im Verlauf dieser Arbeiten entwickelte Maybach unter anderem den ersten Oberflächenvergaser, an dem er jahrelang weiterarbeiten sollte, bis er später in Cannstatt den ersten Spritzdüsenvergaser erfand – ein System, nach dem noch heute unsere modernen Vergaser arbeiten. Das wichtigste Ereignis aber war die Entwicklung des ersten funktionsfähigen Viertaktmotors. Wieder war es der Autodidakt Nikolaus A. Otto, der im Frühjahr 1876 »seinen neuen Motor« der Geschäftsleitung in Deutz vorstellen konnte. Die Vorteile des Viertaktmotors gegenüber dem atmosphärischen Gasmotor waren so groß, daß Maybach im Auftrag von Daimler sofort mit der konstruktiven Ausarbeitung verschiedener Motorvarianten für die Serienfertigung begann. In wenigen Monaten wurde die gesamte Produktion bei Deutz umgestellt und bereits im Oktober 1876 gingen die ersten »Neuen Otto-Motoren« an die Kunden. Eine beispiellose Leistung im Zusammenwirken zwischen Konstruktion und Produktion – ein Verdienst von Daimler und Maybach.

Die Konstruktionsarbeiten waren gerade abgeschlossen, als Wilhelm Maybach seine Reise zur Weltausstellung nach Philadelphia antreten durfte. Da er vom ersten Tag an ein Tagebuch führte, wissen wir heute, daß er diese faszinierende Fahrt keineswegs als Erholungs- oder Vergnügungsreise ansah. Pflichtbewußt – wie er war – besuchte er nicht weniger als 22mal das Ausstellungsgelände und führte über alles peinlich genaue Aufzeichnungen. Nach seiner Rückkehr aus den USA begann für May-

Bei einer Ruderregatta in Frankfurt wollte Wilhelm Maybach im Jahr 1887 das damals kleinste Motorboot mit einem Daimler-Einzylinder-Motor vorführen. Leider verweigerte ihm die Behörde die Fahrerlaubnis. Da er trotzdem mit der Vorführung begann, versuchte die Polizei, ihn zu stoppen. Es kam zu einer Verfolgungsjagd, bei der die Ruderboote der Ordnungshüter natürlich das Nachsehen hatten. Zur Freude der Zuschauer konnte Maybach den schwitzenden Polizisten immer wieder leicht entkommen und letztlich erst an Land festgenommen werden.

Erster Benz-Patent-Motorwagen, 1886
1 Zylinder 0,9 PS

Benz-Viktoria-Wagen, 1893
1 Zylinder 5 PS

Benz-Velo, 1894
1 Zylinder 1,5 PS

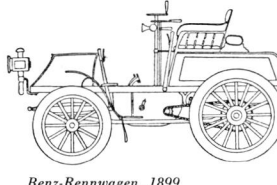

Benz-Rennwagen, 1899
2 Zylinder 12 PS

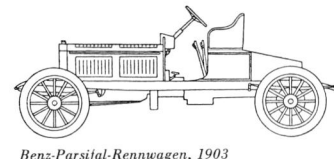

Benz-Parsifal-Rennwagen, 1903
4 Zylinder 60 PS

bach wohl die schönste Zeit seines Lebens. Jahre zuvor hatte er auf der Hochzeit von Gottlieb Daimler die damals sechzehnjährige Bertha Habermaß kennengelernt. Nach zehnjähriger Verlobungszeit heiratete er endlich im September 1878 seine inzwischen 27 Jahre alte Jugendfreundin. So erfolgreich die nächsten Jahre beruflich auch für Wilhelm Maybach waren, nach zehnjähriger Tätigkeit bei Deutz kam es zu einer plötzlichen Trennung.

Gottlieb Daimler hatte sich mit seinen Kollegen im Vorstand der Gasmotorenfabrik zerstritten und verließ Deutz im Juni 1882. Aus gesundheitlichen Gründen zog es den Schwaben nach Bad Cannstatt und da er inzwischen über ein beträchtliches Vermögen verfügte, kaufte er hier eine große Villa, die er nach seinen Wünschen umbauen und mit allem Komfort ausstatten ließ. Da sich Daimler bereits seit Jahren mit der Herstellung eines kleineren Motors mit höherer Drehzahl beschäftigt hatte, plante er, diese Idee hier in Bad Cannstatt als Privatmann zu verwirklichen. Wieder sprach er mit Wilhelm Maybach und bot ihm eine Stelle als Mitarbeiter an.

Da Maybach in Deutz ein hervorragendes Aufgabengebiet besaß, muß ihn der Fortgang von Daimler stark getroffen haben. Offensichtlich hatte aber auch er keine persönlichen Freunde in Deutz und entschloß sich daher, das Angebot Daimlers anzunehmen. Er selbst schrieb dazu:

»Es hat mir seinerzeit (1882) sehr wehe getan,

daß die Herren Langen, Otto und Schumm, die mich doch sehr gut kannten, nach Verabschiedung des Herrn Daimler mit mir keine Fühlung genommen haben, die mich hätte bestimmen können, in Deutz in meiner Stellung zu bleiben..., so blieb mir kein anderer Ausweg, als schließlich der Aufforderung Daimlers Folge zu leisten.«

Anfang des Jahres 1883 begannen Daimler und Maybach in einem Gartenhaus in Cannstatt mit der Entwicklung des ersten schnellaufenden Verbrennungsmotors. Zunächst studierte Maybach die gesamte einschlägige Literatur und weit über tausend Patentschriften des In- und Auslandes. Es galt, einen Motor zu entwickeln, der bei gleicher Leistung wesentlich kleiner und leichter sein sollte. Und es galt dabei die Probleme der Kühlung und Zündung zu bewältigen. Bereits im August 1883 baute die Glockengießerei Heinrich Kurtz in Stuttgart einen ersten Versuchsmotor nach Zeichnungen von Wilhelm Maybach. In der darauffolgenden Zeit entstand eine Vielzahl richtungsweisender Patente. Hierzu gehören die Glührohrzündung, eine Kurvennutsteuerung für das Auslaßventil sowie eine Art Drehzahlregulierung; sie sind die Grundbausteine für den leichten schnellaufenden Fahrzeugmotor. 1885 bauten Daimler und Maybach den neuen Motor erstmals in ein hölzernes Zweirad ein. Das erste Motorrad der Welt war geschaffen. Über einen Riemenantrieb konnten zwei Geschwindigkeiten von 6 und 12 km/h erreicht werden. Die positiven Ergebnisse ermutigten Daimler und Maybach zum Bau des ersten Motorwagens. Im Frühjahr 1886 bestellte Daimler bei der Stuttgarter Firma W. Wimpff & Sohn eine normale Pferdekutsche und unter Maybachs Leitung wurde im September des gleichen Jahres in der Maschinenfabrik Esslingen der Motor eingebaut. Der Einzylindermotor hatte einen Hubraum von 0,46 Liter und leistete

*In der Versuchs-
werkstätte wurden in
rascher Aufeinan-
derfolge der Fahr-
zeugmotor (1885),
das Motorrad
(1885), die Motor-
kutsche (1886) und
das Motorboot
(1886) geschaffen.*

*Daimlers Motorkut-
sche von 1886. Auf
dem Rücksitz Gott-
lieb Daimler.*

Daimler
Motor-Wagen-Kutscherei
STUTTGART.

Motorwagendepot
Im Thürlen OO
in der Bahnhofstrasse
oberhalb
der Fabrik Leins & Cie.
Telephon 1825.

Fahrten
nach auswärts für
jedermann, besonders zu
Vergnügungsfahrten
sowie
Jagd- und Sportzwecken.

Vertretung für den Verkauf. — Bei Kauf Probefahrten gratis.
Tagesleistung eines Wagens bis zu 200 Kilometer.

Gesellschaften bis zu 6 Personen in einem Wagen. — Abonnements.

Vermietung von Wagen mit Kutscher bei Wochen-, Monats- oder Jahresabschluss für Aerzte, Reisende etc. zu 2—4 Sitzplätzen. — **Gummiräder.** — Geräuschloser, geruchloser und vollständig gefahrloser Betrieb.

Fein gepolsterte Wagen, Schutz gegen Sonne und Regen, bei kühler Witterung der Fond des Wagens geheizt.

Die hocheleganten Fahrzeuge werden von geübten Leuten in Livree **sicher** geleitet.

Wegfall aller und jeder Spesen, wie Stallgelder etc.

Die Wagen sind in **zwei Minuten** zum Fahren gerüstet.

Stellung von **Galawagen zu Festlichkeiten**, für **Korsofahrten** von Sportsgesellschaften. Bei zeitiger Vormerkung nach allen Städten Württembergs, wo derartige Festlichkeiten stattfinden.

In Anbetracht der grossen Entfernungen, welche diese Wagen zurücklegen, **sind die Preise gegen Droschken mit Pferden enorm billig. Preise nach Uebereinkunft.**

Vorausbestellungen der Wagen und Feststellung der Fahrten können im Depot **Im Thürlen Nr. 00** in der Bahnhofstrasse, oberhalb der Fabrik **Leins & Cie.**, persönlich gemacht und die Wagen besichtigt werden. **Telephon Nr. 1825.**

Ebenso übernimmt Vermittlung von Fahrten Herr **Ed. Frasch**, Cigarrenladen, Königsstrasse 70. Telephon 827.

Schriftliche Anfragen und Bestellungen werden postwendend beantwortet.

Die Wagen fahren jederzeit auf Wunsch der tit. Besteller zum Abholen an Wohnungen oder bestimmten Plätzen vor. In Extrafällen stehen auch bei Nachtzeit die Wagen jederzeit zur gefl. Benützung.

Dieses zeitgemässe Unternehmen wird den hohen Herrschaften, Offizieren, Jagd- und Sportsgesellschaften sowie jedermann zur gefl. Benützung bestens empfohlen.

Daimler Motor-Wagen-Kutscherei
Im Thürlen Nr. 00 in der Bahnhofstrasse, oberhalb der Fabrik Leins & Cie.
Strassenbahnlinie Bahnhofstrasse-Prag.

Telephon 1825.

Anzeige der »Daimler Motor-Wagen-Kutscherei«, eines frühen Dienstleistungsunternehmens aus dem Jahr 1897.

1,5 PS bei 720 U/min. Die Kraftübertragung erfolgte wieder über einen Riementrieb und die Höchstgeschwindigkeit lag bei 12 km/h.

Neben Karl Benz aus Mannheim, der ebenfalls im Jahr 1886 erstmals seinen »Patent-Motorwagen« der Öffentlichkeit vorstellte, hatten die beiden Schwaben damit den Grundstein zu einer weltweiten Motorisierung gelegt. Im Gegensatz zu Benz in Mannheim wollte Daimler jedoch nicht nur Automobile herstellen, sondern mit Hilfe seiner Motoren einen Beitrag zur generellen Motorisierung leisten. Für Wilhelm Maybach bot sich damit ein weites Betätigungsfeld. Es galt Boote zu motorisieren, Feuerspritzen, Straßenbahnen und Lokomotiven mit dem neuen Antrieb auszurüsten.

Da das »Gewächshaus« in Daimlers Garten als Werkstatt schon bald nicht mehr ausreichte, kaufte Gottlieb Daimler im Juli 1887 ein leerstehendes Fabrikgebäude in Bad Cannstatt. Hier wurde für Maybach das neue Konstruktionsbüro eingerichtet und schon bald war eine Handvoll ausgesuchter Mitarbeiter mit der Herstellung der ersten Motoren beschäftigt. Zunächst wurden diese Motoren in Boote eingebaut und zum Antrieb von Schienenfahrzeugen benutzt. Da der Einzylindermotor aufgrund seiner relativ schwachen Leistung nur begrenzt einsatzfähig war, entwickelten Daimler und Maybach daraus einen V-Motor, bei dem die beiden Zylinder in einem Winkel von 17° auf einem geschlossenen Kurbelgehäuse saßen.

Auf der Weltausstellung in Paris im Jahr 1889 war Gottlieb Daimler mit einem eigenen Stand vertreten. Neben verschiedenen Stationärmotoren wurde auch der neue Daimler-Maybach-Stahlradwagen vorgeführt und auf der Seine zwei Motorboote. Angetrieben von einem 2-Zylinder-V-Motor erreichte dieser zweisitzige Wagen dank eines Viergang-Zahnradge-

triebes bereits eine Höchstgeschwindigkeit von 17 km/h. Gottlieb Daimler gelingt es, die Franzosen Panhard und Levassor für seine Motoren zu gewinnen. Er schließt Lizenzverträge ab, aber die Einnahmen reichen bei weitem nicht aus, um die anfallenden Unkosten zu decken. Langsam geht sein Privatvermögen zu Ende und so entschließt er sich, seine Firma in eine Aktiengesellschaft umzuwandeln und zwei finanzkräftige Teilhaber mit aufzunehmen. Am 2. März 1891 wird die »Daimler-Motoren-Gesellschaft AG« in das Handelsregister eingetragen.

Die Zusammenarbeit mit den neuen Geschäftspartnern brachte für Gottlieb Daimler zunächst wenig Erfreuliches. Wilhelm Maybach sollte zwar technischer Direktor der Gesellschaft werden, aber die neuen Teilhaber boten ihm einen so schlechten Vertrag an, daß er nach kurzer Verhandlungsdauer ablehnte. Hinzu kam, daß die Gesellschafter nicht an einer Weiterentwicklung der verschiedenen Motorisierungskonzepte interessiert waren, sondern durch die Herstellung von Stationärmotoren einen möglichst großen Gewinn erwarteten. Dieses Geschäftsziel entsprach natürlich nicht den Vorstellungen Gottlieb Daimlers und so waren die ersten Probleme in der noch jungen Daimler-Motoren-Gesellschaft bereits vorprogrammiert. Wilhelm Maybach arbeitete jetzt wieder als privater Mitarbeiter von Gottlieb Daimler. In einem ehemaligen Hotel richtete er eine kleine Werkstatt ein und war nun Zeichner und Konstrukteur, Laufbursche und Entwicklungschef in einer Person. In dieser Zeit entstand eine ganze Reihe von Konstruktionen und Erfindungen. Die bedeutendsten sind wohl der Phönixmotor und der Spritzdüsenvergaser.

Gottlieb Daimler war in dieser Zeit zwar im Aufsichtsrat der Daimler-Motoren-Gesellschaft, jedoch hatte er auf die eigentliche Ge-

Eröffnung der Omnibus-Linie zwischen Künzelsau und Bad Mergentheim am 2. Oktober 1898. Die erste motorisierte Omnibusverbindung der Welt war 1895 mit Daimler-Fahrzeugen zwischen Siegen und Deutz eröffnet worden.

schäftsführung keinerlei Einfluß mehr. Mißerfolge bei der Daimler-Motoren-Gesellschaft führten im Jahr 1895 dazu, daß der Aufsichtsrat Maybach erneut eine Führungsposition bei der DMG anbot. Als neuer technischer Direktor kehrte er im Dezember 1895 in die Fabrik zurück. Auch Gottlieb Daimler wurde wieder aktiv in die Geschäftsleitung mit einbezogen. Beider Hauptaufgabe war jetzt die Entwicklung stärkerer Motoren und besserer Fahrzeuge. Im Jahr 1896 entsteht der erste Daimler-Lastwagen und mit der »Daimler-Motorwagen-Kutscherei« wird das erste Taxiunternehmen gegründet. 1898 fährt der erste Daimleromnibus auf der Linie Künzelsau – Bad Mergentheim. Ein Jahr später beginnt die erfolgreiche Entwicklung von Zeppelinmotoren.

Im August 1899 verschlechtert sich Gottlieb Daimlers Gesundheitszustand. Der Ärger und die Aufregungen der letzten Jahre hatten dem herzkranken Ingenieur schwer zugesetzt. In den frühen Morgenstunden des 6. März 1900 ist der Lebensweg von Gottlieb Daimler im Alter von 66 Jahren zu Ende. Der große Erfinder und hochgeachtete Unternehmer hat den imposanten Aufschwung seines Lebenswerkes nicht mehr miterleben können.

Maybach – inzwischen 54 Jahre alt – trifft in diesem Jahr mit dem in Nizza lebenden Großkaufmann Emil Jellinek zusammen. Jellinek nahm damals bereits an Automobilwettbewerben teil und wünschte für diese Wettbewerbe einen neuen Wagen mit stärkerem Motor, größerer Spurbreite, längerem Achsabstand und niedrigem Schwerpunkt. Das Ergebnis war eine Revolution. Dieser Wagen war allen anderen Automobilen der damaligen Zeit technisch weit überlegen und setzte nicht nur in Deutschland neue Maßstäbe. Jellinek benannte den Wagen nach dem Vornamen seiner Tochter und ein be-

kannter französischer Automobiljournalist schrieb: »*Wir sind in die Ära Mercedes eingetreten*«.

Die Mercedeswagen eilten von Sieg zu Sieg. Der geschäftliche Erfolg blieb nicht aus und die Daimler-Motoren-Gesellschaft konnte erstmals gar nicht so schnell liefern, wie die Bestellungen eingingen. Auf der Pariser Automobilausstellung im Dezember 1902 standen der Mercedes-Stand und Wilhelm Maybach im Mittelpunkt des Interesses. Ein Jahr später gewann Camille Jenatzy auf einem 60-PS-Mercedes-Simplex sogar das berühmte Gordon-Benett-Rennen in Irland. Nun auf dem Höhepunkt seines Erfolges, wird Wilhelm Maybach krank. Eine Herz- und Kreislaufschwäche zwang ihn, längere Zeit zu pausieren. In den darauffolgenden Jahren läßt sein Einfluß in der Daimler-Motoren-Gesellschaft immer weiter nach und so scheidet er mit 61 Jahren am 1. April 1907 aus der DMG aus.

Es folgt ein schöner und ruhiger Lebensabend. Seine Leistungen und Verdienste werden zahlreich gewürdigt. Er wird zum Ehrendoktor der Technischen Hochschule in Stuttgart ernannt. Der König von Württemberg, der König von Preußen und der Deutsche Kaiser zeichnen ihn mit Orden aus und der VDI ernennt ihn zum Ehrenmitglied.

Am 29. Dezember 1929 stirbt Maybach im Alter von 85 Jahren. Ein Mann, der bereits zu Lebzeiten »König der Konstrukteure« genannt wurde.

Max Eyth,
Ingenieur, Erfinder, Dichter und Maler

Von Harald Winkel

»Die schönste Blüte der Praxis ist eine richtige Theorie.
Die edelste Frucht der Theorie ist eine gesunde Praxis.«

Als dem Oberpräzeptor an der Kirchheimer Lateinschule, Dr. Eduard Eyth, und seiner Frau Julie geb. von Capoll am 6. Mai 1836 der Stammhalter Max geboren wurde, konnte niemand in der dem humanistischen Bildungsideal verpflichteten Familie ahnen, daß dieser Junge mit der Familientradition brechen und sich der Technik und den Naturwissenschaften zuwenden würde.

Der Einfluß des Elternhauses und das Leben im alten Kloster Schöntal, wo der Vater seit 1841 Professor am evangelisch-theologischen Seminar war, schienen beste Voraussetzungen dafür zu bieten, daß auch der junge Max sein Berufsziel zwischen Philologie und Theologie wählen würde.

Doch es sollte ganz anders kommen: Auf einem Spaziergang mit dem Vater zum nahe gelegenen Ermsbach fesselte die dort arbeitende Papiermühle mit ihrem Hammerwerk den Jungen mehr als alles andere bisher Erlebte. *»Ob ich auf der Bergkante über dem Kochertal oder erst im weiteren Verlauf jenes Nachmittags Ingenieur wurde«*, so schreibt Max Eyth viel später, *»weiß ich nicht genau. Aber an jenem Tag geschah's, und das Tapptapp meines fernen eisernen Freundes ist mir eine Art Wahlspruch geworden, der sich immer leidlich bewährt hat.«*

Und der Vater hatte Verständnis für den in eine ganz andere Ausbildungsrichtung gehenden Wunsch des Jungen. So bezog Max Eyth nach kurzem Besuch der Realschule 1852 das Polytechnikum in Stuttgart, er wurde »Maschinenbauer«. Im September 1856 besteht er sein Examen; es beginnt der Ernst des Lebens. Wohl über die Vermittlung der Großeltern in Heilbronn findet er dort in der Hahn & Göbelschen

Max Eyth
1836 – 1906.

Maschinenfabrik eine erste Anstellung, die allerdings von nur sehr kurzer Dauer sein sollte.

Die Firma Gotthilf Kuhn, damals die führende württembergische Dampfmaschinenfabrik in Berg bei Stuttgart, bot sich als nächste Stelle an. Allerdings mußte der Absolvent des Polytechnikums als Schlosserlehrling ganz unten in der Firmenhierarchie anfangen. Seine Fähigkeiten lassen ihn jedoch rasch aufsteigen, als Ingenieur wird er bald mit konstruktiven Aufgaben betraut. 1860 schickt ihn Kuhn nach Frankreich, um auf der Pariser Industrieausstellung die aufsehenerregende Gasmaschine von Lenoir zu studieren. Die Fahrt nach Frankreich hatte Max Eyth erstmals das Erlebnis und die Eindrücke einer großen Reise vermittelt, hatte ihm

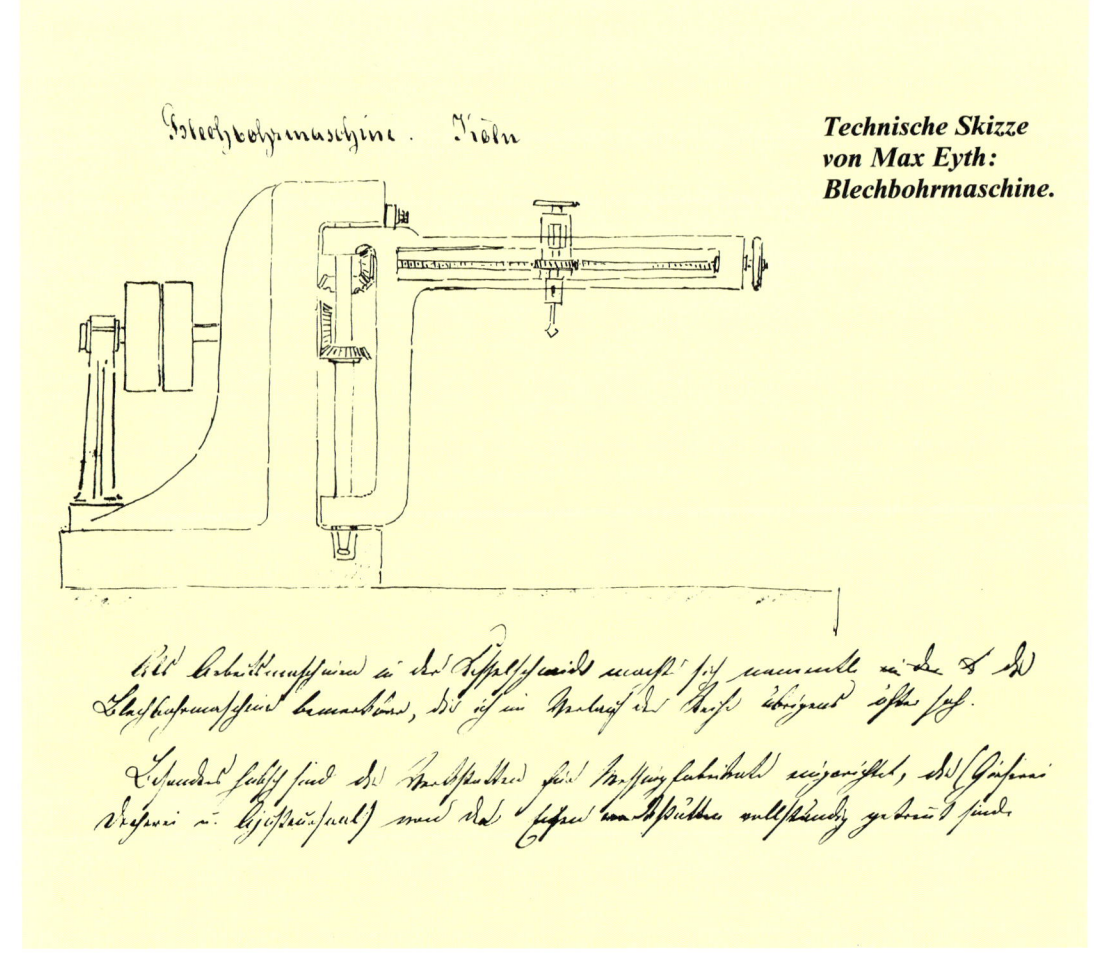

84

»die weite Welt« gezeigt. »*Hinaus, lernen und lernend schaffen*« wird fortan zu seinem Wahlspruch. So kündigt er bei Kuhn und tritt im Frühjahr 1861 eine Reise den Rhein hinab, ins Ruhrgebiet und nach Belgien an, um sich hier in großen Industriewerken und technischen Anlagen umzuschauen. Auch ohne die ihm gewährte Reisebeihilfe der Württembergischen Zentralstelle für Handel und Gewerbe sah Max Eyth seine Besuche bei den verschiedenen Firmen nicht nur als Arbeitssuche, sondern vor allem als ein Weg, zu lernen und weitere Kenntnisse zu sammeln. In zahlreichen Skizzen, die auch sein künstlerisches Talent erkennen lassen, hielt er das Gesehene fest, in lebendigen Briefen berichtete er den Eltern über seine Eindrücke. Doch weder am Rhein noch in Belgien war ihm das Glück hold: So folgte er dem Weg, den die Industrialisierung und die technische Revolution genommen hatten und setzte im Mai 1861 nach England über. Hier, an der Wiege des technisch-industriellen Zeitalters, hoffte er sein Glück zu finden.

Trotz Rückschlägen, die ihn auch in England treffen, macht er sich weiter Hoffnung: »*Ich habe den Mut noch lange nicht verloren. Der*

Als Max Eyth von der Pariser Ausstellung zurückkehrte, beauftragte ihn sein Arbeitgeber Kuhn, die dort erstmals gezeigte Gasmaschine von Lenoir nachzubauen. Dazu wurde im Fabrikhof eine fensterlose Bretterbude errichtet, zu der außer Kuhn und Eyth nur noch zwei Monteure Zutritt hatten.

Doch Eyth erlebte mit dem Produkt seiner »Spionagefahrt nach Paris« ein Fiasko. »*Bei der zehnten Umdrehung ein furchtbarer Knall, den ein teuflischer Geruch begleitete. Das Schwungrad entriß sich unseren Händen, die Maschine machte zwei zuckende Bewegungen und blieb dann stehen.*« Und für Eyth ergab sich die »unumstößliche Wahrheit«, daß man Erfindungen nicht macht, indem man bei den anderen abguckt.

Technische Skizze von Max Eyth: Blechbohrmaschine.

Westen der Erde ist groß...« schreibt er nach Hause. Auf einer Landmaschinenausstellung trifft er dann schließlich mit John Fowler aus Leeds, dem Konstrukteur des Dampfpflugs, zusammen, an den ihn der Londoner Maschinenfabrikant Alfred Taylor empfohlen hatte. Eyth, der sich nicht scheut, wieder einmal am Schraubstock anzufangen, resümiert: *»Es ist immer gut, wenn man etwas mehr gelernt hat als den Virgil zu übersetzen«*.

Wie Fowler ist auch Max Eyth von der Idee des Dampfpflugs überzeugt, bietet sich doch hier eine Möglichkeit, die Dampfmaschine, die beherrschende Erfindung des frühen 19. Jahrhunderts, die bereits das Gewerbeleben revolutioniert hat, auch für die Landwirtschaft nutzbar zu machen und damit auch in diesem traditionell bestimmten Wirtschaftszweig dem technischen Fortschritt zum Durchbruch zu verhelfen. Über zwanzig Jahre sollte sich Max Eyth dieser Idee verpflichtet fühlen – solange währte seine Anstellung bei Fowler und sein weltweites Eintreten für diesen neuen Zweig der Agrartechnik.

Erfindergeist und technisches Können kamen bald voll zur Wirkung. Nicht weniger als 26 Patente tragen den Namen Eyths. Durch sie erst wurde der Dampfpflug zu einem robusten, für den störungsfreien Großeinsatz geeigneten Gerät. Den zahlreichen Verbesserungen kam zugute, daß Max Eyth in allen Teilen der Welt immer wieder Einsatz und Arbeitsbedingungen der Dampfpflüge vor Ort prüfte und überwachte, daraus viele Anregungen gewann und diese dann in neuen Modellen verwirklichte. Im Auftrag Fowlers geht Eyth 1863 als Chefingenieur für Dampfpflugtechnik nach Ägypten, wo er die Fowlerschen Maschinen nicht nur zum Pflügen, sondern auch zur Bewässerung und in der Zuckerrohrwirtschaft einsetzt. So sehr ihn die Ar-

beit als Techniker interessierte, so fasziniert war er aber auch von Land und Leuten. Sein schriftstellerisches und zeichnerisches Talent wurden so recht erst jetzt geweckt. Seine Erzählung *»Hinter Pflug und Schraubstock«* spielt ebenso in Ägypten wie der *»Kampf um die Cheopspyramide«*. Die Nillandschaft ließ ihn auch immer wieder zum Zeichenstift greifen. Hier zeigt sich jene herausragende Begabung, die ihm später die Bezeichnung eines *»Dichter-Ingenieurs«* einbringen sollte. Seine technischen Aufgaben und die technische Entwicklung waren für ihn noch das große Abenteuer, voller Überraschungen an sinnvollen und nutzbringenden Möglichkeiten. Auch wenn er dabei, ganz ein Kind der euphorischen Technikbegeisterung des ausgehenden 19. Jahrhunderts, die Möglichkeiten der Technik gelegentlich zu optimistisch eingeschätzt hat, als *»l'art pour l'art«* (ihrer selbst willen) hat er sie nie betrachtet. Technik hatte dem Menschen zu dienen, den Freiraum seines Lebens zu erweitern, sie war das Sinnbild des ständigen Ringens des Geistes mit der Materie. Sie war für ihn als *»Werkzeug«* ebenso Produkt dieses Geistes wie die *»Sprache«*; Poesie und Technik erschienen ihm durchaus nicht als Gegensatz. Nur so konnte er der erfolgreiche Ingenieur und Verkaufsagent Fowlers in der ganzen Welt sein und gleichzeitig seinen Tagebüchern Lyrik und Prosa anvertrauen, wie sie von einem rationalen Techniker und Geschäftsmann nicht ohne weiteres erwartet werden. Nie übersah er dabei allerdings die stets neuen Forderungen,

Fowlers Compound-Pfluglokomobil.

6. 5. 1836 Max Eyth in Kirchheim u. T. geboren

1841 – 1852 Jugend in Kloster Schöntal a. d. Jagst, wo sein Vater als Ephorus am evangelisch-theologischen Seminar wirkte

1852 – 1856 Student am Polytechnikum in Stuttgart

1856 Technischer Zeichner in der Hahn & Göbelschen Maschinenfabrik in Heilbronn

1856 – 1861 Technischer Zeichner/ Ingenieur bei der Firma von Gotthilf Kuhn, der damals führenden württ. Maschinenfabrik in Berg bei Stuttgart

1860 Studium der Lenoirschen Gasmaschine in Paris

1861 – 1882 Im Dienste von John Fowler Ltd., Leeds, dem führenden Dampfpflughersteller des 19. Jahrhunderts

1862 – 1866 Chefingenieur bei Halim Pascha, dem Onkel des Vizekönigs von Ägypten

1866 – 1869 Werbung für Fowler-Dampfpflüge und die Tauerei-Schiffahrt in Amerika und Europa

1869 – 1882 »Wissenschaftlicher Generalstabschef der Firma Fowler«

1882 Kündigung bei Fowler

1882 – 1885 Von Bonn aus Werbung und Vorbereitung für eine Deutschland umfassende landwirtschaftliche Gesellschaft

11. 12. 1885 Gründung der DLG in Berlin

1885 – 1896 Geschäftsführender Vorstand der DLG und verantwortlicher Organisator der jährlichen Wanderausstellungen

1896 Abschied von der DLG und Umzug auf den Ulmer Michelsberg

1896 – 1906 Zahlreiche nationale und internationale Ehrungen. Aufarbeitung des über tausend Blatt umfassenden zeichnerischen Lebenswerks, Romane »Der Kampf um die Cheopspyramide« (1902) und »Der Schneider von Ulm« (1906)

25. 8. 1906 Max Eyth in Ulm gestorben

Die Werkstatt von Fowler in Leeds 1877. Aquarell von Max Eyth.

die seine Aufgabe ihm stellte. Als er nach der Zeit in Ägypten in der Karibik tätig war, erkennt er gleich: »*Wir haben neuere, eigentümlichere Instrumente zu erfinden und einzuführen, um den hiesigen Pflanzern mundgerecht zu werden.*« Er konstruierte eine Baumwoll-Sämaschine und nahm am Dampfpflug Veränderungen vor, um ihn den örtlichen Gegebenheiten anzupassen. Im behenden Anpacken neuer Probleme lag seine Stärke. Ob es um neue Pflugtypen oder alternative Antriebsenergien geht – so löste er beispielsweise das Problem der Verbrennung von Stroh in der Dampflokomobile –, der Rastlose findet fast immer einen Ausweg. Um das Durchrutschen einer Stahltrosse, an der der Kipp-Pflug zwischen zwei Lokomobilen hin- und hergezogen wurde, zu verhindern, hatte Max Eyth eine Vorrichtung erfunden, die auch für ein ganz anderes Gebiet von Bedeutung sein sollte. Auf belgischen Flüssen sowie auf Neckar und Rhein begannen Ende der sechziger Jahre

Das Haus Max Eyths in Schubra, Ägypten. Aquarell von Max Eyth.

des 19. Jahrhunderts Versuche mit der Tauereischiffahrt, wobei ein »Tauer« mit anhängenden Lastkähnen sich an einem am Flußgrund verankerten Drahtseil fortzog. Erst das Eythsche »Clipdrum« konnte sich am Drahtseil beim Durchlauf so festklemmen, daß eine hohe Zugleistung entstand. So fußt die weitere Entwicklung der Kettenschleppschiffahrt auf dieser Eythschen Konstruktion. *»Was du heute erdenkst und nicht verwerten kannst«*, schreibt Max Eyth, *»mag morgen den Erdball aus den Angeln heben«*. Nun hat dies weder die Tauereischiffahrt, die bald dem Dampfschlepper weichen mußte, noch letztlich der Dampfpflug getan, der immer an bestimmte Bodenbedingungen und -flächen gebunden war – aber beide waren für ihre Zeit von großer Bedeutung.

Allerdings ist Eyth nie zum Zweifler geworden, hat nie auf eine bessere Lösung gewartet, sondern suchte stets unter den gegebenen Bedingungen das Beste zu erreichen: *»Die Tat*

ist meine Sprache«, so schreibt er, *»und wenn diese Taten auch noch so klein und unbedeutend sein mögen, wenn sie uns nur das Gefühl geben, etwas zu schaffen und den Trost, etwas geschaffen zu haben«*. Nicht darauf kommt es an, ob und wie lange eine Erfindung oder neue Konstruktion wirksam bleiben wird, sondern darauf, daß sie überhaupt gemacht wird, daß der Mensch seine Fähigkeiten nutzt und sich rastlos strebend bemüht. Es ist die »Lust des geistigen Schaffens«, die Max Eyth als Ingenieur wie als Dichter und Schriftsteller gleichermaßen beseelt. Mancher mag heute den durchaus ernst gemeinten Satz des jungen Max Eyth am Anfang seines Lebensweges als Techniker kaum verstehen: *»21 Jahre alt und noch nichts für die Menschheit getan«*. Dieser Drang, etwas leisten und schaffen zu wollen, ist sicher nicht nur eine zufällig persönliche Eigenschaft. Dahinter verbirgt sich auch die frühe Erkenntnis, in einer Zeit des technischen Umbruchs zu stehen, in einer Zeit, in der es gilt, den technischen Fortschritt zu nutzen. Sein Engagement für den Dampfpflug entsprang dem Bewußtsein, den technischen Nachholbedarf der Landwirtschaft aufzuholen, eine Erkenntnis, die ihn nach seinen »Wanderjahren« als Ingenieur in aller Welt zum Begründer der Deutschen Landwirtschafts-Gesellschaft werden ließ.

1882 löst Eyth sein Verhältnis zu Fowler und kehrt in die Heimat zurück. Ein Generatio-

nenwechsel im englischen Werk, wohl aber auch das Gefühl, nach zwanzig »Wanderjahren« nichts Neues mehr entdecken und leisten zu können, berührten Max Eyth zutiefst. Was sollte nach dieser »Katastrophe« kommen? Wo lagen neue Ziele für einen Mann, der, nicht gerade unvermögend, wählen konnte zwischen seinen musischen Neigungen und neuen Aufgaben, die sich ihm in Deutschland stellten? Mit der Gründung der DLG (Deutsche Landwirtschafts-Gesellschaft) 1885 verließ Max Eyth den engeren Bereich der Ingenieurwissenschaften und wandte sich ihren sozialen Bezügen und gesellschaftlichen Auswirkungen zu. Den Fortschritt der Technik auch für die Landwirtschaft nutzen – ein Gedanke, der ihn schon an den Dampfpflug fesselte –, dem einzelnen Landwirt die Chancen der Technik näher bringen, Aufklärungsarbeit zu leisten, das wird sein Ziel, das er mit altgewohnter Beständigkeit, mit Fleiß und Engagement angeht. Er hat es dabei zunächst nicht leicht, viele glauben, er wolle auch weiterhin nur Dampfpflüge verkaufen, verstehen erst langsam, was dieser Mann jenseits von Parteilichkeit und Vereinsleben mit seiner neuen Organisation leisten will. Ohne staatliche Unterstützung und angewiesen auf die eigene Tat, verwirklicht Max Eyth auch jetzt jene Grundsätze, die ihn ein Leben lang als Ingenieur begleitet hatten: *»Handeln, ein wenig eigenes Geld und eigene Arbeit opfern, dann kommt das, was eine gute Sache braucht, wie von selbst«.* Und der »verrückte Engländer«, wie er gelegentlich genannt wird, hat Erfolg. Bezeichnend für ihn ist, daß er sich ein Ziel setzt, wonach zu bestimmten Terminen bestimmte Mitgliederzahlen erreicht sein müssen, andernfalls er das Unternehmen als gescheitert ansieht. Auch hier geht es ihm um klare Verhältnisse, nicht ums Reden und Taktieren. Seine »Vorga-

be« war am 15. September 1885 erfüllt: 2 500 Mitglieder waren gewonnen und das Programm, die Landwirtschaft mit neuer Technik vertraut zu machen, konnte beginnen. Welche Größe und Bedeutung die DLG rasch gewann, nimmt Max Eyth verwundert zur Kenntnis, wenn er bei seinem Abschied als geschäftsführender Vorstand 1896 notiert, daß in seinem Berliner Büro *»50 schwarzbefrackte Herren«* angetreten seien.

In das heimatliche »Ländchen«, nach Ulm, zieht sich Max Eyth zurück, auf dem Michelsberg, seinem »Athos«, findet er seinen Ruhesitz. Allerdings, untätig wird er nicht. Der weltweit gereiste Ingenieur, der als Techniker und Kaufmann am Hofe des Onkels des ägyptischen Vizekönigs Halim Pascha ebenso zu Hause war wie in der Getreidelandschaft der Ukraine und den mittelamerikanischen Zuckerrohrfeldern, wendet sich nun jenen Begabungen zu, die er in seinem unsteten und arbeitsreichen Leben zwar nie vernachlässigt, doch immer eher beiläufig verfolgen kann. Seinen über tausend

Großtechnologie für die Landwirtschaft. Über 20 Jahre war es die Lebensaufgabe Max Eyths, der Dampfpflugkultur immer neue Einsatzmöglichkeiten zu erschließen. Heidepflug zu Lopau bei Soltau. Aquarell von Max Eyth.

Jugenderinnerungen am Lebensabend: Zeichnung seines Geburtshauses, signiert am 26. 4. 1906.

Zeichnungen konnte er sich nun mit Liebe annehmen, viele kolorieren und endgültig ausführen. Aus den lebenslang gesammelten Notizen entstehen Erzählungen, die Eyths Ruf als Schriftsteller begründeten. Daß er faszinierend schreiben, Erlebtes mitteilen konnte, hatte er schon in den vielen Briefen bewiesen, die er seit seinem Aufbruch aus der Heimat 1861 geschrieben hatte und die, von seinem Vater gesammelt, ab 1871 als »Wanderbuch eines Ingenieurs« in mehreren Bänden erschienen. Doch beinhaltet die Mehrzahl der Skizzen und Notizen in diesen Jahren technische Probleme, denn damals galt es ja, »mit zusammengebissenen Zähnen gegen den Strom zu schwimmen, in den uns das Leben geworfen hat«, und Erfahrungen zu sammeln. In Ulm konnte jetzt der Schriftsteller zu seinem Recht kommen. Allerdings wäre es nicht Max Eyth, wenn es auch hier nicht mit der ihm eigenen Gründlichkeit zugine: Bei den Vorarbeiten zu seinem »Schneider von Ulm« geht der 68jährige Geheimrat zu einem Schneidermeister in die Lehre, um eine möglichst genaue Milieuschilderung bieten zu können!

1905, ein Jahr vor seinem Tod, verlieh ihm die Technische Hochschule Stuttgart den »Doktor Ingenieur ehrenhalber« – ein Titel, über den er sich wohl mehr freute als über die vielen Orden und Ehrungen, die ihm sonst schon zuteil geworden waren. Es war zudem der erste Ehrendoktor, der in Stuttgart vergeben wurde.

Max Eyth war Idealist und Optimist zugleich. Die von der Technik an den Menschen herangetragenen Herausforderungen sah er als erfüllbar an, vorausgesetzt, man war bereit, lückenhaftes technisch-wissenschaftliches Wissen mit Mut und Phantasie zu ergänzen. Bei seinem Bemühen, die modernste technische Entwicklung des 19. Jahrhunderts, die Dampfmaschine, für die von der technischen Entwicklung bisher ausgesparte Landwirtschaft nutzbar zu machen, hat er alle jene Probleme erkannt, die das Verhältnis des Menschen zur Technik auch in Zukunft bestimmen sollten; er sah ihre Gefahren ebenso wie ihre großen Chancen. Er selbst hat vorgelebt, daß sich der Mensch nicht durch die Technik beherrschen lassen darf, daß schöpferische Phantasie sich uneingeschränkt entwickeln und auch neben rationaler Technik bestehen kann.

Mitteilung der TH Stuttgart an Max Eyth über die Ernennung zum Ehrendoktor.

Ferdinand von Zeppelin – der »verrückte Graf«

Von Erwin Regele

Am 8. Juli 1838 wird dem Grafen Friedrich von Zeppelin in einem alten berühmten Kloster in Konstanz – das seinem Vater gehörte und das heute als Inselhotel weit bekannt ist – ein Sohn geboren und auf den Namen Ferdinand getauft. Seine Jugendjahre verbringt Ferdinand auf Schloß Girsberg bei Kreuzlingen, einem ehemaligen thurgauischen Herrensitz. Nach dem Schulbesuch und einem kurzen Studium am Polytechnikum in Stuttgart kommt er 1855 an die Kadettenanstalt in Ludwigsburg bei Stuttgart wo er 1858 zum Leutnant der württembergischen Armee befördert wird. Er läßt sich beurlauben und studiert an der Universität Tübingen staats- und naturwissenschaftliche Fächer, insbesondere mechanische Technologie und anorganische Chemie. Nach einigen Jahren beim Ingenieurcorps in Ulm wird er nach Ludwigsburg versetzt und zum Oberleutnant befördert.

1863 nimmt Ferdinand von Zeppelin als Beobachter am amerikanischen Sezessionskrieg auf Seiten der Unionstruppen teil, wobei er erstmals mit Beobachtungsballons in Berührung kommt und am 19. August 1863 an einem Aufklärungsaufstieg teilnimmt. Damit ist sein Interesse an der Luftfahrt geweckt und wird ihn zeitlebens nicht mehr loslassen. Vor allem erkennt er als Militär die Bedeutung der Luftfahrt für die taktische Aufklärung im Krieg. Nach Deutschland zurückgekehrt, befaßt er sich zunehmend mit dem militärischen Einsatz von Ballons. Im deutsch-französischen Krieg von 1870/71 kann er wieder den Einsatz von Ballons beobachten, die nachts den deutschen Belagerungsring von Paris überfliegen. Aus dem Krieg hochdekoriert zurückgekehrt, läßt er sich nach Straßburg versetzen, um die dort stationierten Luftschifferdetachements beobachten zu können. Dabei bleiben ihm auch nicht die Bemühungen der Franzosen verborgen, Ballons lenkbar zu machen.

Angeregt von der 1874 erschienenen Schrift des Generalpostmeisters Heinrich von Stephan »Weltpost und Luftschiffahrt« befaßt sich Graf Zeppelin zunehmend mit Konstruktionsideen eines lenkbaren Luftschiffs. Da er von 1885–1890 erst als Militärattaché und später als württembergischer Gesandter und Bundesratsbevollmächtigter in Berlin tätig ist, kann er dort mit Offizieren des Ballondetachements Kontakt aufnehmen. Da diesem Kommandostab seitens des Kriegsministeriums der Auftrag erteilt wird, eine Luftschifferabteilung aufzustellen, »*um dem seither freien Ballon eine gewisse Eigenbewegung und Lenkbarkeit zu geben*«, kann Zeppelin dieser Entwicklung seine besondere Aufmerksamkeit schenken. Und schon im Mai 1887 überreicht Zeppelin König Karl von Württemberg eine geheime Denkschrift über »Die Notwendigkeit der Lenkballone«.

Zweiundfünfzigjährig – im Jahr 1890 – wird Zeppelin wegen Meinungsverschiedenheit mit der Militärbehörde auf seinen Wunsch hin als Generalleutnant aus dem aktiven Militärdienst entlassen und kann sich jetzt ganz seiner selbstgewählten Lebensaufgabe widmen. Bereits am 29. 6. 1891 nimmt er mit Graf von Schlieffen, dem Chef des Generalstabs, Verbindung auf. Er versichert, daß er nach eigenen Berechnungen und Entwürfen ein Luftfahrzeug erbauen könne, das dem französischen Militärluftschiff in Meudon an Tragkraft, Geschwindigkeit und Aktionsradius weit überlegen sei. Um sich die Priorität an diesen Vorschlägen zu sichern, reicht Graf Zeppelin am 23. Juni 1891 beim Patentamt seine Ansprüche ein. Dieses registriert den Eingang unter der Chiffre P. A. No. 38010 am 23. 6. 1891.

LZ 1 auf dem Floß vor seinem Aufstieg. Im Hintergrund links sieht man die schwimmende Luftschiffhalle.

8. 7. 1838 Graf Ferdinand von Zeppelin
in Konstanz am Bodensee geboren
1853 Besuch der Realschule in Stuttgart
1855 Besuch der Kriegsschule
in Ludwigsburg
1858 Beförderung zum Leutnant
1863 Teilnahme am amerikanischen
Sezessionskrieg
1882 Kommandeur eines Ulanenregiments
1890 als Generalleutnant aus dem
Militärdienst verabschiedet
1891 Erste Patentanmeldung eines
lenkbaren Starrluftschiffes
1895 Zweite Patentanmeldung;
Erteilung des Patents 1898
2. 7. 1900 Aufstieg des ersten Luftschiffes
LZ 1 vom Bodensee aus
1908 LZ 4 in Stuttgart-Echterdingen
verunglückt; anschließend Sechs-Millionen-
Spendenaktion des deutschen Volkes
8. 3. 1917 Graf Zeppelin stirbt in Berlin,
Begräbnis auf dem Pragfriedhof in Stuttgart

Um seine Arbeiten und Pläne intensivieren zu können, nimmt Zeppelin am 1. 5. 1892 den jungen Ingenieur Theodor Kober – der von der Augsburger Ballonfabrik Riedinger kommt – in seine Dienste. Als Ergebnis dieser Zusammenarbeit kann Zeppelin bereits 1894 ein 48seitiges Exposé über ein starres Luftschiff vorlegen. Diese Denkschrift geht den mühsamen Weg durch die Behördeninstanzen und als Zeppelin den mangelnden Sachverstand der sogenannten Gutachterkommissionen leid ist, teilt er dem preußischen Kriegsministerium mit, daß er zur Wahrung seiner Priorität und um Patentansprüche anderer abzuwehren seine Anmeldung vom 23. 6. 1891 zurückziehe. Er läßt sofort eine zweite überarbeitete und ergänzte Patentschrift ausarbeiten und beim Patentamt einreichen. Diese wird am 31. August 1895 unter der Nummer 98580 in Klasse 77 unter der Rubrik »Sport« und der Bezeichnung *»Lenkbarer Luftfahrzeug mit mehreren hintereinander angeordneten Tragkörpern«* registriert.

Der nächste Schritt war die Finanzierung der notwendigen Arbeiten und der Bau eines er-

sten Luftschiffes. Da dazu die Mittel Zeppelins nicht ausreichten, versucht Zeppelin mit Unterstützung bedeutender Persönlichkeiten durch Zeichnung von Gutscheinen Geld zur Gründung einer Luftschiffahrt-Baugesellschaft zu erhalten. Doch die Bemühungen führen zu keinem Erfolg. Durch einen Vortrag vor dem Verein Deutscher Ingenieure in Stuttgart findet er die erwünschte Resonanz und erhält vom Reichsvorstand volle Unterstützung. Zur Gründung einer Aktiengesellschaft trifft man sich erstmals am 17. März 1897 in Stuttgart, um die Statuten auszuarbeiten und die Gründungsversammlung vorzubereiten.

Als sich die Aktionäre am 9. Mai 1898 treffen, um die Gründung der »Gesellschaft zur Förderung der Luftschiffahrt« zu beschließen, ist das Kapital von 800 000,– Mark aufgebracht, wobei die Hälfte dieses Betrages von Zeppelin selbst eingezahlt wurde. Die Eintragung der Gesellschaft erfolgt am 28. Juni 1898 in Stuttgart.

Nun beginnt die praktische Arbeit. Zeppelin stellt Mitarbeiter ein, so u. a. Oberingenieur Kübler als Leiter des technischen Büros, da Kober nach München verzogen ist und nur noch als freier Mitarbeiter zur Verfügung steht. Der Bau des ersten Zeppelin-Luftschiffs ist in greifbare Nähe gerückt. Von König Wilhelm II. von Württemberg erhält Zeppelin ein Seegrundstück bei Manzell am Bodensee zur Errichtung seiner Werkstätten, mit deren Bau im Frühjahr 1899 begonnen wird. Das Baugeschäft Hangleiter in Stuttgart erhält den Auftrag zum Bau einer auf 95 Pontons ruhenden schwimmenden Luftschiffhalle von 142 Meter Länge, 23,4 Meter Breite und 24 Meter Höhe, die 600 Meter vom Ufer entfernt verankert wird. Dürr, der wohl bedeutendste Mitarbeiter Zeppelins hatte von einer schwimmenden Halle abgeraten. Und tatsächlich wurde im Juni 1899 die unfertige Halle

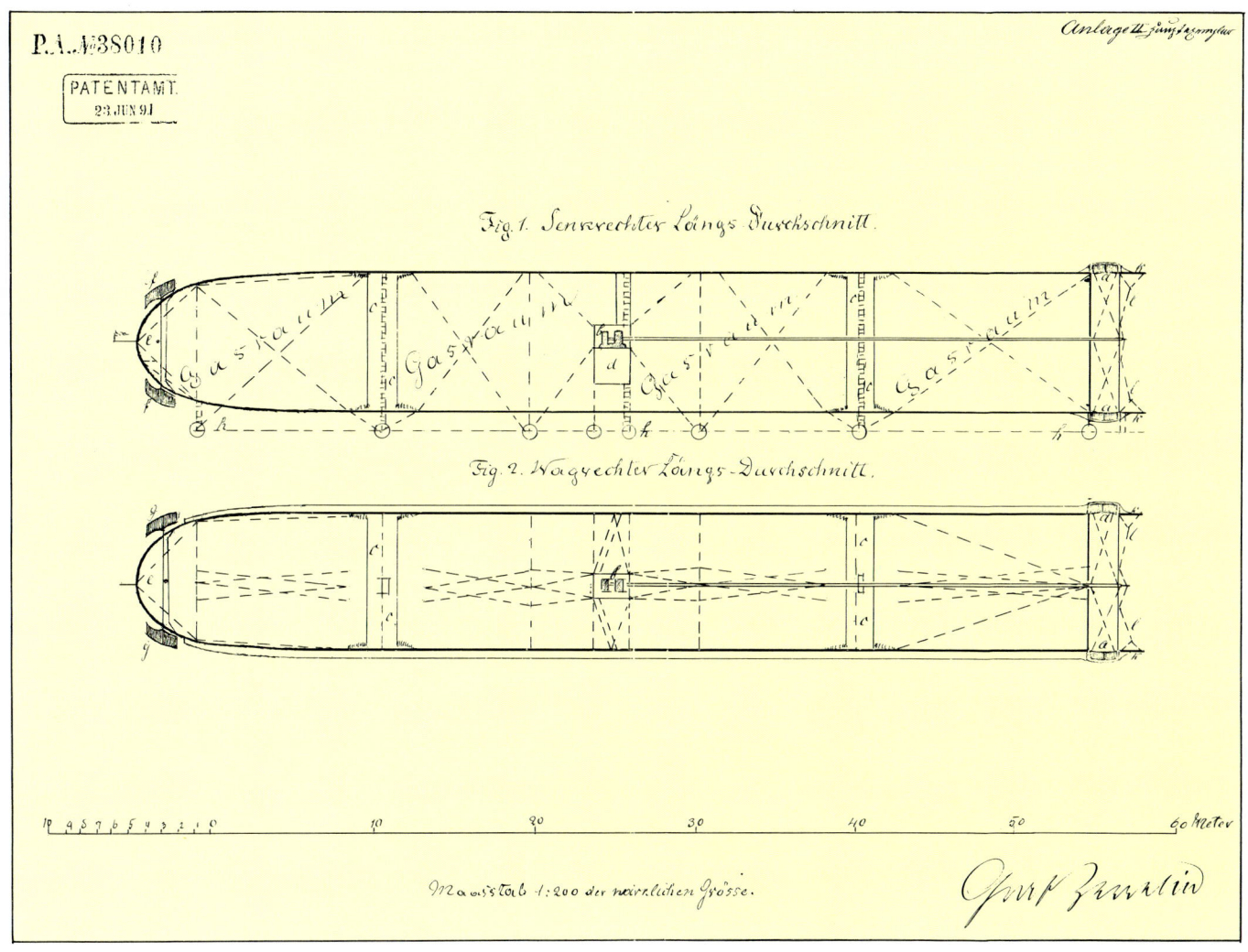

Fig.1. Senkrechter Längs-Durchschnitt.

Fig.2. Wagrechter Längs-Durchschnitt.

Maassstab 1:200 der natürlichen Grösse.

Graf Zeppelin

aus ihrer Verankerung gerissen und schwamm in Richtung Konstanz davon. Nochmals im Februar 1900 rissen durch einen Sturm die Trossen und das Unwetter warf die Halle mit dem Luftschiff an Land, wo sie wegen des Niedrigwassers vorübergehend liegen bleiben mußte.

Die Gesamtlänge des im Bau befindlichen Starrluftschiffes beträgt 128 Meter und das Gerüst des LZ 1 wurde aus Aluminium gefertigt. Es bestand aus 15 Abteilungen von je acht Meter Länge sowie zwei Gondelabteilungen von je vier Meter Länge. Für den Antrieb der vier Luftschrauben lieferte die Firma Daimler in Cannstatt bei Stuttgart zwei Vierzylinder-Benzinmotoren von je 14,2 PS, die am 16. März 1900 angeliefert werden und deren Einbau von ihrem Konstrukteur Maybach, dem engsten Mitarbeiter Daimlers, überwacht wird. Dann erfolgt die Einbringung der Gaszellen, die etwa 11 300 Kubikmeter Wasserstoffgas faßten.

Die Flaschen mit dem komprimierten Wasserstoffgas trafen Mitte Juni ein und das Auffüllen der Gaszellen wurde von dem aus Berlin angereisten Hauptmann Bartsch von Sigsfeld vorgenommen. Und endlich – am 2. Juli 1900 – erfolgte die erste Probefahrt. Viele Menschen hatten sich am Seeufer eingefunden und es kostete Mühe, die auf dem See befindlichen Dampfer und Boote von der Halle abzudrängen. Abends gegen 7 Uhr wurde das Floß, auf dem das Luftschiff verankert war, aus der Halle gezogen.

An Bord befanden sich neben Graf Zeppelin der Ingenieur Burr, der Monteur Groß, Dr. Wolff und Baron Bassus. Der kleine Schleppdampfer »Buchhorn« dessen Schornstein man wegen der Gefahr des Funkenflugs abgedeckt hatte – zog LZ 1 gegen den Wind, die Leinen wurden gekappt, die Motoren angeworfen und das Luftschiff erhob sich unter dem brausenden Jubel der Menge. Nach einigen Wendungen

Die »erste« Patentanmeldung vom 23. Juni 1891, die Zeppelin zurückzog, um eine verbesserte Version nachzureichen.

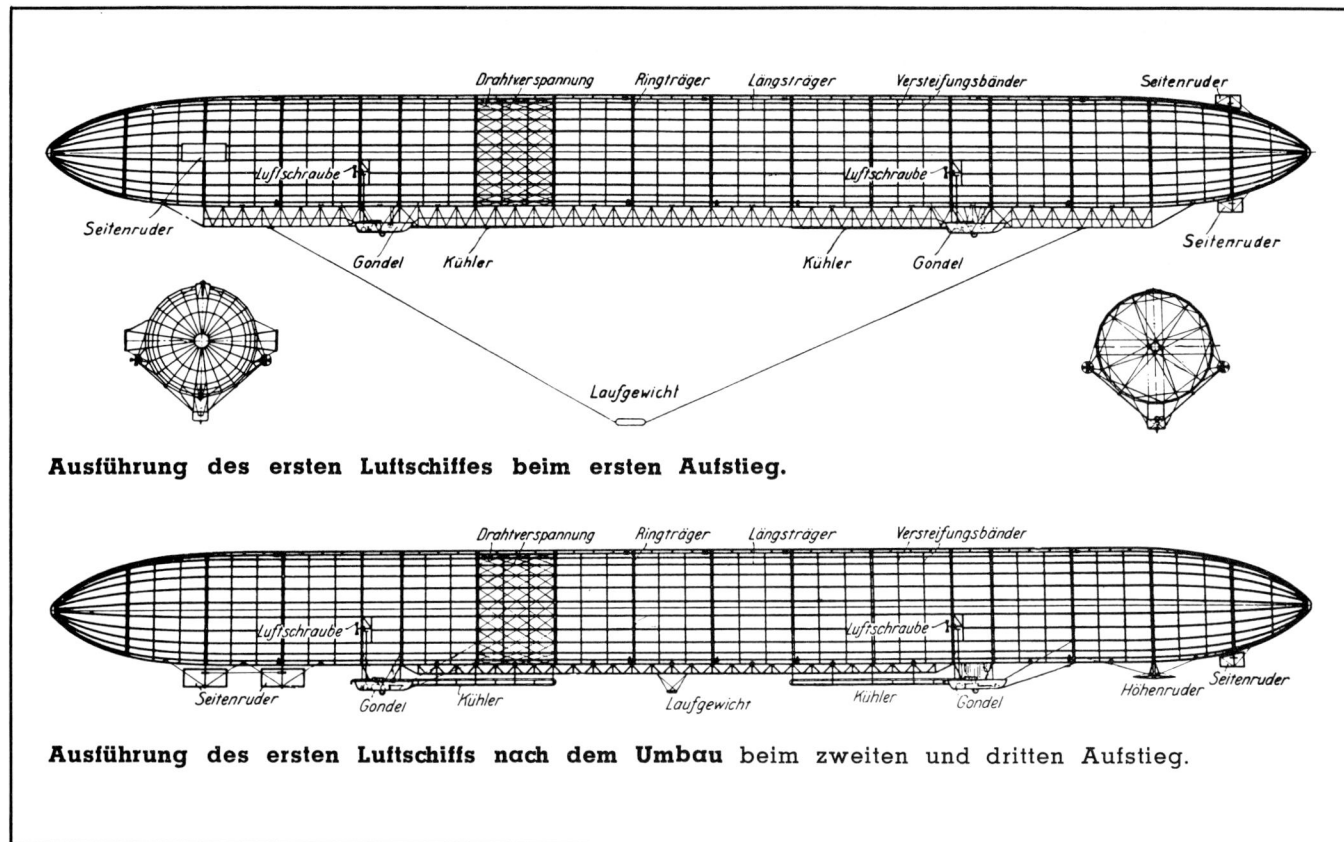

Ausführung des ersten Luftschiffes beim ersten Aufstieg.

Ausführung des ersten Luftschiffs nach dem Umbau beim zweiten und dritten Aufstieg.

mußte das Schiff jedoch wegen eines Schadens am Laufgewicht, das zwischen den Gondeln angebracht war und das der horizontalen Steuerung diente, bei Immenstaad notwassern, wobei der Pfahl eines Seezeichens die Hülle beschädigte und ein Leck verursachte. Die Fahrt war nach 18 Minuten zu Ende und LZ 1 wurde von der »Buchhorn« in die Halle zurück geschleppt.

Am 17. Oktober 1900 erfolgte die zweite Fahrt, die nach 80 Minuten abgebrochen werden mußte, weil ein Ventilhebel klemmte und Gas ausströmte. Vier Tage später, am 21. Oktober, erfolgte der dritte Aufstieg. Diese Fahrt mußte nach 23 Minuten abgebrochen werden, weil die schwachen Motoren gegen den inzwischen aufgekommenen lebhaften Wind nichts auszurichten vermochten. Und trotzdem war diese Fahrt ein Erfolg, da sich das Schiff als voll manövrierfähig erwies und mit einer maximalen Geschwindigkeit von neun Meter in der Sekunde um drei Metersekunden schneller war als die französische »La France«. Mit dieser Fahrt war die Richtigkeit der Zeppelinschen Ideen bewiesen.

Um so unverständlicher war es, daß die Aktionäre weitere Geldmittel verweigerten und

auch aus Berlin – außer dem Roten Adlerorden erster Klasse – kein Echo und keine Hilfe kam. So mußte das Schiff abgewrackt werden – die Halle erwarb Zeppelin aus eigenen Mitteln – um die Aktionäre aus dem Erlös von 120 000 Mark befriedigen zu können. Am 15. November 1900 beschließen die Aktionäre in der Generalversammlung die Liquidation der Gesellschaft.

Fünf Jahre werden vergehen, bis Graf Zeppelin und Ludwig Dürr den LZ 2 der Öffentlichkeit vorstellen können. Es sind Jahre des Kampfes. Aufrufe an die Männer der Industrie, an Zeitungsverleger und andere brachten keinen Erfolg. Schließlich bewilligt der König von Württemberg die Abhaltung einer Lotterie, die 124 000 Mark erbrachte. Zu diesem Betrag steuerte Reichskanzler Graf Bülow aus seinem Dispositionsfond 50 000 Mark zu und den Restbetrag mußte Zeppelin aus seinem Privatvermögen aufbringen. Man errichtete an der alten Stelle eine neue Montagehalle und begann mit der Montage von LZ 2. Dürr ersetzte die Gitterträger durch neu entwickelte Dreieckträger und bei der Konstruktion der Höhensteuerung wandte man die Erkenntnisse an, die der Meteorologe Hergesell mit Hargrave-Drachen gewann.

LZ 1 im Bau.

LZ 2 wies eine Länge von 126 Metern auf, hatte einen Durchmesser von 11,7 Metern und besaß 16 Gaszellen von 10 400 Kubikmetern Fassungsvermögen. Bei fast gleichem Gewicht wie die Daimlermotoren von LZ 1 leisteten die neuen Daimlermotoren je 85 PS und gaben damit den vier vergrößerten Propellern erheblich mehr Schubkraft. Der erste Fahrtversuch am 30. November 1905 mißlang, weil das Floß mit LZ 2 die Halle wegen Niedrigwasser nicht verlassen konnte. Man setzte deshalb die beiden Motorgondeln auf Pontons und zog mit dem Motorboot »Württemberg« das Schiff aus der Halle. Ein aufkommender Wind hob das Luftschiff achtern über das Schleppboot hinweg, so daß sich das Abschlepptau am vorderen Höhenruder verfing und dieses beschädigte. Man mußte LZ 2 wieder in die Halle zurückbringen. Nach Behebung des Schadens erfolgte am 17. Januar 1906 ein erneuter Aufstieg. In 400 Meter Höhe geriet das schlecht ausbalancierte Luftschiff in eine Windböe, die Seitenruder klemmten und das Schiff trieb in Schieflage bis nach Kißlegg, wo es durch Ablassen des Gases mit einigen Hindernissen landen konnte. In der darauffolgenden Nacht kam ein Sturm auf, der das Schiff total manövrierunfähig machte. Es mußte an Ort und Stelle abgewrackt werden.

Graf Zeppelin war wieder einmal am Ende und mußte fast alle seine Mitarbeiter entlassen. Es war, wie er selbst einmal sagte, die schwerste Zeit seines an Kampf und Enttäuschung keineswegs armen Lebens. Durch Versuche war Dürr zu neuen Stabilisierungsflächen gekommen, die er beim Entwurf von LZ 3 verwendete. Mit dem Resultat einer weiteren vom württembergischen König genehmigten Lotterie konnte der Bau begonnen werden und am 9. und 10. Oktober 1906 erfolgten die ersten Probefahrten. Das Schiff war gut lenkbar und konnte am 9. Oktober mit einer Geschwindigkeit von 14 Meter in der Sekunde in zwei Stunden etwa 100 Kilometer zurücklegen und am 10. in zweieinviertel Stunden 117 Kilometer. Mehrere Fahrten Ende September waren ebenso erfolgreich und wurden durch eine achtstündige Fahrt am 30. September abgeschlossen. Zeppelin fand nun volle Anerkennung. Die Technische Hochschule Dresden verlieh ihm die Ehrendoktorwürde und der Deutsche Reichstag bewilligte 2 Millionen Mark unter der Bedingung, daß LZ 4 »*innerhalb einer ununterbrochenen 24stündigen Fahrt eine Weglänge von mindestens 700 Kilometer zurücklegt, einen vorher bestimmten Punkt erreicht und an den Ausgangspunkt der Fahrt zurückkehrt.*« LZ 3 wird am 10. November 1908 auf Geheiß des Kaisers an das Heer übergeben und dient dort bis zum Jahr 1913 ohne Unfall als Schulschiff. In diesem Jahr wird es dann abgewrackt.

Im November 1907 wird dann mit dem Bau von LZ 4 begonnen. Es hat eine Länge von 136 Metern, einen Durchmesser von 13 Metern und ein Gasvolumen von 15 100 Kubikmetern. Die beiden Daimlermotoren erbringen eine Leistung von je 105 PS. Erstmals wurde eine Kabine für Personenbeförderung eingebaut. Die erste Werkstattfahrt findet am 20. Juni 1908 statt. Berühmt wurde LZ 4 durch seine große Schweizer Fahrt, die am 1. Juli morgens um 8.26 Uhr begann und über Schaffhausen und Luzern zum Vierwaldstättersee führte und über Zug nach Zürich, wo LZ 4 gegen 2.40 Uhr nachmittags auftauchte. Es war die längste Fahrt, die ein lenkbares Luftschiff bis dahin zurückgelegt hatte und der Jubel der Bevölkerung kannte keine Grenzen, als LZ 4 gegen 8.36 Uhr abends wohlbehalten nach einer zwölfstündigen Fahrt in seine Halle zurückkehrte. Das Schiff hatte 384 Kilometer zurückgelegt.

Zuversichtlich sah man auf Grund dieses Erfolges der 24-Stundenfahrt entgegen. Zuvor erhielt Graf Zeppelin einen großen Vertrauensbeweis, als das württembergische Königspaar unter Führung des Grafen Zeppelin am 3. Juli einen Flug mit LZ 4 unternahm. Weitere zwei Aufstiege am 14. und 15. Juli mißlangen, als endlich am 4. August 1908 zur 24-Stundenfahrt aufgebrochen wurde. Es war windstilles und klares Wetter, als das Schiff unter Führung des Grafen gegen 6.20 Uhr früh aufstieg. Über Straßburg geriet das Schiff in große Höhe und mußte Gas ablassen. Gegen 4 Uhr nachmittags – man befand sich über Rheindürkheim – versagte der vordere Motor und man war gezwungen, in der Nähe von Oppenheim gegen 5.20 Uhr auf dem Rhein zu wassern. Der Maschinist Schwarz nahm die Reparatur vor, während man alle entbehrlichen Gegenstände von Bord brachte. Auch die Besatzungsmitglieder Kapitän Hacker und Baron Bassus mußten das Schiff verlassen und mit der Bahn die Heimreise antreten. Gegen 10.22 Uhr in der Nacht wurde die Fahrt in Richtung Mainz fortgesetzt. In der Nähe von Mannheim versagte der vordere Motor erneut und nur mit Mühe konnte das Schiff mit dem hinteren Motor gegen den Wind

gehalten werden. So erreichte man in den Morgenstunden gegen 7.50 Uhr Echterdingen bei Stuttgart, weil man durch die Daimlermonteure den Motor reparieren lassen wollte sowie dringend Gas und Brennstoff auffüllen mußte.

Da man in Oppenheim u. a. auch die Ankergeräte zurückgelassen hatte, konnte man das Luftschiff nur behelfsmäßig verankern. Zusätzlich wurden Soldaten als Haltemannschaften aus Stuttgart beordert. Gegen 3 Uhr nachmittags kam ein schwerer Sturm auf und eine Bö riß das Luftschiff hoch, trieb es ab und rammte es in einen Baum, wo es in Flammen aufging. Ein Augenzeuge, der spätere berühmte Flugzeugkonstrukteur Ernst Heinkel berichtet in seinen Memoiren über das schreckliche Ereignis:

»Mein ›wahres‹ Leben begann nicht im Drei-Kaiserjahr 1888, in dem Kaiser Wilhelm I. und Friedrich III. starben, Kaiser Wilhelm II. auf den Thron und ich an einem schauerlich kalten Januartag auf die Welt kam – als kleiner unbeachteter Flaschnerbub in dem noch unbeachteteren Dorf Grunbach im Remstal im Schwabenland. Es begann vielmehr am 5. August 1908 auf den Feldern von Echterdingen bei Stuttgart. Es begann angesichts des unheimlich grellen Feuerscheins, in dem das Zeppelin-Luftschiff LZ 4 vor meinen Augen verbrannte. Mir Zwanzigjährigem war die Zunge gelähmt vor Entsetzen, während das Zeppelin-Luftschiff – eben noch die strahlend schöne, so lange bezweifelte und jetzt doch Wirklichkeit gewordene Verkörperung des uralten Traumes vom Menschenflug – von einer Gewitterbö emporgerissen wurde und mit seinem Heck einige Baumkronen berührte. Mit unfaßbarer Schnelligkeit ging es in einer riesigen bläulichen Flamme auf, welche die Stoffbespannung verzehrte und nur das metallene Gerippe übrigließ. Das Gerippe verbog sich knirschend in der sengenden Glut. Es nahm bizarre Formen an und stürzte mit

Graf Zeppelin in der Führergondel seines Luftschiffs.

einem schauerlich berstenden Krachen auf die Erde herab, während die Zehntausende der Zuschauer auf eine so unbeschreibliche entsetzte Weise aufschrien, wie sie mir niemals wieder begegnen sollte – auch im Sturm der Luftangriffe des zweiten Weltkrieges nicht.

Das geschah alles in einer so blitzartigen Aufeinanderfolge, daß sich die einzelnen Bilder vor meinen Augen ineinander verwischten. Ich sah noch die Männer an den Haltetauen, die das für unsere damaligen Augen herrliche Luftschiff an der Erde festgehalten hatten. Das Schiff riß sie mit den Tauen in die Höhe, bis sie sich verzweifelt losließen und zu Boden stürzten. Ich sah noch den ahnungslos aufschreienden vollbärtigen Mann, dem ein losgerissener Halte-Anker in den Schenkel fuhr und eine klaffende Wunde hinterließ. Ich sah die verzerrten Gesichter der Vierzig- oder Fünfzigtausend, die mit Fahrrädern oder in total überfüllten Sonderzügen von Stuttgart nach Echterdingen gefahren waren, um das Wunder des Luftschiffes zu sehen, über dessen ersten großen Überlandflug vom Bodensee das Rheintal hinab und über Oppenheim, Frankfurt zurück seit den frühen Morgenstunden Extrablatt auf Extrablatt herausgegeben worden war. In diese Bilder hinein schob sich schon der Anblick des durchglühten Wracks auf der Erde. Fast gleichzeitig aber erklang von der Straße her eine hohe, dünne, verzweifelte Stimme, die da rief: ›Ich bin ein verlorener Mann…‹

Als ich in die Richtung sah, aus der die Stimme kam, blickte ich in das totenblasse breite Gesicht des Grafen Zeppelin, dessen großer weißer Schnauzbart tief über seine Lippen hing. Seine weit aufgerissenen, klagenden Augen standen voller Tränen. Die bebenden Hände waren nach vorn gestreckt. Der 70jährige stand in einem hochbeinigen offenen Daimler-Wagen, in dem ihn der damals berühmte Daimler-Rennfahrer Salzer nach seiner Landung in Echterdingen zum nächsten Telefon gefahren hatte, um den weiteren Verlauf der bisher so erfolgreichen ersten Vierundzwanzigstundenfahrt zu besprechen, mit welcher er nach einem Jahrzehnt der Mißachtung, des Spotts und der Zweifel 2 Millionen Mark erringen wollte, die der Reichstag unter der Voraussetzung für sein Luftschiff ausgesetzt hatte, daß es 24 Stunden lang flugfähig blieb. Der Graf brauchte die Millionen dringend. Er hatte sein Vermögen verbraucht, um seine Idee vom lenkbaren Luftschiff zu verwirklichen. Und nun sah er sich einem wirren Haufen verglühenden Metalls gegenüber. Ich sah wie gebannt auf seine bebenden alten Hände, während er immer wiederholte: ›Ich bin ein verlorener Mann‹.

Aber noch während er diese Worte aussprach, erhoben sich ringsum Stimmen unter den Leuten, die sich um seinen Wagen drängten. Sie riefen: ›Mut! Mut! Mut!‹ Ein Arbeiter warf seine Geldbörse in den Wagen. Links und rechts von mir wurde plötzlich davon gesprochen, daß gesammelt werden müsse, um Zeppelin in die Lage zu versetzen, ein neues Luftschiff zu bauen. Das Wort ›Sammeln‹ begleitete mich bis zu dem Zug, mit dem ich in dem allgemeinen traurigen Aufbruch nach Stuttgart zurückfuhr. Der Zug war wiederum so überfüllt, daß ich nur durch ein Fenster einsteigen konnte. Während aber ringsum nur über das Unglück und über die Spenden für einen neuen Zeppelin gesprochen wurde und ich an die Tür gepreßt dastand, überfiel mich plötzlich – (wer wüßte in solchen Augenblicken, die über Leben und Arbeit entscheiden, wohl zu sagen, warum und woher entscheidende Gedanken kommen) – plötzlich also überfiel mich die Er-

Aufstieg des ersten Zeppelin-Luftschiffes am 2. Juli 1900 um 8 Uhr.

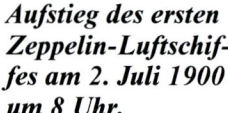

kenntnis, die dann den Anfang für alles bildete, was ich mein ›wahres Leben‹ und seine bescheidene Bestimmung nennen könnte. Mir wurde klar, daß die Verwirklichung des Traumes vom Fliegen, wie sie Graf Zeppelin und andere unter dem allgemeinen Schlagwort ›leichter als Luft‹ versuchten, indem sie Luftschiffe von einer leichten Wasserstoff-Füllung tragen ließen, gar keine dauerhafte Erfüllung dieses Traumes sein konnte. Sie würde so wie hier in Echterdingen immer wieder an den Unberechenbarkeiten der Naturgewalten scheitern. Wenn überhaupt eine Verwirklichung dieses Traumes möglich war, dann nur mit den weniger empfindlichen Maschinen ›schwerer als die Luft‹, angetrieben durch Motor und Luftschrauben. Von der Existenz solcher Maschinen in Frankreich und Amerika hatte ich gehört und gelesen, ohne bis dahin auf diese Nachrichten besondere Aufmerksamkeit zu verschwenden. In Schweiß gebadet, immer enger an das Fenster gezwängt, vom Stimmengewirr umrauscht, ging mir, sozusagen als Geschenk des Echterdinger Unglücks auf, wo für mich als werdenden Ingenieur die große Chance der Zukunft lag und wo in dem allgemeinen Sturm der technischen Errungenschaften, der die damalige Zeit auszeichnete, noch Ungewöhnliches zu leisten war: beim in Deutschland noch wenig beachteten Luftfahrzeug ›schwerer als die Luft . . .‹ «

Und aus dieser spontanen Hilfsaktion, wie sie Ernst Heinkel schilderte, entwickelte sich eine Sammelaktion, die Schulklassen, Kegelvereine, Betriebe, Gemeinderäte und viele Privatpersonen in ganz Deutschland erfaßte und in Kürze einen Betrag von über 6 Millionen Mark aufbrachte, die es Graf Zeppelin ermöglichte, das Luftschiff LZ 5 zu bauen und mit diesem vom 29. Mai bis 2. Juni 1909 doch noch die geforderte 24-Stundenfahrt erfolgreich – wenn auch mit einer Panne – durchzuführen.

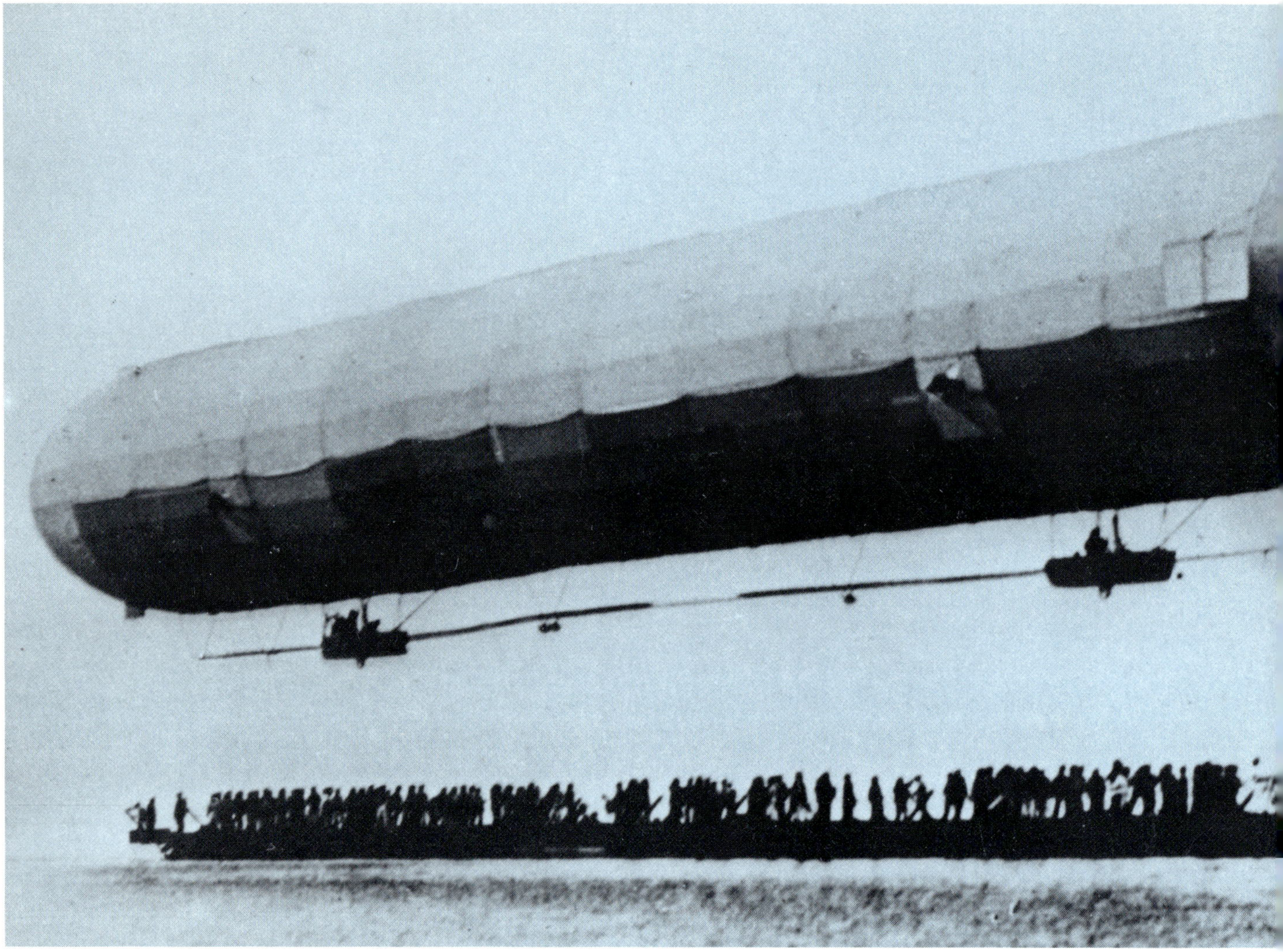

Die am 8. September 1908 gegründete »Luftschiffbau Zeppelin GmbH« in Friedrichshafen hat bis zum Jahr 1938 insgesamt 119 Luftschiffe erbaut. Viele verunglückten, manche wurden abgewrackt und viele wurden Opfer ihres Kriegseinsatzes im Ersten Weltkrieg. Allen ist das schreckliche Ende des stolzen Luftschiffes LZ 129 »Hindenburg« gegenwärtig, das bei seiner Landung in Lakehurst in den USA am 6. Mai 1937 explodierte und verbrannte, wobei 35 Menschen den Tod fanden. Man war damals gezwungen, noch das hochexplosive Wasserstoffgas zur Füllung der Zeppeline zu verwenden, weil die USA aus politischen Gründen das in ihrem Land vorkommende unbrennbare Heliumgas den Deutschen verweigerten.

Und mit diesem Unglück nahm die Luftschiffahrt ihr Ende, will man vom Einsatz kleinerer Luftschiffe für Werbezwecke, Zubringerdienste, Überwachungsaufgaben oder Relaissta-

tionen für Fernsehsendungen einmal absehen. Der letzte Zeppelin – LZ 130 – unternahm vom Luftschiffhafen Frankfurt am Main bis August 1939 über dem deutschsprachigen Raum noch dreißig Fahrten, bis er – zusammen mit dem LZ 127 – am 6. Mai 1940 abgewrackt wurde. Graf Zeppelin aber war es noch vergönnt, den umfangreichen Einsatz seiner Luftschiffe zu erleben, bevor er am 3. März 1917 in Berlin verstarb und unter großer Anteilnahme seiner schwäbischen Landsleute in Stuttgart prunkvoll zu Grabe getragen wurde, wo er auf dem Pragfriedhof ruht.

Es gab sicher wenige Menschen, die einer Idee mit so viel Verbissenheit, Ausdauer und Tatkraft nachhingen und sie schließlich trotz aller Widerstände in die Tat umsetzten, wie Graf Zeppelin bei der Verwirklichung des lenkbaren Luftschiffs. Im Zeitalter der Düsenflugzeuge wird es vielleicht einer späteren Generation vorbehalten bleiben, die Erfindung des Grafen Zeppelin neu zu beleben und das Luftschiff zum Warentransport – beispielsweise zur besseren Versorgung der Dritten Welt – einzusetzen. Trotz allem waren die Zeppeline doch ein Meilenstein in der Entwicklung des Menschenflugs.

Wilhelm Emil Fein
baut die erste Handbohrmaschine
(der Welt)

Von Joachim Sommer

Für uns sind sie heute selbstverständlich und aus dem täglichen Leben nicht mehr wegzudenken: der elektrische Strom, der »aus der Steckdose kommt«, und die Geräte, die wir damit betreiben: Glühbirne, Fernsehapparat, Kühlschrank, Waschmaschine, und welcher Handwerker könnte sich seinen Berufsalltag ohne die Hilfe elektrisch angetriebener transportabler Werkzeuge vorstellen?

Ein solches Werkzeug, eine elektrische Handbohrmaschine, wurde im Jahr 1895 erstmalig auf der Welt von der Stuttgarter Firma C. u. E. Fein vorgestellt. Der Anwendungsbereich dieser Maschine war freilich noch stark beschränkt, denn schließlich benötigte sie elektri-

schen Strom, und den gab es längst nicht überall. Zwar waren seit 1892 in Württemberg in vielen Städten zentrale Elektrizitätswerke vornehmlich für Beleuchtungszwecke entstanden, aber ihre Leistung war noch gering und ihr Verteilergebiet eng begrenzt.

Trotzdem war um 1895 die bevorstehende totale Elektrifizierung der Städte unübersehbar. So war es auch kaum ein Zufall, daß gerade zu dieser Zeit Wilhelm Emil Fein mit der Konstruktion seiner elektrischen Handbohrmaschine hervortrat. Zudem verfügten seit den achtziger Jahren schon viele Fabriken über ihre eigenen Stromerzeuger für die Selbstversorgung mit elektrischer Energie, und hier lag ja sicher auch

Die erste elektrische Handbohrmaschine der Welt 1895.

zuerst der Absatzmarkt für die neue Maschine. Auch kein Zufall war es wohl, daß genau im Jahr 1867 Wilhelm Emil Fein zusammen mit seinem Bruder Carl ein Vorhaben in die Tat umsetzte: die Gründung einer Werkstätte zur Herstellung elektrischer Apparate. Er hatte Gründe, die Aussichten für ein solches Unternehmen günstig einzuschätzen, wenngleich er wahrscheinlich noch nichts von dem grenzenlosen Optimismus wußte, mit dem aus berufenem Munde die Zukunft einer neuen technischen Disziplin, der Elektrotechnik, charakterisiert wurde: »*Der Technik sind gegenwärtig die Mittel gegeben, elektrische Ströme von unbegrenzter Stärke auf billige und bequeme Weise überall da zu erzeugen, wo Arbeitskraft disponibel ist. Diese Tatsache wird auf mehreren Gebieten derselben von wesentlicher Bedeutung werden.*«

Mit dieser Feststellung endet ein Aufsatz, der am 17. Januar 1867 vor der Preußischen Akademie der Wissenschaften in Berlin verlesen worden war. Der Verfasser, Werner Siemens, wenn auch noch nicht Akademiemitglied, war gleichwohl kein Unbekannter. Er hatte schon durch zahlreiche Erfindungen auf sich aufmerksam gemacht und war mit seiner Firma, der »Telegraphenbauanstalt von Siemens und Halske«, durch den Bau großer Telegraphenlinien zu Ansehen und Wohlstand gekommen.

In seinem Bericht teilte er der Akademie die Entdeckung des »dynamoelektrischen Prinzips« mit: der neue Typ einer elektrischen Stromerzeugungsmaschine, kurz »Dynamo« genannt, war geboren. Seit Michael Faraday 1831 die elektromagnetische Induktion entdeckt hatte – die Erscheinung, daß in einem Metalldraht, der durch ein Magnetfeld bewegt wird, eine elektrische Spannung erzeugt (»induziert«) wird –, fehlte es nicht an Versuchen, diese Entdeckung technisch anzuwenden. Man hoffte,

neben den schon länger benutzten Akkumulatoren, damit eine leistungsfähigere und nicht erschöpfbare Maschine zur Stromerzeugung bauen zu können; es entstanden die sogenannten »magnet-elektrischen« Maschinen.

Wenn diese auch durchaus vereinzelt erfolgreich eingesetzt werden konnten – so z. B. bei der Stromerzeugung für die Beleuchtung von Leuchttürmen –, so waren sie doch letztendlich noch zu unwirtschaftlich, um sich durchsetzen zu können. Der Hauptnachteil bestand darin, daß ihr Magnetfeld durch Dauermagnete erzeugt wurde, die zu schwach waren und auch in ihrer Wirkung mit der Zeit nachließen. Man ersetzte dann in der Folgezeit die Dauermagnete durch sogenannte »fremdgespeiste« Elektromagnete; diese bezogen ihre elektrische Energie aus einer getrennten zweiten stromerzeugenden Maschine oder aus Akkumulatoren.

Diese Entwicklungsphase wurde unterbrochen durch die Siemenssche Entdeckung. Ihr Prinzip war denkbar einfach: Die »Dynamomaschine« besaß einen Elektromagneten mit Eisenkern, der durch den selbsterzeugten Strom versorgt wurde. Die ganze Anordnung konnte dadurch in Gang gebracht werden, daß in jedem Stück Eisen noch ein geringer Restmagnetismus vorhanden ist. In einem Aufschaukelungsprozeß – der zu Anfang entstehende geringe Strom verstärkt ein bißchen das Magnetfeld, was dann dazu führt, daß wiederum der erzeugte Strom verstärkt wird, usw. – lieferte die Maschine dann sehr schnell nach Ingangsetzen einen kräftigen elektrischen Strom. Wie sich in den darauffolgenden zehn Jahren der Entwicklung herausstellen sollte, war dieser neue Maschinentyp den bisherigen überlegen; das Zeitalter der Elektrotechnik konnte beginnen. Die Prophezeiung von Siemens wurde Realität.

Wilhelm Emil Fein

16. 1. 1842 Wilhelm Emil Fein in Ludwigsburg geboren

1867 Gründung einer Werkstätte zur Herstellung elektrischer Apparate in Karlsruhe. Sie wurde 1870 nach Stuttgart verlegt

1878/79 1878 Installation der Feuertelegraphenanlage in Nürnberg, in Stuttgart im Jahr 1879. Im selben Jahr erhält Fein ein Patent für ein Telefon mit Hufeisenmagnet

1880 Verbesserung der dynamo-elektrischen Maschine

1885 Tragbares Telefon für das Militär

1888 Veröffentlichung des Buches »Elektrische Apparate, Maschinen und Einrichtungen«

1891 Auszeichung mit der Württembergischen Staatsmedaille für Kunst und Wissenschaft

1895/97 Bau der ersten elektrischen Handbohrmaschine, 1897 der ersten elektrischen Tischbohrmaschine durch den Sohn Emil Fein

6. 10. 1898 Wilhelm Emil Fein in Stuttgart gestorben

Was konnte nun den 25jährigen Wilhelm Emil Fein dazu bewogen haben, genau in dem Jahr 1867, als die Entwicklung dieser Maschine einsetzte, in Karlsruhe eine Firma zur Herstellung elektrischer Apparate zu gründen? Es ist nicht bekannt, ob er von Siemens' Akademieschrift wußte. Aber wie so oft in der Geschichte der Technik war auch das »dynamoelektrische Prinzip« eine Entdeckung, die gleichsam in »der Luft« gelegen hatte. In England war nämlich Charles Wheatstone zu derselben Erkenntnis gelangt, einige Wochen später als Siemens, aber unabhängig von ihm. Und eben aus dem schon hochindustrialisierten England, wohin es viele deutsche Techniker zum Zwecke der Aus- und Weiterbildung zog, hatte Wilhelm Emil Fein die Nachricht von der Entdeckung mitgebracht: *»Bei meinem Aufenthalt in London 1866 lernte ich aus Beschreibungen und Abbildungen die von H. Wilde in Manchester konstruierte magnet-elektrische Maschine mit zwei Siemens'schen Cylinder-Induktoren kennen und hatte im Anfang des darauffolgenden Jahres Gelegenheit, den Versuchen des Herrn Prof. Wheatstone beizuwohnen, die derselbe mit seiner dynamo-elektrischen Maschine anstellte. Dies veranlaßte mich nach meiner Rückkehr aus London im Juli desselben Jahres zu der Konstruktion einer dynamoelektrischen Maschine, deren Leistungsfähigkeit ich dadurch erhöhte, daß ich drei Cylinder-Induktoren, welche durch einen Motor gemeinschaftlich betrieben werden können, zu einem System vereinigte«.*

Diese Maschine war das erste Produkt der neugegründeten Firma, die 1870 nach Stuttgart übersiedelte. Bruder Carl zog sich kurz danach aus der Geschäftsleitung zurück. Allerdings konnte Wilhelm Emil Fein mit seiner ersten Maschine noch kein Geld verdienen. Sie diente eher zur Präsentierung des neuen Prinzips der

Stromerzeugung, so z. B. auf der Landesgewerbeausstellung 1869 in Karlsruhe, wo sie von einer 4-PS-Dampfmaschine angetrieben wurde. Sein Sohn Berthold sagte darüber: »*So ehrenvoll aber die Anerkennungen waren, die der junge Geschäftsmann hier erntete, es waren nach seinen eigenen Worten ›Experimente, die nichts einbrachten‹, denn die Erzeugung der Elektrizität war auf diesem Wege noch viel zu teuer, als daß sie für größere Kraftleistungen in Betracht gekommen wäre. Er verschob den Dynamobau auf spätere Zeiten und gab sich mit frischem Mut den Arbeiten auf dem Gebiete des Schwachstroms hin, wo er ein weites Feld für die Betätigung seiner Erfindergabe vorfand.*«

Und Wilhelm Emil Fein selbst erinnerte sich: »*Der Kampf ums Dasein, d. h. die Notwendigkeit, meinen täglichen Unterhalt durch lohnenden Verdienst zu erhalten, hielten mich vorerst von weiteren Experimenten in dieser Richtung ab, und so mußte ich mein Hauptaugenmerk auf Herstellung kleiner Apparate, nämlich auf elektrische Haustelegraphen, elektromedizinische Apparate etc. richten, welche in dieser Zeit durch mich noch eine Reihe von Neukonstruktionen und Verbesserungen erhielten, so daß sie sich nach und nach in der Praxis eine immer größere Verwendung eroberten*«.

In der Tat präsentiert sich das Produktionssortiment der Firma Fein in den ersten zwanzig Jahren ihres Bestehens wie das Angebot eines elektrotechnischen Gemischtwarenladens. Eine solche Zersplitterung der Aktivitäten, heute für das ökonomische Überleben eines Betriebes wohl kaum vorstellbar, war in den Pionierzeiten der Elektrotechnik noch durchaus möglich. Der konstruktiven Phantasie waren kaum Grenzen gesetzt, überall betrat man Neuland und fand Abnehmer für die neuartigen Produkte.

Im Jahr 1888 veröffentlichte Fein ein Buch über »Elektrische Apparate, Maschinen und Einrichtungen«. Es ist, wie es im Untertitel heißt, »eine Sammlung von Beschreibungen zum Gebrauch für Techniker, Ingenieure, Industrielle, Telegraphen-Beamte, Ärzte, für Lehrzwecke und zum Selbstunterricht«. Das Buch beschreibt chronologisch sämtliche Erzeugnisse der Firma seit ihrer Gründung und stellt eine gelungene Mischung aus unaufdringlicher Firmenwerbung und instruktivem Lehrbuch der praktischen Elektrotechnik dar. 1883 waren an den Technischen Hochschulen in Stuttgart und Darmstadt die ersten Lehrstühle im Deutschen Reich speziell für das Fach Elektrotechnik etabliert worden, und es war ein großer Bedarf an Literatur über praktische Erfahrungen entstanden. Das Feinsche Buch, fast gänzlich ohne theoretische Überlegungen verfaßt, konnte hier sicher ein wertvolles Hilfsmittel sein. Auf 392 Seiten beschreibt es über hundert Apparate und Maschinen aus dem Firmenprogramm.

Da ist die Rede von Galvanischen Batterien, Akkumulatoren, Ampère- und Voltmetern, Einrichtungen für interne Haus- und Hoteltelegraphie, Alarmanlagen gegen Einbruch, Kontrollapparaten zur Überwachung der Drehzahl von Mühlenrädern, elektrischen Uhren und Wasserstandsanzeigern, von Verbesserungen des Bellschen Telephons, von tragbaren Telephonapparaten für militärische Zwecke, von elektrischen Beleuchtungsapparaten für Bühnenzwecke, von Wasserzersetzungsapparaten, von elektrischen Badewannen für medizinische Zwecke, von elektrischen Zündvorrichtungen. Auch skurrile Einrichtungen stehen im Produktionsprogramm, wie zum Beispiel eine elektri-

Feuermeldeapparat. Klappenanzeiger für Haustelegrafen.

Fertigstellung der tausendsten Dynamomaschine Type MP im Jahr 1892.

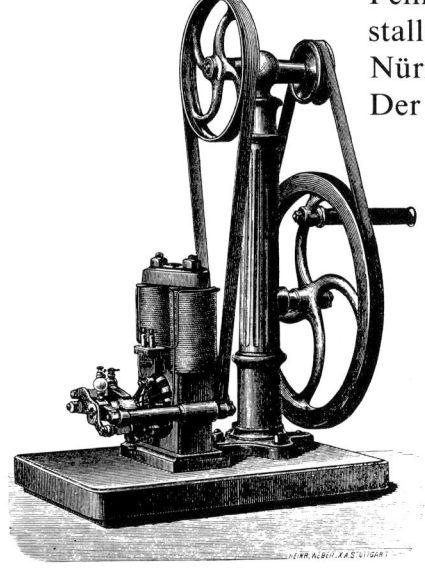

Kleiner Dynamo für Handbetrieb.

sche Alarmvorrichtung für Leichenhallen: sollte der im Sarg Aufgebahrte nur scheintot sein, so würde er mittels einer um einen Finger gebundenen Schlaufe bei der geringsten Bewegung einen Kontakt auslösen und ein Läutesignal in Gang setzen. Selbstverständlich konnte der Friedhofswärter an einer Anzeigetafel ablesen, aus welchem Sarg das Signal kam!

Die ersten Großaufträge führte die Firma Fein Ende der siebziger Jahre aus, die Installation von Feuertelegraphenanlagen in Nürnberg (1878) und in Stuttgart (1879). Der Bau solcher Anlagen war einer der Schwerpunkte im Firmenprogramm bis ins beginnende 20. Jahrhundert.

Nachdem in den siebziger Jahren bei der Konstruktion von Dynamomaschinen die »Kinderkrankheiten« überwunden waren, begann auch Wilhelm Emil Fein ab 1880 mit deren Herstellung. Neben Maschinen für Lehrzwecke mit Handbetrieb wurden auch größere Dynamos zur lokalen Elektrizitätsver-

sorgung angefertigt. Von Juli bis Oktober 1881 lief bei der Gewerbeausstellung in Stuttgart eine Feinsche Maschine, die von einem 4-PS-Gasmotor angetrieben wurde. Auch Dampfmaschinen und Wasserräder dienten als Antriebsaggregate. Bewegliche Dampfmaschinen, sogenannte Dampflokomobile, konnten, mit einem Dynamo gekoppelt, Straßenbaustellen mit Beleuchtung versorgen. Wie rasant die Entwicklung voranging, kann daran abgelesen werden, daß die Firma Fein 1883 ihre hundertste und 1892 ihre tausendste Dynamomaschine produziert hatte.

Als dann im Jahr 1891 anläßlich der Internationalen Elektrotechnischen Ausstellung in Frankfurt die Fernübertragung von elektrischer Energie mittels Drehstrom über 175 Kilometer vom Wasserkraftwerk in Lauffen am Neckar nach Frankfurt erfolgreich demonstriert worden war und damit auch die Kontroverse zwischen Gleich- und Wechselstrom zugunsten des Wechselstroms entschieden wurde, konnte nichts mehr die Verbreitung der Elektrizität aufhalten. Für Wilhelm Emil Fein wurde es nun Zeit, sein Produktionsprogramm zu überdenken, denn die Konkurrenz im Dynamobau von Großfirmen wie AEG und Siemens machte eine Spezialisierung notwendig. Erstes Produkt dieser Überlegungen war die schon erwähnte erste elektrische tragbare Handbohrmaschine aus dem Jahr 1895. Die Söhne Feins, er selbst starb viel zu früh 1898, führten diese Idee weiter. In den ersten zehn Jahren des 20. Jahrhunderts wird die Firma zu dem, was sie noch heute ist: zum weltbekannten Hersteller von Elektrowerkzeugen.

Wie verlief nun Wilhelm Emil Feins Leben? Wir wissen wenig über seine persönliche Biographie. Sein Vater war Lehrer am Lyzeum in Ludwigsburg gewesen, wo Wilhelm Emil 1842 das Licht der Welt erblickte, und arbeitete

Fabrikgebäude um 1880.

Elektrische Bogenlampe zur Bühnenbeleuchtung.

nach seiner Pensionierung als Privatlehrer für alte Sprachen, Mathematik, Geschichte und Geographie. Die Voraussetzungen für die beiden Söhne Carl und Wilhelm Emil waren also günstig. Die schulische Ausbildung der Söhne übernahm der Vater so gewissenhaft, daß, wie Wilhelm Emil in seinem autobiografischen Fragment schreibt, »*ich mir bei meiner Konfirmation im 15ten Jahre schon alle diejenigen Kenntnisse erworben hatte, welche zur Maturitätsprüfung notwendig waren*«. Schon früh zeigte er großes Interesse an Naturwissenschaften, führte physikalische und chemische Versuche durch und baute mechanische Apparate. Hierbei holte er sich viele Anregungen bei ortsansässigen Handwerkern.

Sein Vater hätte es gern gesehen, wenn er sich zur Aufnahme des Studiums an der Polytechnischen Schule in Stuttgart – der späteren Technischen Hochschule – hätte entschließen können, allein es zog ihn viel mehr zur direkten praktischen Tätigkeit. Er begann seine mechanische Ausbildung in der feinmechanischen Werkstätte von C. Geiger in Stuttgart, die hauptsächlich Morsetelegraphen sowie mathematische und physikalische Instrumente herstellte. Weitere Stationen führten ihn nach Karlsruhe und Göttingen, dann nach Berlin zu Siemens & Halske. Schließlich beendete er seine Wander- und Lehrjahre bei Charles Wheatstone in London. Der Physikprofessor am Polytechnikum in Karlsruhe, Wilhelm Eisenlohr, war es schließlich, der ihm die Gründung einer eigenen Firma in Karlsruhe empfahl.

Hier nun kam Fein die lange praktische Ausbildung zugute. Der Umgang mit Maschinen und Apparaten war für Fein der Lebensinhalt geworden. Er selbst schreibt darüber: »*Stellt man meine Arbeiten zusammen und erwähnt dabei, daß sie Beifall gefunden haben, so klingt dies eigentlich eitel, und doch liegt mir nichts ferner als die Anmaßung, meine Leistungen in einer besonderen Weise hervorheben zu wollen. Nur das eine ist mir zum Bedürfnis geworden, auf dem mir so lieb gewordenen Gebiete der Elektrotechnik unablässig weiter zu arbeiten und zu forschen, nicht deshalb, um mir selbst Glücksgüter zu verschaffen, sondern nur getrieben von dem Wunsch, Neues zu ersinnen, mit einem Wort, immer mehr zu lernen und zu wirken, um mit meinen Errungenschaften der Allgemeinheit dienen zu können.*«

Dies ist ein Zeugnis aus einer Zeit, in der man sich aus dem fortwährenden Fortschritt der Technik das Wohl der Menschheit versprach. So nebenbei ist aus Wilhelm Emil Feins Idealen eine blühende Firma von Weltruf entstanden.

Margarete Steiff
beglückt die Kinderherzen

Von Hans Willy Kettner

Noch um die Mitte des vergangenen Jahrhunderts konnte das kleine Städtchen Giengen an der Brenz in Ostwürttemberg seine reichsstädtische Vergangenheit nicht verleugnen. Dicht gedrängt standen die spitzgieblichen Häuser rund um die ehrwürdige Stadtkirche mit den ungleichen Türmen, eingeengt zwischen den Wehrmauern der mittelalterlichen Stadtbefestigung, die mit ihren drei Toren und den 24 Türmen immer noch einen prächtigen Anblick bot. Parallel zu der breiten Marktgasse in der oberen Stadt, wo das hohe Rathaus, behäbige Geschäftshäuser und einladende Gasthöfe in bunter Folge standen, verlief die geschäftige Ledergasse in der unteren Stadt. Durch sie floß die Brenz, und dicht dabei hatten sich Gerber, Färber und andere Handwerker angesiedelt. Ihnen leistete das munter fließende Wasser gute Dienste, wie etwa als Antrieb für die Schleifermühle, zum Waschen und Spülen von Garn und Gerberwaren und auch als Wasserlieferant für das ebenfalls in dieser Straße liegende Schlachthaus.

Auch der Werkmeister Friedrich Steiff – ein Baumeister und Architekt – hatte hier sein Anwesen. Er, der Sohn eines Geislinger Zimmermanns, heiratete 1843 die Maria Margarete Wulz, geborene Hähnle, eine Tochter des Giengener Kannenwirts und Witwe des verunglückten Baumeisters Johann Georg Wulz, der beim Bau der Kannenbrauerei vom Dach stürzte und alsbald verstarb. Am 25. Juli 1847 wurde im Hause Steiff das dritte Töchterchen geboren, ein gesundes Kind, das den Namen Apollonia Margarete erhielt. Zur Freude der Eltern entwickelte es sich prächtig. Doch nach eineinhalb Jahren, als sich bei Steiffs wieder Kindersegen angemeldet hatte und die drei Schwestern kurz nach Weihnachten ein Brüderchen bekamen, erkrankte die quicklebendige Margarete. Ein schlimmes Fieber hatte sie befallen und besserte sich nur nach und nach. Wie entsetzt waren die Eltern, als sie bemerkten, daß Margarete bleibende Schäden davongetragen hatte. Der Mutter war es unerklärlich, warum das arme Würmchen seine Beinchen nicht mehr bewegte und auch das rechte Ärmchen nicht mehr wie andere Kinder gebrauchte. Wie sich herausstellte, handelte es sich um Kinderlähmung, eine damals noch weitgehend unerforschte Krankheit.

Die Steiffs zählten nicht zu den reichen Leuten, und trotzdem unternahmen sie alles erdenkliche, um ihrem Kind zu helfen. Zusammen mit der Mutter besuchte Margarete mehrmals auswärtige Ärzte. Man hoffte immer noch auf Heilung des gelähmten Mädchens. Margarete kam dann in die Kinderheilanstalt des bekannten Dr. Werner nach Ludwigsburg, der sie

25. 7. 1847 Apollonia Margarete Steiff in Giengen/Brenz geboren
1849 Kinderlähmung mit bleibenden Behinderungen
1877 Eröffnung eines Filzkonfektionsgeschäftes
1880 Verkauf erster Elefanten aus Wollfilz als Nadelkissen
1885 Verkauf von 5000 Filzelefanten in einem Jahr
1902 Erfindung des gegliederten, den Puppen ähnlichen Bären, später »Teddy" genannt, durch den Neffen Richard Steiff
1903/08 Erweiterung der Fabrikgebäude
1907 In der »Bärenfabrik« sind 400 Mitarbeiter beschäftigt sowie 1800 Heimarbeiterinnen
9. 5. 1909 In Giengen verstorben

Das Geburtshaus von Margarete Steiff in der Ledergasse 26.

Margarete Steiff 1847– 1909.

in seine Familie aufnahm und sie zu einer Badekur ins wildromantische Enztal nach Wildbad schickte. Nach den Sommern der Jahre 1856 und 1857 in Ludwigsburg und Wildbad galt es, zu Hause die Versäumnisse in der Schule nachzuholen. Die intelligente Margarete schaffte das Klassenziel ohne große Mühe, deshalb konnte sie nebenher auch noch die erst seit kurzer Zeit eingerichtete Nähschule besuchen. Am Ende der Schulstunden schleppten sie die stärksten Buben aus ihrer Klasse in die Frauenarbeitsschule hinüber, die auf dem gleichen Flur lag. Hier verfeinerte Margarete ihr Talent, das sich wohl aufgrund ihres Leidens schon als Kind erstaunlich entwickelte und sicher auch zu ihrem späteren Erfolg als Fabrikantin beitrug. Sie konnte die Menschen an sich fesseln und ihnen ihre Ideen vermitteln. Schon als Kind erfand sie Spiele, bei denen sie den Mittelpunkt bildete – für sie eine unbedingt notwendige Voraussetzung, um überhaupt mitspielen zu können. Auch in ihrem späteren Leben bildet sie den Mittelpunkt der großen Familie, nicht zuletzt darum, weil sie unter großer Mühe das Zither-

spiel erlernte und bei Familientreffen und Ausflügen ihre wohlklingenden Melodien vortrug.

Wie damals allgemein üblich, gingen die Schwestern Pauline und Marie nach der Schulentlassung in Dienst. Margarete besuchte nach dem Schulabschluß weiterhin die Frauenarbeitsschule und bildete sich in allen Techniken der Handarbeit und des Nähens aus. Die Hoffnung auf Heilung schwand langsam dahin. Margarete schreibt darüber selbst: »*Das war noch ein langes Suchen nach Heilung, bis ich mir selbst sagte, Gott hat es für mich so bestimmt, daß ich nicht gehen kann, es muß auch so recht sein. Von da an, etwa mit 17, 18 Jahren, ließ ich mich durch keine angepriesenen Mittel oder Heilmethoden mehr aufregen, denn das unnütze Suchen nach Heilung läßt den Menschen nicht zur Ruhe kommen*«.

Nach Jahren kehrten die in die Fremde gegangenen Schwestern wieder nach Hause zurück und eröffneten eine Damenschneiderei, in der auch Margarete mitarbeitete. Das Geld kam nur spärlich und unregelmäßig in die Kasse, und so beschäftigten sich alle weiblichen Familienmitglieder mit Handarbeiten aller Art. Ganze Aussteuern erhielten kunstvoll gestickte Monogramme. Doch auch gröbere Arbeiten wurden nicht abgelehnt, wie z. B. Gänsefedern für die Bettfüllung herzurichten. Margarete hatte dabei immer große Mühe, denn ihr teilweise gelähmter rechter Arm bereitete Schmerzen. Auch beim Sticken ging es nicht immer ganz nach Wunsch.

Eines Tages gründete die geschickte Schwester Pauline ein Putzmachergeschäft, ohne aber die Damenschneiderei, in der sich Margarete beschäftigte, zu vernachlässigen. Besonders vor den Festtagen florierte das Geschäft. Neben Ostern und Weihnachten ist das in Giengen hauptsächlich das Pfingstfest mit dem jahrhundertealten traditionsreichen Kinderfest am Pfingstdienstag. Margarete erinnert sich in ihrem Tagebuch an diese arbeitsreichen Nächte, in denen sie oft den Nachtwächter die Stunden ausrufen hörte, »... unsere Glock' hat zwei geschlagen ...«

Als dann die Schwestern heirateten – Pauline 1870, Marie 1874 –, sah sie der Zukunft recht bang entgegen. Wer sollte sich in der nächsten Zeit um sie kümmern, wo doch die Mutter so schlecht zu Fuß war? Aber hilfreiche Freundinnen nahmen sich ihrer an, führten sie in ihrem Wagen bei den Abendspaziergängen mit sich, brachten sie dann zu Bett und zogen die Haustüre hinter sich ins Schloß, so daß sich Mutter Steiff früh zur Ruhe legen konnte.

Ein Onkel von Margarete, Hans Hähnle, hatte in Giengen eine Filzfabrik gegründet, die nach anfänglichen Fabrikationsschwierigkeiten gut florierte. Filz war Geweben gegenüber im Preisvorteil und diente bald als Material für allerhand modische Bekleidungsstücke. Im Jahre 1871 heiratete ein Adolf Glatz Margaretes Kusine Marie Hähnle von der Filzfabrik. Bald entstand eine herzliche Freundschaft mit der behinderten Margarete. Auch hier dürfen wir aus ihrem Tagebuch zitieren: »Ich hatte mich nämlich mit der sehr liebenswürdigen Familie Glatz gut angefreundet. Das waren ganz andere Leute, als man in unserer Familie gewohnt war, wo man immer Sorgen und Arbeit hatte und sich kaum seines Lebens freuen durfte«.

Margarete war zwischenzeitlich dreißig Jahre alt geworden und hatte ein hübsches Sümmchen erspart, mit dem sie nun im Jahre 1877 auf den drängenden Zuspruch der Kusine und ihres Mannes und mit deren Hilfe ein Filzkonfektionsgeschäft auf eigene Rechnung eröffnete. Ihre in bester Qualität gefertigten Filzunterröcke, Filzkleider und -mäntel fanden guten Absatz bei Christian Siegle in der Residenzstadt Stuttgart und der Firma Strobel in Geislingen.

Das erste »Steiff-Tier«, der 1880 entwickelte Elefant aus Filz.

Die ersten Arbeiterinnen, Frauen aus Giengen und Umgebung, fanden in dem kleinen Betrieb Arbeit und Brot, und die Eva aus Bächingen kam als Magd ins Haus. Eines Tages fiel Margarete, die von ihren Mitarbeitern respektvoll »Fräulein Gretle« genannt wurde, das Bild eines Elefanten in die Hand, von dem sie in einer stillen Stunde ein Modell zusammenbastelte. Das kleine »Elefäntle« diente als Nadelkissen und wurde bald von Kunden und Verwandten gebührend bestaunt, die alle auch so ein Stück haben wollten.

Um die Weihnachtszeit 1880 herum verkaufte Margarete Steiff die ersten acht Nadelkissen, ohne zu ahnen, daß dies der Anfang eines bedeutenden Industrieunternehmens werden sollte. Acht Elefanten sind natürlich kein

*Die 1889 erbaute
Filz-Spielwaren-
fabrik in der
Mühlstraße.*

*Spielzeuganferti-
gung in der Frühzeit
der Firma Steiff.
Links Margarete
Steiff im Rollstuhl
bei der Arbeit.*

Den weltberühmten Teddybär erfand 1902 Richard Steiff, ein Neffe der Firmengründerin.

riesiger Verkaufserfolg, doch langsam steigerten sich die Jahresstückzahlen und stiegen bis 1885 auf fünftausend. Im Jahr danach folgten Esel, Schwein, Pferd und Dromedar und gaben dem Geschäft, das sich immer noch im Elternhaus befand, großen Aufschwung. Die kleine Werkstatt genügte nicht mehr und die gelähmte Unternehmerin entschloß sich zu einem Neubau mit Fabrikationsräumen, Ladengeschäft und Wohnung an der Mühlstraße. Für diesen Bau mußte sogar der jahrhundertealte ehrwürdige Pulverturm an der südwestlichen Ecke der Stadtbefestigung fallen. Stolz prangte an der Außenfassade die Aufschrift »Filz-Handlung« und auf der anderen Seite »Filz-Spielwaren-Fabrik«.

Wenn Margarete eines Tages feststellte, für Kinder sei nur das Beste gut genug, dann war das kein großsprecherischer Werbeslogan, sondern eine Erkenntnis, die sie im Zusammenleben mit ihren neun Nichten und Neffen gewonnen hatte. Die Neffen ergriffen allesamt Berufe, die für die Spielwarenfabrik gut waren: Paul, der zeichnerisch begabte Künstler, Richard, der große Designer und Tüftler, der Textilingenieur Franz, Hugo, der energische Rationalisierungsfachmann und Otto, der weitsichtige Kaufmann traten von 1897 bis 1906 in das Werk ihrer Tante ein.

Richard Steiff erfand 1902 einen Bären mit drehbarem Kopf und beweglichen Gliedern. Aus feinstem Mohairplüsch gefertigt, wurde dieser 1903 auf der Leipziger Ostermesse vorgestellt. Fast schien es, als ob der neue Entwurf ein Fehlschlag würde, bis am Ende der Messe ein Amerikaner dreitausend dieser Tiere kaufte. Der bewegliche Bär erhielt nach dem amerika-

nischen Präsidenten Theodor Roosevelt den Namen Teddy und errang die Gunst der amerikanischen Käufer. Es war ihm ein kometenhafter Aufstieg beschieden, der eine Erweiterung der Fabrik nach sich zog. Ein 1903 erstelltes dreistöckiges Gebäude mit großen Glasfassaden hieß im Volksmund »Jungfrauen-Aquarium«, weil fast ausschließlich Mädchen und Frauen darin arbeiteten. Ihm folgten 1904 und 1908 je ein weiteres Gebäude. Die »Bärenfabrik«, so nannte man die Firma jetzt, beschäftigte 1907 rund 400 Männer und Frauen und zusätzlich 1800 Heimarbeiterinnen. So fanden dank der Ideen und des Unternehmergeists der Steiffs zahlreiche Menschen aus Giengen und Umgebung Arbeit und Brot.

Margarete Steiff, die den Aufstieg ihres Unternehmens noch erleben durfte, war müde geworden. Im Erker ihres Hauses sah man sie oft am Fenster sitzen. Von hier aus konnte sie noch den Rolloplan beobachten, einen Stoffdrachen mit besten Flugeigenschaften, den ihre Neffen entwickelt hatten. Am 9. Mai 1909 verstarb sie im Alter von noch nicht ganz 62 Jahren. Das »Fräulein Gretle«, eine energische Schafferin, eine weitblickende Fabrikantin und verständige Vorgesetzte, hatte die Augen für immer geschlossen.

Diese große Frau, die nicht das Glück eigener Kinder erleben durfte, schenkte den Kindern der ganzen Welt wunderbare Kuscheltiere und Spielzeuge von hohem psychologischem und pädagogischem Wert und der Leser wird sich sicher gerne und dankbar an seine Kindheit erinnern, wo ihn am Tag und in der Nacht ein Kuscheltierchen mit dem berühmten »Knopf im Ohr« begleitete und manchen kindlichen Kummer erträglicher machte.

Albert Hirth und seine Söhne Hellmuth und Wolf: eine schwäbische Erfinderfamilie

Von Stefan Blumenthal

»Vater Hirth« in seinem letzten Lebensjahr.

Als Albert Hirth am 7. Oktober 1858 in der Schellenmühle bei Meimsheim das Licht der Welt erblickte, konnten seine Eltern nicht ahnen, wie sehr ihr Kind und dessen Söhne die Technik und die Fliegerei befruchten würden. Alberts Vater Ludwig war Müller und als »Mühlendoktor« bekannt, so daß man annehmen darf, daß er den nachfolgenden Generationen die Eigenschaften des Tüftelns vererbte und so der Stammvater einer bemerkenswerten schwäbischen Familie wurde, welche die Welt noch oft in Erstaunen versetzen sollte.

Schon in frühester Jugend tut sich Albert durch seinen wachen Verstand und seine ewig forschende Neugier hervor. Weil er im Alter von etwa zehn Jahren seiner Mutter immer die Wollstränge halten mußte, damit diese die Wolle zu Knäueln wickeln konnte, ersann er einen Apparat, auf dem die Wollstränge zum Abwickeln befestigt werden konnten. Dieser ersten »Erfindung« folgten weitere. So baut er eine Vorrichtung zum Schneiden selbstgefertigten Nudelteiges und dem Großvater bastelt er einen Zeitungsordner.

Diese früh sichtbare Begabung gab wohl den Ausschlag, daß der Bub nicht – wie ursprünglich vorgesehen – die Laufbahn eines Notars einschlug, sondern in eine Mechanikerlehre zu Meister Ade in Stuttgart ging. In seiner Freizeit ist er ein begeisterter Hochrad-Fahrer und gründet den 1. Cannstatter Radfahrverein. Nach Abschluß seiner Lehre begibt sich der junge Hirth auf die damals noch obligate Wanderschaft und landet so bei einer Maschinenfabrik in Zürich. Im Jahr 1878 kehrt er nach Stuttgart zurück und trägt sich als Student bei der »Königlichen Baugewerkeschule« ein. 1888 tritt er als Konstrukteur und Betriebsleiter in die Terrotsche Rundstrickmaschinenfabrik in Stuttgart-Cannstatt ein und erregt bereits 1889 durch

7. 10. 1858 Geburt in der Schellenmühle bei Meimsheim

1872 Mechanikerlehre in Stuttgart

1878 Student an der »Königlichen Baugewerkeschule«

1888 Betriebsleiter der Terrotschen Rundstrickmaschinenfabrik in Stuttgart-Cannstatt

1894 Anstellung in der Uhrenfabrik Junghans in Schramberg

1898 Eigenes Ingenieurbüro in Stuttgart

1903 Erwerb der Fortunawerke in Stuttgart-Cannstatt

1905 Gründung der Firma »Norma«

1921 Verleihung des Dr.-Ing. E. h. durch die Technische Hochschule Stuttgart

1922 Gründung der Firma Alberth Hirth AG (Produktionsprogramm u. a. Rollenlager, Kurbelwellen, Zahnräder und später Motoren)

12. 10. 1935 Albert Hirth stirbt im Alter von 77 Jahren in Nonnenhorn am Bodensee

seine Verbesserungen an den Maschinen seiner Firma auf der Pariser Weltausstellung große Beachtung. In diese Zeit fallen auch eine Anzahl Patente – eine Papieraufspannmethode für Reißbretter, Schraffierlineale und verstellbare Zeichenwinkel –, alles Dinge, die ihm am Konstruktionsbrett so nebenher einfielen.

Der Uhrenfabrikant Kommerzienrat A. Junghans wird auf Hirth aufmerksam und holt ihn 1894 in sein Schramberger Werk, wo dieser bereits nach kurzer Zeit die gesamte Uhrenproduktion rationalisiert sowie neue Zahnradfräsmaschinen und Spritzgußhalbautomaten konstruiert und in der Fabrikation einsetzt.

Mit Unterstützung von Dr. E. Junghans gründet Hirth dann im Jahr 1898 in Stuttgart sein eigenes Konstruktionsbüro. Nun reiht sich auf den vielfältigsten Gebieten Patent an Patent, so unter anderen ein Automat zum Füllen von Jagdpatronen, eine Maschine zur Produktion von Tropfölern, ein verstellbarer Zeichentisch »Parallelo«, Luftzellenreifen für Fahrräder und Automobile, eine Papierkräuselmaschine zur Fertigung von Blumentopfmanschetten, Werkzeugmaschinen zur Produktion von Haarschneidemaschinen, ein elektrisches Glockenläutwerk und eine Flaschen-Plombier- und Etikettiermaschine »Rapid«, mit der automatisch die damals noch üblichen Bierflaschen-Bügelverschlüsse geschlossen und gleichzeitig die Flaschen etikettiert wurden. Aus der Fülle weiterer Erfindungen kamen Drehbänke und Schleifmaschinen, eine Verbesserung der Kurbellenkung der damaligen Automobile und die Einführung des heute üblichen runden Lenkrads hinzu. Diese Liste ließe sich beliebig fortsetzen, brachte es doch Albert Hirth in seinem Leben auf über 350 Patente.

1903 übernimmt Albert Hirth zusammen mit Emil Lilienfein – dem der kaufmännische

Bereich untersteht – die Firma »Fortuna« in Stuttgart. Und so kann er seine vielen Ideen in die Tat umsetzen und selbst produzieren. Berühmt wurde die »Fortuna-Lederschärf- und Rundschleifmaschine«. Zu dieser Zeit kommt es zu einer Zusammenarbeit mit Robert Bosch, für den er Zündmaschinen für Automobile fertigt. Er hatte ihn auf der Pariser Automobilausstellung im Jahr 1900 kennengelernt. Zur gleichen Zeit beschäftigt sich Hirth mit Kugellagern, die in der aufkommenden Industrialisierung und Massenfertigung von Autos einen guten Markt versprechen. Er gründet zur Kugellagerproduktion die Firma »Norma«. Als Nebenprodukt fällt dabei das Feinmeßgerät »Hirth

Der von Albert Hirth erfundene stehende Zeichentisch »Parallelo«.

Minimeter« an, mit dessen Hilfe Kugellagerschleifspindeln auf hundertstel Millimeter genau gefertigt werden konnten. Robert Bosch äußerte später einmal: *»Wissen Sie, wem wir im Grunde genommen die rasche Entwicklung der Massenfertigung von Präzisionsteilen verdanken? Nur dem Hirth-Minimeter und der Fortuna-Kugelschleifspindel.«*

Albert Hirths unermüdliche Erfindergabe fand dann im Jahr 1921 ihre Anerkennung, als die Technische Hochschule in Stuttgart ihm die Ehrendoktorwürde verlieh.

Der technische Sektor, der untrennbar mit dem Namen Hirth – auch mit dem seiner beiden Söhne Hellmuth und Wolf – verbunden bleiben wird, ist die Luftfahrt. Anfang des 20. Jahrhunderts finden wir Albert Hirth unter den Ballonfahrern und er gehört zu den Gründungsmitgliedern des »Württembergischen Vereins für Luftfahrt«. 1908 unternimmt er mit

Versuchsstand für den Riesen-Hubschrauber.

Albert Hirth war bis ins hohe Alter mit einem hintergründigen »schwäbischen« Humor gesegnet. Bei einer Besprechung – er selbst hatte wieder einmal seine Hände tief in den Hosentaschen vergraben – meinte er zu seinem verdutzten Gegenüber: *»Tun Sie doch die Hände aus Ihren Hosentaschen! Das sieht bei mir schon schlecht genug aus!«*

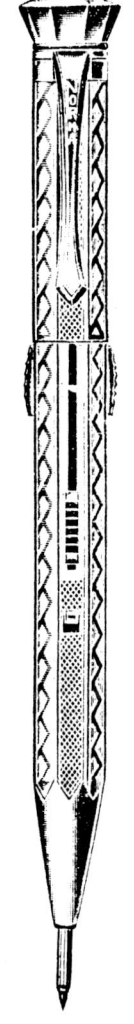

Vierfarbenstift, den Albert Hirth im Alter von 72 Jahren erfand.

Dierlamm und seinem damals zweiundzwanzigjährigen Sohn Hellmuth eine Nachtfahrt mit dem Ballon »Württemberg« und landet in Böhmen. In der Presse und Öffentlichkeit findet der Flug große Beachtung. So bittet eine Cannstatterin Albert Hirth, seine *»jüngste Luftreise in hiesigem öffentlichem Lokal zu schildern, wo selbst auch Damen Zutritt hätten«.*

1909 besucht Albert Hirth die ILA, die Internationale Luftfahrtausstellung in Frankfurt, und trifft dort auch August Euler, den Mann mit dem deutschen Pilotenschein Nr. 1, dem er seinen Sohn Hellmuth zum Flugunterricht empfiehlt. Bei dieser Gelegenheit unternimmt Albert Hirth auch Gleitflüge mit der Flugmaschine »System Chanute«. Auch an Zeppelinflügen nimmt er teil, und im September 1914 trifft er – zurückgreifend auf sein Patent von 1908 – Vorbereitungen zum Bau eines Riesenhubschraubers. Jedoch reichen die Hubkräfte auf dem Versuchsstand noch nicht aus. Die Weiterentwicklung dieser Idee wird durch den Kriegsausbruch verhindert. Zukunftsprojekte wie der Entwurf eines Raupenschleppers, mit dem die Erdpole erforscht werden sollten, beschäftigten Hirth ebenso wie ein Riesentragflügelboot zur Überquerung des Ozeans. Dazu meinte er mit seinem schwäbischen Humor: *»Das gibt ein Schiff, wie man es eben nicht gewöhnt ist. In fünf Stunden braucht man kein Bett, da kommt man sogar mit Schinkenbrödle hinüber«.* Für die Luftfahrt prophezeite er, daß in Zukunft nicht die Kolben-, sondern die Turbinenmotoren die größere Bedeutung haben würden.

Noch im Alter von 72 Jahren – er starb 77jährig in Nonnenhorn am Bodensee – erfindet Albert Hirth den praktischen Vierfarbstift, den heute jeder kennt und den viele benutzen. Es ist deshalb nicht verwunderlich, daß die beiden Söhne Hellmuth und Wolf in die Fußstap-

fen ihres Vaters treten, wobei neben der vererbten Begabung sicher eine Rolle spielte, daß Albert Hirth seine Söhne an alle Dinge heranführte und schon früh deren Neugierde und Innovationsfreude förderte.

Hellmuth Hirth

Hellmuth war der älteste Sohn von Albert Hirth und wurde am 24. April 1886 in Heilbronn geboren. Nach dem Motto des Vaters: *»Meine Buben sollen junge Teufel im freien Feld fangen dürfen, wenn sie Lust dazu haben«* beschäftigte sich Hellmuth mit allem, was damals »in« war. So fuhr der »Hansdampf in allen Gassen« bereits mit zwölf Jahren ein Motorrad und mit dreizehn ein Automobil. Gleichzeitig gab er Erwachsenen Fahrstunden und fuhr deren Fahrzeuge ein.

Die Hellmuth gewährte Freiheit und seine praktische Veranlagung waren wohl schuld, daß er sich in der Schule schwer tat. Er absolviert eine Mechanikerlehre und bereits mit siebzehn Jahren befindet er sich in den USA. Dort nimmt er eine Stellung bei der Singer-Nähmaschinenfabrik an und bringt es in kurzer Zeit durch seine Verbesserungsvorschläge zum Vorarbeiter. Da ihn diese Arbeit nicht befriedigt, nimmt er eine Monteurstelle in einem New Yorker Autoreparaturbetrieb an und wird Rennfahrer von Christiewagen. Nach einem Abstecher in den brasilianischen Urwald, wo er der Jagd nachgeht, finden wir ihn im Labor von Thomas Alva Edison wieder. Dort nimmt er Verbesserungen an den Phonographenwalzen vor. 1904 kehrt Hellmuth Hirth nach Deutschland zurück, besucht die Baugewerkeschule in Stuttgart und 1908 übernimmt er die Leitung der Filiale der Fortunawerke seines Vaters in England.

In diese Zeit fällt ein Schlüsselerlebnis, das den ferneren Lebensweg des jungen Hirth

Albatros-Hirth-Eindecker (1913).

Hellmuth Hirth zur Zeit seiner großen Flugerfolge.

24. 4. 1886 Geburt in Heilbronn
1901 Mechanikerlehre
1906 Besuch der Baugewerkeschule in Stuttgart
1908 Filialleiter in England in der Firma seines Vaters
1911 Erwerb des Pilotenpatents. Oberingenieur bei Rumpler
1912 Technischer Direktor bei den Albatroswerken
1915 Bau des ersten Riesenflugzeugs
1920 Gründung der späteren Firma »Elektronmetall« in Stuttgart
1931 Gründung der »Hirth-Motoren-GmbH« in Stuttgart
1. 7. 1938 Gestorben in Karlsbad

bestimmen wird. Durch Zufall fällt ihm Lilienthals berühmtes Werk »*Der Vogelflug als Grundlage der Fliegekunst*« in die Hände und von nun an steht für ihn fest – unterstützt durch die Luftfahrt-Ambitionen des Vaters – daß er Flieger werden wird. Durch Vermittlung seines Vaters arbeitet er kurze Zeit als Werkmeister bei dem Flugpionier August Euler in Darmstadt. Da dieser jedoch mit seiner Voisin-Flugmaschine Schwierigkeiten hat, kehrt Hellmuth nach Stuttgart zurück, um sich selbst eine Blériotmaschine zu bauen. Wegen des zu schwachen Motors kommt diese nicht über kleine Luftsprünge hinaus, weshalb sich Hirth nach Wien begibt, um dort bei Illner mit der Etrich-Taube zu fliegen. Bereits nach vier Flügen beherrscht er die Maschine so, daß ihn Edmund Rumpler, der die deutsche Vertretung von Etrich-Flugzeugen übernommen hatte, als Chefpilot einstellt.

Am 11. März 1911 erwirbt Hellmuth Hirth das deutsche Flugzeugführerpatent Nr. 79. Im gleichen Jahr noch gewinnt er den Oberrheini-

schen Zuverlässigkeitsflug, wo er den Altmeister Emil Jeannin schlägt, ist Gewinner des Kathreiner-Preises beim Überlandflug München/Berlin, stellt den Höhenweltrekord mit Passagier von 2475 Metern auf und belegt im Schwabenflug einen der vordersten Plätze.

Bei einem dieser Flüge ereignete sich folgende Geschichte: »*Ich überflog einen Ort, als gerade Jahrmarkt abgehalten wurde, zu dessen Sensationen auch eine Menagerie mit wilden Tieren gehörte. Plötzlich sahen mich ein paar Frauen und schrien: ›Ein Flieger kommt‹. Die Umstehenden verstanden, was ihnen vielleicht näher lag ›Ein Tiger kommt!‹ und mit dem Zusatz ›Rettet Euch!‹ jagte alles aus- und durcheinander*«.

Obwohl Rumpler den Chefpiloten Hirth bald zum Oberingenieur ernennt, geht dieser 1912 als technischer Direktor zu den Albatroswerken in Johannisthal bei Berlin. ›Ein paar Monate später verpflichtet er den Flugzeugkonstrukteur Ernst Heinkel als Konstruktionsleiter für die Albatros-Werke.

Im Jahr 1912 geht Hellmuth Hirth aus so ziemlich allen großen Flügen als strahlender Sieger hervor: So der 2. Oberrheinische Rundflug, der Wettflug Berlin–Wien, den er als einziger Teilnehmer erfolgreich bewältigte, und der Süddeutsche Flug. Danach schraubt er den Höhenweltrekord auf 4420 Meter.

Die Erfolge, welche Hellmuth Hirth errang, verdankte er auch seinen genauen Kenntnissen der Flugzeugmotoren. So äußerte er in einem Gespräch mit Kaiser Wilhelm II. anläßlich der Verleihung des Kronenordens IV. Klasse im Jahr 1912, »*...daß die Nation, welche den besten Flugmotor entwickelt, auch automatisch das beste Flugzeug bauen würde.*«

Die Jahre 1913 und 1914 bringen weitere deutsche und internationale Erfolge und Rekorde. Zudem beschäftigt sich Hirth mit der Kon-

Hellmuth Hirth mit seiner siegreichen Rumpler-Taube.

ber 1914 zu einer ersten Besprechung zusammen und beauftragt den Stuttgarter Professor Baumann – bei dem seinerzeit der junge Heinkel seine ersten theoretischen Kenntnisse erwarb – mit der Konstruktion, während Klein die Gesamtleitung und Hirth die technische Leitung übernimmt. Und bereits nach sechs Monaten ist die Gotha RI fertiggestellt und kann von Hellmuth Hirth eingeflogen werden.

Neben seiner Tätigkeit als Fluglehrer für Riesenflugzeuge widmet sich Hirth auch dem Motorenbau. Er entwickelt einen Zweitaktmotor und meldet so nebenher ein hohle Luftschraube zum Patent an, bei der die Auspuffgase durch feine Düsen an der Rückseite des Propellerblattes weggeschleudert werden. Nach dem Krieg nimmt Hellmuth Hirth seine Konstruktionstätigkeiten wieder auf. Bereits im Jahr 1920 gründet er mit Hermann Mahle zusammen in Stuttgart die spätere Firma »Elektronmetall«, in der vor allem Motorkolben, Flugzeugbremsräder sowie Luft- und Ölfilter aus Elektron – einer Aluminium-Magnesium-Legierung – hergestellt werden.

Daneben entwirft Hellmuth Hirth Motoren für Motorräder, mit denen der Dritte im Bunde, sein jüngerer Bruder Wolf, von Sieg zu Sieg eilt und schließlich die »Deutsche Straßenmeisterschaft« gewinnt. Und da Hellmuth Hirth immer noch der Luftfahrt verpflichtet ist, baut er ein Leichtflugzeug ganz aus Metall, das den Namen »Spatz« erhält. Zudem schwebt ihm ein leichter luftgekühlter Motor vor, den er gerne bauen würde. Da erinnert er sich an ein Patent seines Vaters, das als »Hirth-Stirnverzahnung« in die Technikgeschichte eingegangen war. Denn würde man einen Motor mit zusammengesetzter Kurbelwelle konstruieren, so könnte man statt einem Gleitlager geschlossene Rollen- oder Wälzlager benützen. Dadurch würde sich

struktion eines Riesenflugzeugs, mit dem er den Atlantik überqueren wollte. Doch der Beginn des Ersten Weltkriegs überschattet alle Pläne und schon finden wir ihn bei der Jagdstaffel Boelcke, wo er in kürzester Zeit zum Leutnant avanciert und das EK II erhält.

Graf Zeppelin, der nach militärischen Möglichkeiten der Luftfahrt sucht, hörte zwischenzeitlich von Hirths Plänen eines Riesenflugzeugs und erreicht bei Robert Bosch, daß dieser seinen Freund und Direktor Gustav Klein für diese Aufgabe freistellt. Auch Heinkel wird gewonnen. Das Team kommt im Septem-

Riesenflugzeug
RI Versuchsbau
Gotha (1915).

der Wirkungsgrad des Motors durch höhere Drehzahlen verbessern, der Motor wäre kompakter und benötigte weniger Schmierstoff.

Im Jahr 1931 gründet Hellmuth Hirth die »Hirth-Motoren GmbH« in Stuttgart-Zuffenhausen, wo bald der neuartige HM 60-Motor mit 60 PS entsteht, der in kürzester Zeit in ganz Deutschland populär wird. Ihm folgen viele weitere Motorenentwürfe und beim Deutschlandflug 1935 flogen die dreißig bestplazierten Maschinen einen Hirthmotor. Ab 1936 wurden im Hirth-Motoren-Werk für Heinkel die ersten von Dr. von Oheim konstruierten Strahltriebwerke der Welt gebaut. Damit ging die Vision von »Vater Hirth« in Erfüllung.

Mitten in einem erfüllten und für die Zukunft noch so plänereichen Leben ereilte diesen Pionier der Fliegerei ein tragisches Schicksal: Hellmuth Hirth starb – keine drei Jahre nach dem Tod seines Vaters – am 1. Juli 1938 im Alter von 52 Jahren an den Folgen eines Leberrisses, welchen er sich im Krieg bei einem Flugzeugabsturz zugezogen hatte.

Wolf Hirth

Der am 28. Februar 1900 in Stuttgart geborene Wolfram Hirth mußte bei einem so begabten und in Erziehungsproblemen so fortschrittlichen Vater, der ihm schon in der Jugend die Freude an der Luftfahrt einimpfte, und einem der Luftfahrt verschworenen älteren Bruder Hellmuth zwangsläufig in der Fliegerei eine große Rolle spielen. Es war sein brennender Wunsch, einmal in der Taube seines umjubelten Bruders mitfliegen zu dürfen. Am 12. Mai 1911 bei einem Schaufliegen vor dem König von Württemberg auf dem Cannstatter Wasen durfte er sich den Passagiersitz mit Ernst Heinkel teilen. Unter den Zuschauern stehen Robert Bosch und sein Vater Albert Hirth beieinander.

Von nun an gibt es für den jungen Wolf nur noch das Fliegen. Er wird Mitbegründer des Aero-Modellclubs, baut Modelle und veranstaltet Anfang des Jahres 1914 einen großen Modellflug-Wettbewerb, bei dem sein eigenes Modell 56 Meter weit fliegt. Er beschäftigt sich neben seinem Schulbesuch mit theoretischen

Werbeplakat der Hirth-Motoren GmbH.

Kenntnissen des Fliegens, versucht sich am Bau eines Gleitflugzeugs und legt 1918 das Notabitur ab. Dann geht er kurze Zeit als Praktikant zur Uhrenfabrik Junghans nach Schramberg, in der schon sein Vater tätig war, und anschließend zu Daimler-Benz in Stuttgart.

Da Deutschland nach dem Ersten Weltkrieg keine Motorflugzeuge mehr bauen darf, hatte sich ein Häuflein unentwegter Pioniere dem Segelflug verschrieben. Zentrum der Segelfliegerei wurde die günstig gelegene Rhön. 1920 nimmt der nun zwanzigjährige Wolf an dem 1. Rhönwettbewerb für Gleitflugzeuge teil und baut innerhalb von nur fünf Tagen mit Freunden ein Gleitflugzeug, das beim Wettbewerb einen Trostpreis von 300 Mark erhält.

Es bedarf keines Hinweises darauf, daß in der Folge Wolf Hirth bei fast keinem Rhönwettbewerb fehlt. Und da die Segelflugzeuge immer größer und leistungsfähiger werden, nimmt auch die Gefahr zu. Das sollte Wolf Hirth bald am eigenen Leib erfahren, als er sich in Folge eines Absturzes eine Kehlkopfverletzung und einen schweren Beckenbruch mit Nervenentzündung zuzieht, wodurch der rechte Fuß für zwei Jahre gelähmt und dann bleibend verkürzt ist.

Da Wolf Hirth mit dem Motorrad zur Rhön fährt und dabei des öfteren Pannen hat, ist es nicht verwunderlich, daß er bald die Motoren in- und auswendig kennt. So verschreibt er sich auch dem Motorsport und erringt mit Motoren seines Bruders Hellmuth im Jahr 1924 bei zehn Rennen acht Siege. 1925 erleidet er einen Motorradunfall, bei dem er sich so schwer verletzt, daß ihm das linke Bein amputiert werden muß. Aber auch dieses Schicksal kann ihn nicht in seinem Tatendrang bremsen. Noch auf dem Krankenbett gründet er die noch heute bestehende »Akademische Fliegergruppe Stuttgart« (Akaflieg).

1928 beendet er sein Ingenieurstudium mit dem Diplom-Ingenieur und nimmt anschlie-

Die siegreiche 250-ccm-»Hirth«-Maschine.

28. 2. 1900 Geburt in Stuttgart
1911 Erster Flug mit seinem Bruder Hellmuth
1918 Notabitur
1919 Praktikant bei Junghans in Schramberg und Daimler-Benz in Stuttgart
1920 Teilnahme am 1. Rhönwettbewerb
1924 Achtfacher Sieger bei Motorradrennen
1928 Abschluß des Studiums mit Dipl.-Ing., Techn. Berater beim Württ. Luftfahrtverband
1931 Segelflug über New York
1935 Gründung der Firma Schempp-Hirth
1950 Präsident des Deutschen Aero-Clubs
1958 Verleihung der Lilienthal-Medaille der Fédération Aéronautique Internationale
25. 7. 1959 Tödlicher Absturz mit dem Segelflugzeug Lo 150

Wolf Hirth zur Zeit seiner großen Flugerfolge.

ßend an einem Segelflugwettbewerb in Vauville/Frankreich teil, wo er einen vierfachen Sieg davonträgt. Während dieses Streckenrekordfluges beobachtete Wolf Hirth eine Bäuerin auf dem Felde, die einen Jungen ganz gehörig mit dem Stock verdrosch. Mitleidig rief er ein kräftiges »Hallo« hinunter, worauf die Frau erschrocken von ihrem Opfer ließ. Zu dieser Zeit wendet er sich auch wieder dem Motorflug zu und erringt neben anderen Preisen auch den Hindenburgpokal.

1930 unternimmt er dann mit einer Klemm-Maschine einen Motorflug, der ihn mit Zwischenstationen in England, den Orkney-Inseln, Island, Grönland, Labrador und Quebec nach Nordamerika führen soll. Nach einem einwandfreien Flug – unter anderem fast tausend Kilometer über offenem Meer – kommt er in Island an und erfährt dort, daß die dänische Regierung entgegen früherer Zusagen auf einem Landegeld von zehntausend Kronen für Grönland besteht. Da Wolf Hirth diese nicht aufbringen kann, muß er seinen Plan aufgeben, ist aber immerhin der erste Flieger, der mit einem Landflugzeug Island erreichte.

1930 geht Hirth als Botschafter des Segelflugs in die USA und macht dort diesen schönen Sport populär. Und hier im Land der Wolkenkratzer entdeckt er die Gesetze der Thermik. Durch das sogenannte »Steilkreisen«, welches Wolf zwei Raubvögeln abgeschaut hat, gelingt ihm der erste Thermikstreckenflug in der Geschichte des Segelfluges. Nach mühsamen Verhandlungen mit den New Yorker Behörden erhält er die Genehmigung zu einem Segelflug über New York und startet am 10. März 1931 von einem winzigen Platz am Hudson-River. Da nach vierzigminütigem Flug über der Stadt die Schaulustigen die Straßen verstopfen und sich ein Verkehrschaos anbahnt, wird er durch Signale zum Landen aufgefordert.

Nach Deutschland zurückgekehrt, übernimmt Wolf Hirth die Leitung der Segelflugschule in Grunau und konstruiert mit Edmund Schneider zusammen das berühmt gewordene Segelflugzeug »Grunau-Baby«. Im gleichen Jahr wird ihm das Internationale Silberne Segelflugabzeichen Nr. 1 und ein Jahr später – 1932 – für seine wissenschaftlichen und sportlichen Leistungen im Segelflug der Hindenburgpokal verliehen. Damit ist Wolf Hirth der einzige Flieger, der diesen Pokal sowohl für den Motor- wie für den Segelflug erhielt. Er fehlt fast bei keinem Rhönwettbewerb und erfliegt Welt- und sonstige Rekorde. Beim 14. Rhönwettbewerb gelingt ihm ein Streckenflug von 352 Kilometer, der ihn von der Rhön bis nach Görlitz trägt.

Daß Hirth bei seiner großen Praxis im Segelflug immer neue Methoden erprobt und einführt, um diesen von ihm so geliebten Sport noch leistungsfähiger und attraktiver zu machen, verwundert kaum. So unternimmt er bereits 1930 Versuche mit dem Autowindenschlepp und demonstriert auf einer Reise durch Pommern den Segelflug in der Ebene. Auch beim Schlepp des Segelflugzeugs durch Motor-

Hochleistungssegelflugzeug „Minimoa"

Motorsegler »Hirth 20 MoSe« mit ausgeklapptem Triebwerk.

20 MoSe« nach seinem 1935 eingereichten Patent. Dieses Segelflugzeug mit schwenkbarem Hilfstriebwerk wurde zum Ahnherrn eines neuen Flugzeugtyps.

Alle Entwicklungen werden durch den Ausbruch des Zweiten Weltkriegs abrupt beendet. Nach Ende des Krieges hatten die Menschen andere Sorgen und Bedürfnisse, und so überbrückte Hirth diese Zeit mit der Produktion von Kunststoffschüsseln, Kinderwagen, Sesseln, Kücheneinrichtungen und Wohnwagen. 1950 wird der Deutsche Aeroclub gegründet, dessen erster Präsident Wolf Hirth wird. Schon 1951 nimmt er die Produktion des Segelflugzeugs »Goevier« auf. In der Folge setzt er sich mit ganzer Seele für den Gedanken des Flugsports ein, was durch die Verleihung der Lilienthalmedaille durch die Fédération Aéronautique Internationale im Jahre 1958 volle Anerkennung findet.

Dieser so aktive und durch keine Schicksalsschläge zu bremsende Pionier des Flugsports stürzt dann am 25. Juli 1959 mit dem Segelflugzeug Lo 150 ab und erleidet den Fliegertod.

Damit ist der Letzte der berühmten Schwabenfamilie Hirth davongegangen, einer Familie, deren drei Mitglieder über Jahrzehnte die Technik, den Flug- und den Motorsport befruchteten und die Welt in Atem hielten.

flugzeuge leistet er Pionierarbeit. 1933 baut Hirth das Segelflugzeug »Moazagotl«, das dann 1934 auf seiner Südamerikareise, an der auch Professor Georgie, Heini Dittmar, Peter Riedel und Hanna Reitsch teilnehmen, in den argentinischen Anden seine Bewährungsprobe besteht.

Ein Jahr später – 1935 – betätigt sich Wolf Hirth dann in Japan als Segelfluglehrer und reißt mit seiner berühmten »Minimoa« – dem ersten in Serie gebauten Segelflugzeug der Welt – die Japaner zu wahren Begeisterungsstürmen hin. Diese Maschine stammt aus der von Wolf Hirth zusammen mit Martin Schempp gegründeten Firma, die auch den Typ »Wolf« baut. Und da Hirth schon lange die Idee eines Volksflugzeugs verfolgt, baut er den Motorsegler »Hi

Robert Bosch – der »zündende Funke«

Von Hans Cronmüller

Robert Bosch stammt aus einem alten Bauerngeschlecht. Er wurde am 23. September 1861 in Albeck (zwischen Ulm und Heidenheim) als elftes von zwölf Kindern geboren. Sein Vater hatte dort eine stattliche Landwirtschaft und war Besitzer des »Gasthauses zur Krone«. Den Fuhrleuten, die auf der alten Handelsstraße von Nürnberg nach Ulm fuhren, gab er mit seinen Pferden den für die steile Albecker Steige notwendigen Vorspann. Viele übernachteten auch in der »Krone«, so daß dort immer lebhafter Betrieb war. Als nun die Eisenbahn gebaut wurde, fürchtete er mit Recht, daß der Verkehr durch den Ort bedeutungslos würde. Er wollte nicht Herr über leere Ställe sein, verkaufte 1869 sein Anwesen und zog nach Ulm.

In Ulm besuchte der junge Robert die Realschule, die er nach bestandenem Einjährigenexamen (mittlere Reife) verließ. Er hatte keinen Gefallen mehr an der Schule gehabt und konnte nun nicht Botanik und Zoologie studieren, was er gerne getan hätte. Er folgte dem Rat seines Vaters und wurde Feinmechaniker. Im Herbst 1879 hatte er ausgelernt und ging auf Wanderschaft. Zunächst arbeitete er bei einigen Firmen in Deutschland, unter anderem bei Fein in Stuttgart. Kaufmännische Kenntnisse erwarb er sich bei seinem Bruder in Köln. Nachdem er noch bei Schuckert in Nürnberg und bei Schäfer in Göppingen gearbeitet hatte, besuchte er im Wintersemester 1883/84 als Gasthörer die Technische Hochschule Stuttgart. Professor Dietrich, Inhaber des neugeschaffenen Lehrstuhls für Elektrotechnik, empfahl ihm, sich in den USA umzuschauen, und vermittelte ihm einige Empfehlungsschreiben – eines davon an Sigmund Bergmann, den Leiter einer Fabrik der Edison-Gesellschaft. Im Frühjahr 1884 fuhr Bosch nach New York und wurde von Bergmann eingestellt.

Robert Bosch lernte in den USA nicht nur die industrielle Fertigung kennen, sondern auch soziale Probleme, zumal er selbst kurze Zeit arbeitslos war, bevor er in einem anderen Werk von Thomas Alva Edison wieder Arbeit fand. Diese Arbeitslosenzeit und die Erfahrungen mit dem amerikanischen Arbeiterverband »Knights of Labour« bestimmten sein Interesse und Engagement für soziale Fragen entscheidend. Bleiben wollte er nicht in Amerika und fuhr im Sommer 1885 nach England, wo er ein halbes Jahr bei Siemens Brothers arbeitete. Weihnachten 1885 verbrachte er daheim und arbeitete 1886 dann noch ein halbes Jahr in einer Gasmotorenfabrik in Magdeburg.

23. 9. 1861 Robert Bosch in Albeck bei Ulm geboren

15. 11. 1886 Eröffnung einer »Werkstätte für Feinmechanik und Elektrotechnik« in Stuttgart

1901 Beginn der Expansion mit Eröffnung des ersten Fabrikgebäudes

1902 Bau von Hochspannungsmagnetzündern und Zündkerzen

1909 Aufbau der Werkanlage Feuerbach

1927 Bau von Einspritzpumpen für Dieselmotoren

1929 Beteiligung an der Gründung der Fernseh AG

1932 Erwerb von Junkers-Gasgerätewerk in Dessau

1933 Erwerb der späteren Firma Blaupunkt

1940 Eröffnung des »Robert-Bosch-Krankenhauses«

12. 3. 1942 Bosch stirbt im 81. Lebensjahr

ROB. BOSCH

Rothebühlstr. 75 B.

Telephone, Haustelegraphen.

Fachmännische Prüfung und Anlegung von
Blitzableitern.   (37

Anlegung und Reparatur elektr. Apparate,
sowie aller Arbeiten der Feinmechanik.

*Erste Geschäftsan-
zeige Bosch (1887).*

*Die erste Werkstatt
von Robert Bosch
(1886).*

Nun fühlt sich Robert Bosch in der Lage, ein eigenes Geschäft zu betreiben. Am 15. November 1886 eröffnete er in Stuttgart mit einem Gesellen und einem Lehrjungen seine »Werkstätte für Feinmechanik und Elektrotechnik«. Seine erste Zeitungsannonce zeigt, daß er von Anfang an sehr vielseitig war. Vor allem war er auf der Suche nach Erzeugnissen, die sich in größerer Stückzahl absetzen ließen. Er probierte alles mögliche: Blindenschreibmaschinen, Füllfederhalter, Geschwindigkeitsmesser, Zigarrenspitzen und vieles andere. Aber keines dieser Erzeugnisse brachte den erhofften Erfolg. Der für die Zukunft entscheidende Auftrag kam

zwar schon im Sommer 1887, aber seine Bedeutung konnte Robert Bosch damals noch nicht im entferntesten ahnen: Ein Maschinenbauer fragte ihn, ob er ihm einen Zündapparat bauen könne, wie ihn die Gasmotorenfabrik Deutz an ihren Benzinmotoren verwende; ein solcher Apparat sei in Schorndorf zu sehen. Bosch fuhr hin und schaute sich den Apparat genau an. Es war ein Niederspannungs-Magnetzünder mit Abreißvorrichtung. Robert Bosch erkundigte sich korrekterweise bei Deutz, ob an dem Apparat etwas patentiert sei. Als diese Frage unbeantwortet blieb, nahm er einige konstruktive Verbesserungen vor und baute auftragsgemäß seinen ersten Magnetzünder – und gleich noch drei weitere für Versuchs- und Vorführzwecke. Einen dieser Apparate führte er auch Gottlieb Daimler vor, aber dieser war damals noch von der Überlegenheit seiner Glührohrzündung überzeugt. Schon 1890 überstieg der Magnetzünder-Umsatz den des Installationsgeschäfts, und 1896 gab es ein erstes Jubiläum: Der tausendste Magnetzünder wurde fertiggestellt. Dieses Ereignis feierte Robert Bosch mit nunmehr vierzehn Mitarbeitern auf einem Betriebsausflug ins Remstal.

Die ersten tausend Magnetzünder waren ausschließlich für stationäre Motoren verwendet worden. Ihrer Konstruktion nach waren sie nur für Drehzahlen bis 300 Umdrehungen in der Minute geeignet. 1897 kam nun der Engländer Frederick R. Simms zu Robert Bosch und beauftragte ihn, ein De-Dion-Bouton-Dreirad

Bosch-Niederspannungs-Magnetzünder (1887).

mit Magnetzündung auszurüsten. Der Motor dieses Dreirads machte aber 1800 Umdrehungen in der Minute. Robert Boschs Werkmeister Zähringer hatte die entscheidende Idee und veränderte die Konstruktion so, daß nun Drehzahlen bis 2000 Umdrehungen in der Minute beherrscht werden konnten. Diese Konstruktion wurde patentiert und fand unter dem Namen Bosch-Abreißzündung von 1897 an immer mehr Abnehmer unter den schon recht zahlreichen Fahrzeugherstellern. Auch Carl Benz und Gottlieb Daimler gingen von 1898 an auf die Bosch-Zündung über. So waren auch die Daimler-Motoren des ersten Zeppelin-Luftschiffs mit dieser Zündung ausgerüstet.

Im Frühjahr 1901 bezog Robert Bosch mit jetzt 45 Mitarbeitern sein erstes eigenes Fabrikgebäude, das er in der Stuttgarter Hoppenlaustraße hatte errichten lassen. Seine Firma nannte er nun »Elektrotechnische Fabrik Robert Bosch«. Gleichzeitig trat Gottlob Honold als Ingenieur in die Firma ein. Er hatte von 1891 bis 1894 eine Lehre bei Robert Bosch gemacht und dann an der Technischen Hochschule Stuttgart Elektrotechnik studiert. Robert Bosch, der trotz des zunehmenden Erfolgs mit der mechanisch aufwendigen Abreißzündung nicht zufrieden war, gab Honold den Auftrag, einen Zündapparat zu konstruieren, der als geschlossenes System an die Motorenhersteller geliefert werden konnte, so daß diese nicht mehr Zündflansche, Abreißgestänge und dergleichen selbst anfertigen mußten. Schon im Dezember 1901 konnte Gottlob Honold die Versuchsausfüh-

rung seines Hochspannungs-Magnetzünders vorführen. Robert Bosch erkannte sofort die Bedeutung der Neukonstruktion und meinte: »*Damit haben Sie den Vogel abgeschossen.*«

Den ersten serienmäßigen Hochspannungs-Magnetzünder erhielt die Daimler-Motoren-Gesellschaft zusammen mit den ersten Bosch-Zündkerzen im September 1902. Mit diesem Zündsystem begann eine neue Ära im Verbrennungsmotorenbau: Alle vorher verwendeten Systeme hatten sowohl der Drehzahl als auch der Verdichtung sehr enge Grenzen gesetzt, die nun weitgehend wegfielen; der Weg zur Konstruktion von Hochleistungsmotoren war frei. Mit dem beispiellosen Erfolg dieser Zündung vollzog sich auch in wenigen Jahren die Entwicklung des Unternehmens vom Kleinbetrieb zur Weltfirma. Lag die Mitarbeiterzahl 1901 im Jahresmittel bei 54, so überstieg sie schon 1908 die Tausend und 1912 betrug sie 4959. Außerdem wurde 1912 der millionste Zündapparat ausgeliefert.

Daß Robert Bosch der Erfolg nicht zu Kopf stieg, zeigt eine aus dieser Zeit überlieferte Äußerung: »*Was ist, wenn sich der Magnetzünder als technische Eintagsfliege erweist – wie beschäftige ich dann meine Leute?*« Besser kann sein soziales Verantwortungsgefühl nicht ausgedrückt werden; aber dem daraus entspringenden Teil seiner Lebensleistung wird ein besonderer Abschnitt gewidmet. Zunächst soll sein unternehmerisches Handeln noch näher beschrieben werden.

Robert Bosch bemühte sich schon lange vor dem ersten Weltkrieg um das, was man heute Diversifikation nennt. 1902 hatte er seinem Betrieb eine Werkzeugmaschinen-Abteilung angegliedert, die dann ihrer Struktur nach nicht mehr zu der Magnetzünder-Mengenfertigung paßte und deshalb 1906 aufgegeben wurde.

Auch die Fertigung von Ölern, Schmierpumpen und Fettpressen wurde aufgenommen, war aber dem Umsatz nach von untergeordneter Bedeutung.

Weil er mit den von Fremdfirmen bezogenen Halbzeugen nicht recht zufrieden war, errichtete Robert Bosch in Feuerbach ein eigenes Metallwerk, das 1910 seinen Betrieb aufnahm. 1913 kam die Bosch-Lichtanlage auf den Markt, 1914 der Anlasser. Nun konnte man mit Recht sagen: Bosch liefert die ganze elektrische Kraftfahrzeugausrüstung – sie wird seither ständig verbessert und ergänzt.

Geliefert wurde weltweit: Schon 1898 wurden erstmals Zündapparate exportiert. Der Exportanteil stieg dann stetig und erreichte 1914 die einmalige Rekordhöhe von 88 Prozent der Fertigung in Deutschland; außerdem wurde von 1909 an auch noch in Frankreich und den USA gefertigt. Die Bosch-Zündung war führend auf dem Weltmarkt – sie hatte geradezu eine monopolähnliche Stellung, obwohl von 1909 an kein Patentschutz mehr bestand. Boschs Stärke war die hohe Qualität. Ihm ist es als erstem gelungen, so zu fertigen, daß die Teile einer großen Serie beliebig untereinander austauschbar waren.

Der Motor des Auslandsgeschäfts war Gustav Klein: Was Honold auf dem technischen Sektor war, war er für den Vertrieb. Er war auf Empfehlung von seinem Studienfreund Honold zu Bosch gekommen, hatte sehr schnell dessen Vertrauen gewonnen und gestaltete die Vertriebsorganisation weitgehend selbständig, einschließlich der schon erwähnten Fertigungen im Ausland.

Nach Ausbruch des Ersten Weltkriegs wurden alle Gesellschaften im feindlichen Ausland enteignet, Gustav Klein verlor also sein Betätigungsfeld. Deshalb organisierte er im Ein-

vernehmen mit Robert Bosch unter der Schirmherrschaft des Grafen Zeppelin zusammen mit Hellmuth Hirth den Bau von Großflugzeugen. Bei einem Probeflug verunglückte er im März 1917 tödlich. Dieser Verlust traf Robert Bosch schwer. Er hat ihn zeitlebens nie verwunden und ist auch selbst nie geflogen.

Robert Bosch hatte bis zum Schluß gehofft, daß sich ein Krieg vermeiden lasse, den er aus zwei Gründen fürchtete: Zum einen sah er das Leid voraus, das ein solcher Krieg mit sich bringt, zum anderen war sein ganzes unternehmerisches Wirken auf freien Welthandel abgestimmt. Als der Krieg dann doch ausbrach, übergab er spontan dem Stuttgarter Oberbürgermeister Lautenschlager 100 000 Mark zur Linderung der ersten Not. Von seiner Belegschaft – damals fast lauter Männer – wurde etwa die Hälfte zum Kriegsdienst eingezogen. Eine Werkhalle in Feuerbach ließ er als Lazarett einrichten. Im Verlauf des Kriegs brauchte das Militär dann für seine zunehmende Motorisierung immer mehr Bosch-Erzeugnisse, so daß die Belegschaft wieder vergrößert werden mußte – vor allem durch Frauen.

In Feuerbach mußten sogar noch Werkstätten gebaut werden. Kriegsgewinnler wollte Robert Bosch aber auf keinen Fall sein. Er sagte: »Ich will durch diesen Krieg um keinen Pfennig reicher werden« – und er hat sein Wort gehalten. Er stiftete Millionenbeträge, für die Schiffbarmachung des Neckars allein 13 Millionen Mark. Weitere Stiftungen galten dem

Gottlob Honold und der von ihm 1901 konstruierte Bosch-Hochspannungs-Magnetzünder.

»Schwäbischen Siedlungsverein«, dem »Verein zur Förderung der Begabten« und dem »Verein zur Förderung der Volksbildung«, aus dem später die Volkshochschulen hervorgingen, außerdem noch dem Verein »Stuttgarter homöopathisches Krankenhaus«. Daraus erkennt man die Schwerpunkte seiner Stiftungstätigkeit: Bildung und Erziehung, Gesundheitswesen, Wohlfahrtspflege; später kam dann insbesondere noch die Völkerverständigung dazu. Infolge dieser Stiftungen und der Enteignungen im Ausland war das Vermögen von Robert Bosch nach dem Krieg tatsächlich erheblich kleiner als vorher. Seine sozialen Leistungen setzte er trotzdem fort: 1922 stiftete er die Robert-Hilfe zu Gunsten von Kriegswaisen. 1928 gründete er die Bosch-Hilfe e. V. zur Alters-, Invaliden- und Hinterbliebenenfürsorge für seine Mitarbeiter.

Diesen Stiftungen war schon eine Reihe von anderen sozialen Leistungen vorausgegangen: 1906 hatte er als einer der ersten in Deutschland die achtstündige Arbeitszeit eingeführt, 1910 kam der freie Samstagnachmittag dazu und eine Urlaubsregelung. Aber genauso, wie er die Bezeichnung »Erfinder« nicht für sich gelten ließ, lehnte er es auch ab, sich einen sozialen Wohltäter nennen zu lassen. Er sagte: *»Ich habe die achtstündige Arbeitszeit eingeführt, weil ich sie für die wirtschaftlichste hielt und für am zuträglichsten für die Erhaltung der menschlichen Arbeitskraft.«* Die intensive Beschäftigung mit der Arbeitsgestaltung ist nach wie vor ein wichtiges Aufgabengebiet im Unternehmen.

Robert Bosch erwartete von allen Mitarbeitern eine gute Leistung und bezahlte gut. Vor dem Ersten Weltkrieg lagen die Löhne bei Bosch um etwa ein Drittel über dem Durchschnitt. Sein soziales Verhalten war nicht überall gern gesehen: Als er 1906 den 1. Mai zum arbeitsfreien Tag erklärte, kam das Wort vom »ro-

ten Bosch« auf – völlig ungerechtfertigt. Er war nicht »rot«, stand aber auf dem Standpunkt, daß man Forderungen von Arbeitnehmern nicht von vornherein ablehnen dürfe, sondern nach berechtigten und unberechtigten Forderungen unterscheiden müsse. Aber nicht nur etliche Unternehmer betrachteten ihn mit Mißtrauen; mindestens für die Radikalen in der Arbeiterbewegung war er genau so störend: Er paßte nicht in das Feindbild vom ausbeuterischen Unternehmer. Er sagte in diesem Zusammenhang: *»Man hetzte von links nach rechts und von rechts nach links, von beiden Seiten aber nach der Mitte – und das war ich.«* So ist es nicht ganz unverständlich, daß die Radikalen in der Arbeiterbewegung 1913 sich ausgerechnet die Firma Bosch als Schauplatz für einen Streik auswählten, der praktisch nichts mit berechtigten Arbeitnehmerforderungen, sehr viel aber mit politischen Machtkämpfen zu tun hatte. Der Streik war – in der Werkzeugmacherei – schwerpunktmäßig so angesetzt, daß der Betrieb nicht weiterarbeiten konnte und Robert Bosch ihn deshalb stillegen mußte. Es war eine bittere Zeit für ihn. Jetzt trat er dem Arbeitgeberverband bei und verhandelte nicht mehr – wie bisher – direkt mit der Gewerkschaft.

1917 wandelte Robert Bosch sein Unternehmen in eine Aktiengesellschaft um, und zwar vor allem auf Drängen seiner leitenden Angestellten, die sich – wie auch er selbst – Sorgen um die Zukunft machten. Diese Sorgen waren durchaus berechtigt, denn Robert Bosch ging es in dieser Zeit gesundheitlich nicht besonders gut.

Durch den Ersten Weltkrieg hatten sich die Verhältnisse auf dem Weltmarkt erheblich verändert. Nur mit großen Schwierigkeiten konnte Robert Bosch im Ausland wieder Fuß fassen. Er mußte auch nach und nach von der

Magnetzündung auf die billigere Batteriezündung übergehen, obwohl die Magnetzündung im Hinblick auf die Zuverlässigkeit eindeutig überlegen war und zum Beispiel für exklusive Wagen und insbesondere für Flugmotoren weiterhin verwendet wurde.

Was 1902 der Hochspannungs-Magnetzünder für den Ottomotor war, wurde die 1927 auf den Markt gebrachte Bosch-Einspritzpumpe für den Dieselmotor: Sie ermöglichte den schnelllaufenden leichten Fahrzeugdiesel. Nun wurden auch Erzeugnisse ins Programm aufgenommen, die nichts mit Kraftfahrzeugen zu tun hatten: Als erstes Elektrowerkzeug mit dem »Motor im Handgriff« kam 1928 eine Haarschneidemaschine auf den Markt. Ihr folgten aber bald die viel bekannteren Elektrowerkzeuge: Bohrer, Schleifer und Schrauber. 1933 wurde als erstes elektrisches Hausgerät der Kühlschrank produziert.

Neben der Aufnahme neuer Erzeugnisse in das Fertigungsprogramm des Stammhauses erreichte Robert Bosch eine beträchtliche Diversifikation durch die Übernahme geeigneter Firmen als Tochtergesellschaften: 1932 kaufte er die Gasgerätefabrik von Professor Hugo Junkers in Dessau, und in Untertürkheim die Eugen Bauer GmbH – bekannt als Kino-Bauer. 1933 wurden die »Idealwerke für drahtlose Telephonie AG« in Berlin übernommen und 1938 in die »Blaupunkt Werke GmbH« umgewandelt. Die Fernseh AG, die Robert Bosch 1929 zusammen mit drei anderen Gesellschaftern gegründet hatte, ging 1939 ganz in seinen Besitz über. Auf diese Weise ist es gelungen, das Unternehmen auf eine breitere wirtschaftliche Basis zu stellen und gefährliche Abhängigkeiten von technischen und konjunkturellen Veränderungen eines Erzeugnisgebiets erheblich zu verringern.

Robert Bosch im Alter von 67 Jahren.

Robert Bosch hatte bald gemerkt, daß die 1917 vollzogene Umwandlung in eine Aktiengesellschaft nicht der richtige Weg war, um die Zukunft seines Unternehmens zu sichern. Daher kaufte er alle Aktien wieder auf. 1937 wandelte er die Firma in eine Gesellschaft mit beschränkter Haftung um – in die heute noch bestehende Gesellschaftsform. Das Testament, das er damals neu faßte, war die Krönung seiner Bestrebungen, das Unternehmen für eine möglichst lange Zeit zu sichern. Er bestimmte sieben Persönlichkeiten seines Vertrauens zu Testamentsvollstreckern und sah auch schon die Möglichkeit vor, das Gesellschaftskapital weitgehend in eine gemeinnützige Stiftung einzubringen. Das ist 1964 geschehen. Die heutige Robert Bosch Stiftung GmbH hält rund 90 Prozent des Stammkapitals der Robert Bosch GmbH und verwendet die Dividende ausschließlich für gemeinnützige Zwecke.

Die Entwicklung des kleinen Betriebs zum Großunternehmen wäre natürlich niemals möglich gewesen, wenn Robert Bosch nicht eine große Zahl von hervorragenden und zuverlässigen leitenden Mitarbeitern gehabt hätte. Darauf hat er selbst immer wieder hingewiesen. Er sagte: »*Ich hatte nie den Ehrgeiz, etwas selber gemacht haben zu wollen.*« Außerdem: »*Suche dir deinen Mann, und deine Sache ist gemacht.*« Die entscheidenden Einflüsse von Gottlob Honold und Gustav Klein wurden schon erwähnt. Es ist unmöglich, hier alle aufzuzählen, die ebenfalls maßgeblich mitgewirkt haben. Ein Mann muß aber noch besonders hervorgehoben werden: Hans Walz. 1912 wählte Robert Bosch den damals 28jährigen Kaufmann aus einer Vielzahl von Bewerbern als Privatsekretär aus. Bald wurde er Leiter des wegen der wachsenden Aufgaben notwendig gewordenen Privatsekretariats; 1919 wurde er dann in den Aufsichtsrat und 1924 in den Vorstand der Gesellschaft berufen. Besonders schwer war die Aufgabe von Hans Walz nach 1933. Robert Bosch war schon über 70 Jahre alt und benannte daher Hans Walz als »Betriebsführer« im Sinne des neuen »Gesetzes zur Ordnung der nationalen Arbeit«. Bosch hatte aus seiner Ablehnung des Nationalsozialismus' nie einen Hehl gemacht, und einige Zeit bestand sogar die Gefahr, daß württembergische Parteifunktionäre ihn in »Schutzhaft« nehmen würden. Vor allem dem politischen und diplomatischen Geschick von Hans Walz war es zu verdanken, daß es nicht dazu kam. Durch Vermittlung eines Wirtschaftsberaters von Adolf Hitler lud dieser Robert Bosch im September 1933 sogar zu einem Gespräch ein. Zwar kam keinerlei Übereinstimmung zustande, doch wurde Robert Bosch allein durch die Tatsache des Empfangs für Parteigrößen in der Provinz schwerer angreifbar.

Trotzdem waren Robert Bosch, Hans Walz und weitere leitende Mitarbeiter auch weiterhin gefährdet, weil Bosch viele Verfolgte des Regimes unterstützte, einerlei ob die Verfolgung rassisch, religiös oder politisch begründet war.

Große Beträge stellte er zur Verfügung, um Juden die Auswanderung zu ermöglichen. Als Carl Goerdeler sein Amt als Oberbürgermeister von Leipzig niederlegte und die Widerstandsbewegung gegen Hitler zu organisieren versuchte, erhielt er von Bosch einen Beratervertrag, der ihm – neben der Existenzgrundlage – auch Auslandsreisen ermöglichte, ohne bei amtlichen Stellen Argwohn zu erregen.

1936 konnte Robert Bosch seinen 75. Geburtstag und das Unternehmen sein 50jähriges Bestehen feiern. Dabei erregte Aufsehen, daß Vertreter der Partei dem Festakt demonstrativ fernblieben, weil Hitler in der Festschrift kein einziges Mal erwähnt wurde.

Nach dem mißglückten Attentat auf Hitler am 20. Juli 1944 wurde Carl Goerdeler hingerichtet, Hans Walz entging mit viel Glück der drohenden Verhaftung. Robert Bosch war schon über zwei Jahre lang tot: Er war am 12. März 1942 an einer zu spät erkannten Mittelohrvereiterung gestorben. Theodor Heuss schrieb in seiner Bosch-Biographie: »*Das Schicksal führte ihn zur Ruhe, bevor Vernichtungsstürme sein Werk aufsuchten und das Vaterland niederschlugen. Das war Gnade.*«

Wilhelm Maier, Vorkämpfer der solaren Energiegewinnung

Von Jörg Baldenhofer

Es ist eine Erkenntnis der Technikgeschichte, daß wirtschaftliche und soziokulturelle Faktoren – vom Sklavenhandel des Altertums über die »Energierevolution« der Renaissance bis zur Ölkrise und zum Einsatz der Kernenergie heute – technologische Veränderungen weit stärker beeinflussen als der jeweilige Stand der Technik selbst. Dies gilt auch für alle Prognosen über eine längerfristige Energieversorgung.

Die fossilen Brennstoffe Kohle, Erdöl und Erdgas sind mit Hilfe der Energiequelle Sonne aus Pflanzen bzw. marinem Plankton entstanden. Wurde der Energiebedarf der Menschheit in früheren Zeiten fast ausschließlich durch die Forstwirtschaft gedeckt, so erfolgt dies seit zweihundert Jahren zunehmend durch die Ausbeutung der fossilen Energievorräte der Erde. Nur hiermit war der Übergang in das technische Zeitalter möglich geworden. Heute verbrauchen wir in einem Jahr soviel Brennstoff, wie die Natur in einem Zeitraum von zehntausend Jahren erzeugen beziehungsweise speichern konnte. Doch gehen diese Brennstoffe in den nächsten fünfzig bis einhundertfünfzig Jahren zur Neige. Auch Holz wird wegen der zunehmenden Abholzung der Wälder knapper (im Jahr Zweitausend sollen nur noch etwa sechzig Prozent der heute auf der Erdoberfläche vorhandenen Walddecken stehen). Die nachgewiesenen Reserven an Uran liegen in der Größenordnung der noch vorhandenen fossilen Energievorräte. Die natürlichen Uranvorkommen können zwar mit dem Schnellen Brüter etwa um das Sechzigfache gesteigert werden, doch reicht bei der steigenden Kopfzahl der Weltbevölkerung das nukleare Potential nur rund einhundert Jahre zur weiteren Versorgung des Weltenergiebedarfes.

Der Energiebedarf der Industrieländer, aber auch die gewünschte Steigerung des Lebensstandards der Dritten Welt erfordert – auch bei stagnierendem Lebensstandard in den Industrieländern – andere Technologien, bevor die Nutzung der unerschöpflichen Fusionsenergie – wenn überhaupt – möglich wird.

So gewinnt die Nutzung der Sonnenenergie zunehmend Bedeutung. Darunter versteht man heute im allgemeinen die Erwärmung von Wasser mit Hilfe der Sonnenstrahlen. Bereits im Altertum hatte man mit konkaven Spiegeln oder Brenngläsern Sonnenstrahlen konzentriert, um damit Feuer zu entfachen. Doch erstmals im Jahre 1861 wird ein »Sonnenmotor« erwähnt, ein Patent des Franzosen Augustin Mauchet, bei dem in einem Spiegel Sonnenstrahlen auf einem Kessel gesammelt werden, der eine kleine Dampfmaschine speist. Das erste deutsche Patent an einer »Sonnenkraftmaschine« erhielt 1880 der Preuße Robert Schultz; bei ihm sollte wasserfreie schweflige Säure, die bereits bei 35 Grad Celsius einen Überdruck von 5 bar erbringt, zur Umwandlung der Wärme in Arbeit in einer Dampfmaschine verwendet werden, wobei destilliertes Wasser zur Aufnahme der Sonnenwärme in einem nicht näher definierten »geschwärzten Gefäß« diente. Das Wasser sollte seine Wärme an die Säure abgeben. Der Erfinder »errechnete« eine Leistung von 0,9 PS je Quadratmeter Gefäßoberfläche.

Eine ganz andere Art der Energieumwandlung der Sonnenstrahlen, die nicht unerwähnt bleiben darf, geschieht mittels der Ausnützung des sogenannten thermoelektrischen Effektes. Bereits im Jahr 1909 wurde zwei Mannheimern namens Franz Johann und Jakob Wolf ein Patent erteilt für eine Vorrichtung zur Nutzbarmachung der Sonnenwärme durch Umwandlung in elektrische Energie mit einer »Thermobatterie«, die durch das von einem Spiegelsystem zurückgeworfene Strahlenbündel bestrahlt wird. Die

Eine mit Sonnenenergie betriebene Druck-presse als Demonstration für den von dem Franzosen Abel Pifre erfundenen Sonnen-motor fand auf der Pariser Weltausstellung 1889 große Beachtung.

damit erzeugte elektromotorische Kraft war jedoch gering.

Erst mit der Erfindung des Transistors im Jahr 1947 war die Technologie gefunden, die eine Revolution auf dem Energiegebiet einzuleiten beginnt, die Solarzelle, ein Kind der Halbleitertechnik, bei der ebenfalls direkt elektrische Energie erzeugt wird. Im Weltraum sind beispielsweise solche Solarzellen für Leistungen über 10 Kilowatt seit längerem in Einsatz. Jedoch hat diese, wie jede Umwandlungsform der Sonnenenergie, nur dann eine Chance, die fossilen Brennstoffe abzulösen, wenn sie in einer Form zur Verfügung steht, in der sie speicherbar ist, beispielsweise als elektrolytisch gewonnenes Wasserstoffgas. Durch mehrfache Verluste bei der Umwandlung sinkt auch hierbei der Wirkungsgrad bis zur Wiedererzeugung von elektrischer Energie über die Speicherung auf einen Bruchteil der eingestrahlten Sonnenenergie. Die Nutzung ist somit auch bei dieser Technologie in erster Linie ein wirtschaftliches Problem.

Es darf allerdings nicht vergessen werden, daß die Umwandlungswirkungsgrade von Holz oder Fleisch – dem Leben auf unserer Erde, das wir dem Sonnenlicht verdanken- um die Faktoren 100 bzw. 10 000 niedriger liegen als der Wirkungsgrad der Umwandlung der Energie über Solarzellen.

Unter den ersten Tüftlern, die sich mit physikalischen und technischen Kenntnissen der Umwandlung von Sonnenstrahlung in Energie befaßten, waren die beiden Schwaben Adolf Remshardt, »Civilingenieur« in Stuttgart und Wilhelm Maier aus Aalen. Sie erhielten am 1. September 1907 ein Patent für eine *»Vorrichtung zur unmittelbaren Verwendung der Sonnenwärme«*. Diese Vorrichtung zur Dampferzeugung mittels drehbarer, in einen gemeinsamen, ebenfalls drehbaren Rahmen gelagerter zylindrisch-parabolischer Reflektoren mit in ihren Brennflächen angeordneten Heizröhren ist dadurch gekennzeichnet, daß *»die Verbindungsröhren der Heizröhren ... in einen Dampfkessel münden«*. Von dort sollte der Dampf im Kreislauf wieder in den Überhitzer geleitet werden, ebenfalls Reflektoren vorbeschriebener Konstruktion. Der überhitzte Dampf könnte über eine Kraftmaschine Wasserpumpen antreiben, die wüstennahe Regionen bewässern würden. Der erzeugte Dampf könnte auch zur Meerwasserentsalzung – Destillation und Rückkondensation des Meerwassers – eingesetzt werden, sofern kein Brunnenwasser verfügbar wäre, stellten die Erfinder fest.

Die Patenturkunde vom 1. September 1907 für eine »Vorrichtung zur unmittelbaren Verwendung der Sonnenwärme zur Dampferzeugung«. Die in ihr geschilderten Konstruktionsüberlegungen sind durchaus modern.

Die Erfindung wurde nie realisiert. Der Doktor der Naturwissenschaften und Geologe Maier berichtete lediglich von einer amerikanischen Anlage, die in den Jahren 1913/14 in der Nähe von Kairo gebaut worden sei. Sie stammte von dem Deutschamerikaner Shuman, der sie nach einem dem Maier'schen Patent sehr ähnlichen Prinzip hatte bauen lassen. Sie bewässerte ein Baumwollfeld von 200 Hektar. Die strahlungsaufnehmende Fläche betrug 1 463 Quadratmeter und bewirkte eine Leistung von 50 PS bei vollem Sonnenschein. Maier, der diese Anlage selbst besichtigt hat, stellte allerdings einen ungenügenden Wirkungsgrad fest. Die Zeit, in der Sonnenkraftmaschinen von Interesse sein würden, war jedoch noch nicht gekommen. Die führenden Länder der Welt waren mit dem Aufbau ihrer Industrien beschäftigt. Verbrennungsmotor und Elektromotor waren die Schlagworte des industriellen Aufschwungs, Energie schien genügend vorhanden. Der Dampfkraftantrieb war bereits zurückgegangen. Wo Strom aus Fernleitungen zur Verfügung stand, trieben elektrische Motoren die Transmissionen in den Fabriken und Handwerksbetrieben an. Um die wirkungsgradarme Umsetzung der Sonnenenergie kümmerte sich niemand, vor allem aber nicht in den Ländern, in denen diese Technologie wegen der klimatischen Vorteile hätte eingesetzt werden können.

Maier verbesserte in den dreißiger Jahren seine Sonnenkraftmaschine und erhielt 1940 ein zweites Patent für diese Neuentwicklung. Als wärmeübertragendes Mittel dient ein bis dreihundert Grad erhitzbares Öl, Arbeitsmittel für die Dampfmaschine bleibt Wasser. Ein druckloser Wärmespeicher besteht aus Beton, der von Rohren mit Metallrippen durchzogen ist. Nach dem Besuch eines internationalen Kongresses in Neu-Delhi im Jahre 1954 stellte Maier allerdings fest, daß sich seit »fünfzig Jahren nicht viel Neues unter der energetischen Sonne ergeben« hat. Er kann seine eigenen Planungen immer noch in allen Einzelheiten als durchdacht bezeichnen. Seine Erkenntnis, daß andere Umset-

Eine Demonstrationszeichnung zur Anwendung seiner Sonnenreflektoren zur Betätigung eines Wasser-Pumpwerkes in der Wüste.

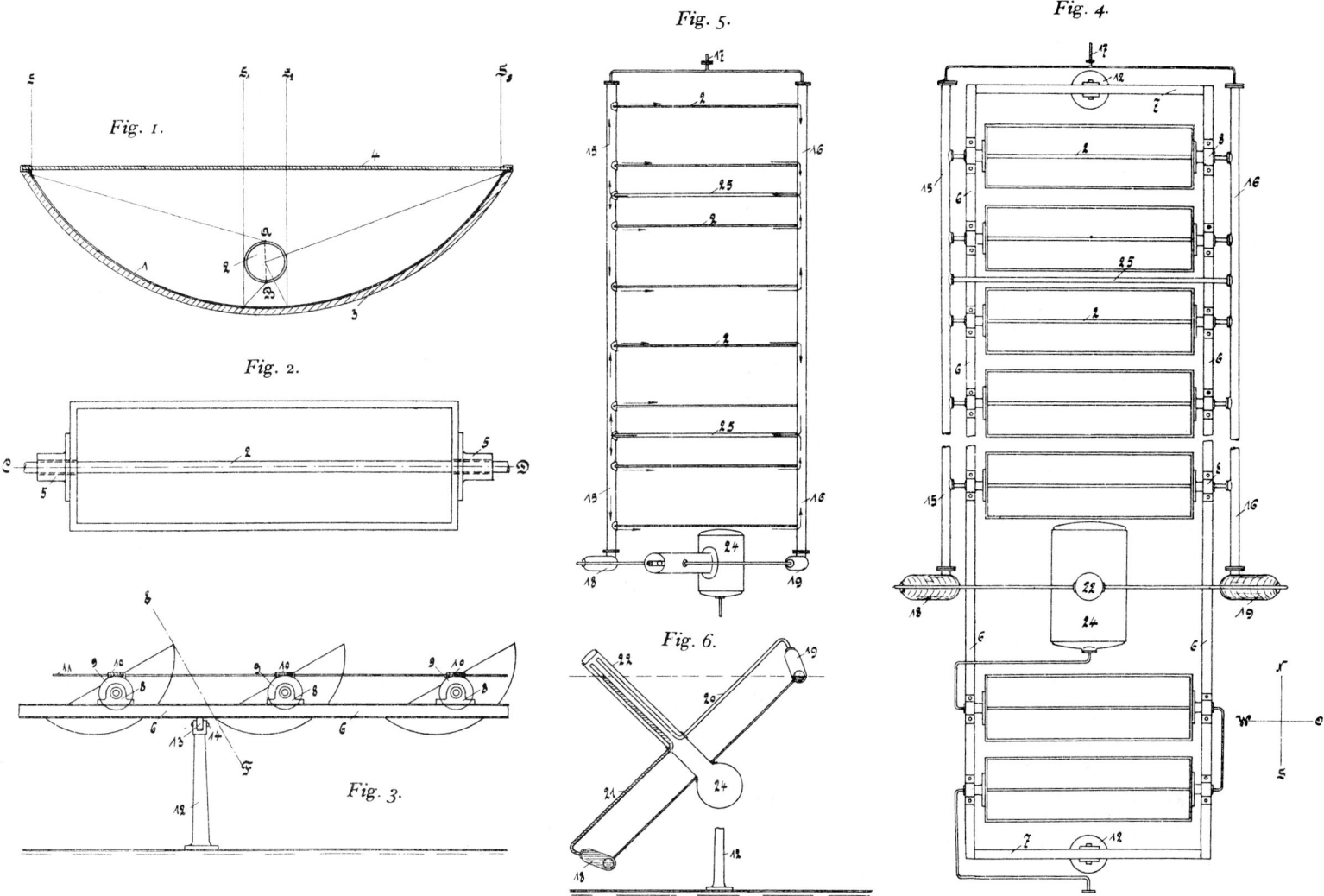

Fig. 5.

Fig. 4.

Fig. 1.

Fig. 2.

Fig. 6.

Fig. 3.

Die technische Zeichnung zur Patentschrift »Vorrichtung zur unmittelbaren Verwendung der Sonnenwärme zur Dampferzeugung«.

zungsmöglichkeiten der Sonnenstrahlen in kinetische Energie gefunden werden müssen als die thermodynamische, kann heute, dreißig Jahre später, bestehen: Die Enwicklung von Solarzellen, die Sonnenlicht direkt in elektrische Energie umwandeln, verläuft intensiv. Maiers technische und ökologische Überlegungen hingegen waren durchaus keine phantastischen Spinnereien, wie die manch anderer erfolgloser Erfinder: Sogenannte Solarfarmen, seinem Prinzip ähnelnd, sind heute für heiße Zonen der Erde erwogen, in denen die Globalstrahlung, d. h. die Summe aus direktem Sonnenlicht und Streustrahlung, zweitausend Kilowatt je Stunde und Jahr und darüber beträgt.

Wilhelm Maier, geboren am 13. April 1883 in Aalen als Sohn eines Viehhändlers, Metzgermeisters und Gastwirts, war ein vielseitiger und begabter Schüler gewesen. Zum Schulabschluß der achten Klasse an der Realschule in Aalen wurde ihm für »Wohlverhalten und gute Leistungen« ein Diplom zuerkannt, überreicht von dem Schulrektor Rommel, der kein geringerer war als der Vater des Feldmarschalls Rommel und Großvater des heutigen Stuttgarter Oberbürgermeisters Manfred Rommel. Studiert hatte Maier ab 1902 an der Technischen Hochschule Stuttgart, den Universitäten Tübingen, Freiburg/Breisgau und Straßburg – seit dem deutsch-französischen Krieg 1870 wieder

134

13.4.1883 Wilhelm Maier in Aalen geboren
1902/08 Ausbildung zum Geologen für das Lehrfach in Oberschulen
1907 Lehramtsprüfung in Stuttgart; Patent für einen Sonnenmotor
1924/31 Verschiedene Patente; Studienrat in Ulm
1933 Patent für einen Schmelzofen zur Herstellung synthetischer Edelsteine
1949 Herausgabe eines Fachbuches »Brillanten und Perlen«
12. 2. 1958 In Bernau/Chiemsee gestorben

Dr. phil.
Wilhelm Maier.

reichsdeutsche Hauptstadt von Elsaß-Lothringen. Im Jahr 1909 absolvierte er die zweite Dienstprüfung für Studienreferendare, um, nun selbst Lehrer geworden, seinen Dienst als Assessor an der Friedrich-Eugen-Realschule in Stuttgart anzutreten. Während des ersten Weltkrieges war er an den Fronten in Frankreich und Rußland. Mit einigen Auszeichnungen verließ er als Leutnant der Reserve das Militär, um als Studienrat an die Oberrealschule in Ulm zurückzukehren.

Schon als Assistent am mineralogischen Institut der Universität Freiburg von 1905 bis 1906 hatte er umfangreiche Reisen gemacht, um seinen wissenschaftlichen Interessen nachzugehen. Auch die Wanderungen des naturnahen Menschen in den Bergen Europas von den Pyrenäen bis zum Wienerwald waren verbunden mit wissenschaftlichen Arbeiten. Rucksackweise brachte er Steine nach Hause, die er auf ihre Zusammensetzung untersuchte. So hat er sich seinen Doktor »zusammengeklopft«. Der eingefleischte Junggeselle hielt sich als treuen Ge-

fährten ein Opel-Motorrad, das ihn lange Jahre hindurch auf seinen Studienreisen begleitete. Für Erfindungen war jedoch noch immer Zeit. Im Jahr 1924 erhielt er ein Patent für eine *»Koch- und Leuchtlampe für Kerzenbenutzung«*, dadurch gekennzeichnet, daß in einem zylindrischen Körper, der gleichzeitig als Kerzenbehälter dient, eine höhenverstellbare Kerze sitzt; an Stelle des abnehmbaren Deckels der Lampe konnte ein Kochgefäß, das bei Nichtverwendung im Leuchtraum Platz hat, eingesetzt werden. Damit sollte einem Bergsteiger oder Skifahrer, als welcher er selbst noch im hohem Alter unterwegs war, *»sowohl beim Marsch als auch in der Ruhe geholfen werden«*. Ernst gemeint war auch die Erfindung einer *»Transport- und Sitzboje für Dauerschwimmer«*, für die er im gleichen Jahr ein Patent erhielt. Dieses Kuriosum unter seinen Einfällen sollte Dauerschwimmern – eine Sportart, die er sogleich zu propagieren begann – auf Fluß und See an Stelle des bis dahin bekannten zusammenlegbaren Segeltuchsackes eine *»leicht tragbare Boje«* liefern,

*Wanderschwimm-
boje im Schlepp des
Schwimmers.*

die Proviant aufnehmen kann und die Kleidung
trocken erhält, die leicht zu schleppen ist und
dem Schwimmer erlaubt, sich in *»aufrechter
Sitzstellung«* auszuruhen oder mit dem Strom
treiben zu lassen. Die Transportboje mit
zweiundzwanzig Liter Inhalt konnte sogar mit
einem kleinen Segel ausgestattet werden. Bojen-
fahrten in Gesellschaft versprach Maier in seiner Werbebroschüre als besonders reizvoll.
*»Die Boje geschultert, belächelt der vom Schwim-
men Zurückkehrende den schwerbepackten Falt-
bootfahrer«*, so beschreibt er die Vorzüge des
Dauerschwimmens. Wegen eines Lungenlei-
dens, das er sich im Ersten Weltkrieg zugezogen
hatte, wurde Maier 1932 vorzeitig aus dem
Schuldienst entlassen. Der Eigenbrötler widmete sich danach vor allem der Kristallkunde. Für
einen Schmelzofen zur Herstellung synthetischer Edelsteine erhielt er 1933 ein Patent. Ein
Patentanspruch für eine neue Schleifmethode,
die eine besondere Brillanz geschliffener Steine

ermöglichte, wurde vom kaiserlichen Patentamt
in Berlin abgewiesen.

Es folgten eine Reihe von Veröffentlichun-
gen über Vulkanismus und die Verschiebung
der Kontinente, Fossilbildung, Morphologie
des Ätna, Phänomene der Sonnendoppelschat-
ten, Auftreten von Lichtfiguren im Luftraum,
Struktur von Hagelkristallen und andere, die in
der Fachwelt Beachtung fanden. 1949 erschien
von ihm ein Fachbuch *»Brillanten und Perlen«*.
In einem eigenen Labor, das er in Bernau am
Chiemsee betrieb, wohin er sich zurückgezogen
hatte, untersuchte er Strahlungsreflexionseigen-
schaften von Mineralien. Ein teurer Röntgenap-
parat verhalf zu neuen Erkenntnissen. Wenig
Glück hatte Maier mit seiner Erfindung eines
Horchgeräts mit Parabolspiegeln, dessen Strah-
lengang er rechnerisch nachvollzog. Das Ober-
kommando der Kriegsmarine, das seine Apparatur prüfte, empfahl ihm 1940, in einem Hand-
buch der Experimentalphysik die Funktionsweise eines solchen Geräts nachzulesen.

Der introvertierte, der Verwandschaft ab-
gewandte, eigenwillige Mensch heiratete, fünf-
undsechzigjährig, seine langjährige Lebensge-
fährtin. Diese erinnert sich: *»Seine ganzen Erfindungen, mit denen er so viel Mühe hatte, haben nur Geld gekostet; und was haben sie eingebracht?«*

*Schwimmer mit
Wanderschwimm-
boje treibend.*

Claude Dornier,
der Pionier des Großraumflugzeugbaus

Von Andreas Hacker

Die weltberühmte Do X mit luftgekühlten Motoren und Tandemanordnung der Triebwerke (1929).

Als am 14. Mai 1884 Claude Honoré Desiré Dornier im Allgäustädtchen Kempten geboren wurde, war keinesfalls vorbestimmt, daß aus ihm 45 Jahre später der Konstrukteur des ersten Großraumflugzeugs der Welt werden würde. Im Gegenteil: Der Sohn des französischen Sprachlehrers Dauphin Dornier und der schwäbischen Bürgerstochter Buck konzentrierte sich in seiner Jugend derart auf den Sport, daß sein alter Rektor am Realgymnasium Kempten die Eltern davor warnte, den jungen Claude studieren zu lassen. Daß schließlich dennoch die Technik und nicht der Sport den weiteren Weg Dorniers bestimmte, lag an den Textilfabriken am heimischen Fluß Iller. Die Wasserkraftanlagen dieser Webereien und Spinnereien übten auf ihn eine solche Faszination aus, daß er bereits als Schüler damit begann, Wasserräder nachzubauen. Das Interesse an Turbinen war letztendlich der Grund, im Jahr 1900 nach München zu gehen und dort zuerst die Industrieschule und später die aus dem Polytechnikum hervorgegangene Technische Hochschule zu besuchen. Trotz des wiedererwachten sportlichen Eifers, der ihn häufiger den Fechtboden als die Hörsäle benutzen ließ, erhielt der 23jährige Dornier 1907 sein Diplom als Maschinenbauer.

Einen ersten wichtigen Einschnitt in das Leben des jungen Diplom-Ingenieurs gab es dann durch einen Wechsel in den finanziellen Verhältnissen seiner Eltern. Die einst wohlhabende Familie Dornier geriet durch geschäftliche Mißerfolge des vom Sprachunterricht zum Weinhandel avancierten Vaters in eine finanzielle Notlage, in der Claude Dornier es übernahm, für Eltern und Geschwister zu sorgen. Unzählige, meist unbeantwortet gebliebene Bewerbungen waren erforderlich, bis die Bemühungen um eine Anstellung Erfolg hatten: Für

Claude Dornier als junger Dipl.-Ingenieur im Jahr 1914.

14. 5. 1884 Geburt von Claude Dornier in Kempten/Allgäu
1900 bis 1907 Studium in München, Maschinenbaudiplom
1907 Einstellung in der Maschinenfabrik Nagel in Karlsruhe
1910 Arbeitsplatzwechsel zum Eisenwerk Kaiserslautern
2. 11. 1910 Beginn bei der Luftschiffbau Zeppelin GmbH in Friedrichshafen
1913 Erhalt eines mit 80 000 Goldmark dotierten Preises für den Entwurf einer Luftschiffhalle
4. 6. 1918 Erstflug eines eigenen Doppeldeckers (D I) mit freitragenden Flügeln
1924 Ehrendoktorwürde der Technischen Hochschule in Stuttgart
1929–1932 Erstflug und Weltflüge der Do X, des ersten Großraumflugzeuges der Welt
1934 Ehrenbürger von Friedrichshafen
1937 Das Postflugzeug Do 17 schlägt, als Jagdbomber umgebaut, die schnellsten Flugzeuge der Welt
1942 Ernennung zum Professor
1945 Neubeginn in Lindau mit dem Bau von Textilmaschinen
1964 Als Achtzigjähriger aus dem Unternehmen zurückgezogen
5. 12. 1969 Tod in Zug/Schweiz, Begräbnis in Friedrichshafen

hundert Goldmark im Monat nahm die Maschinenfabrik Nagel in Karlsruhe den 23jährigen in ihre Dienste. Fast sechzig Jahre später, 1966, schreibt der nun 82jährige rückblickend: *»Mir graute vor den Fabriken und Städten, in denen sich meine Zukunft abwickeln sollte. Wenn ich nicht für meine Eltern und Geschwister zu sorgen gehabt hätte, wäre meine Ingenieurlaufbahn wohl nie begonnen worden«*. Als sie dann doch begann, stand Dorniers erste eigene Konstruktion in krassem Gegensatz zu seinen späteren Erfolgen, denn Dornier, dessen legendäres Riesenflugboot Do X am 21. Oktober 1929 genau 169 Personen in die Luft hob, baute als erstes für das Karlsruher Krematorium eine Transportvorrichtung für Särge zum Verbrennungsofen: *»Ich glaube, meine Konstruktion hat viele Jahre lang gearbeitet und einer großen Zahl von Zeitgenossen die letzte Reise mechanisiert«*.

Die nächsten Stationen in Dorniers beruflichem Werdegang waren in den Jahren 1909/10 die kleine Brücken- und Eisenhochbaufirma Luig in Illingen und das Eisenwerk in Kaiserslautern. Hier machte der jetzt 25jährige wichtige Erfahrungen, die für seine spätere Tätigkeit wertvoll wurden. Trotz aller beruflichen Erfolge blieb die Finanzlage angespannt, denn Dornier verdiente in Kaiserslautern gerade zweihundert Goldmark. Heimatliche Gefühle weckte dann ein Brief, der im September 1910 bei Dornier eintraf, verfaßt vom Freiherr von Soden. Die 1908 gegründete Luftschiffbau Zeppelin GmbH in Friedrichshafen bot ihm die Mitarbeit an. Am 2. November 1910 begann Claude Dornier in der Versuchsabteilung des Luftschiffbaus mit Untersuchungen zur Biege- und Knickfestigkeit von Metallprofilen. In Kaiserslautern wurde sein Wechsel an den Bodensee nicht gerade gern gesehen, und einer der beiden Kommerzienräte, die das Eisenwerk lei-

Das Werk Seemos, 1914 erbaut. Im Kreis die Konstruktions-Baracke von Claude Dornier.

Wie wenig von einem Ingenieursgehalt übrig bleiben kann, zeigt Dorniers Rechenexempel aus dem Jahr 1910: Er verdiente zwar die damals respektable Summe von 200 Goldmark, doch davon verblieben ihm nach Abzug der Aufwendungen für die Eltern und zwei Geschwister lediglich 60 bis 70 Mark, ungefähr der Verdienst eines Tagelöhners. Dementsprechend spärlich war Dorniers Privatleben: Bei einer Miete von 15 Goldmark für Zimmer mit Frühstück reichte der Rest lediglich zur Standardmahlzeit von abwechselnd rotem und weißem Schwartenmagen mit Brötchen an Werktagen, samstags gekrönt von einer Essiggurke. Sonntags wurde in der »Herberge zur Heimat" warm gegessen, nicht zuletzt deswegen, weil Dorniers Zimmer alles andere als heimelig war – ein kleiner, dunkler Raum im Parterre, eingerichtet mit Bett, wackligem Stuhl, noch wackligerem Tischchen, riesigem Kleiderschrank und winzigem Waschtisch. Einen Wecker brauchte er nicht, denn jeweils ab 6 Uhr morgens rumpelten Bauernwagen mit eisenbeschlagenen Rädern über das holperige Pflaster.

teten, machte ihm beim Abschied alles andere als Mut, als er meinte, wer zum Luftschiffbau wechsle, könne ja geradesogut zum Zirkus gehen. Solche Unkenrufe konnten den 26jährigen Konstrukteur jedoch nicht beeindrucken, denn die Arbeit im Luftschiffbau brachte ihn ganz nah heran an jenen Traum, dem er seit 1907 nahezu jede freie Minute geopfert hatte: der Erfindung von Flugmaschinen.

Die ersten Versuche waren bereits im Elternhaus in Kempten erfolgt, allerdings mit niederschmetterndem Ergebnis: Der Apparat mit Gitterrumpf und zwei Tandemflächen sowie einem 4-PS-Motor war, was Dorniers Hochschullehrer Professor Kutta mit vielen Skizzen und Berechnungen belegte, nicht flugfähig. Daß Dornier dennoch weitermachte, war Kuttas Verdienst, der seinem früheren Studenten riet, seinen Fluggedanken weiterhin nachzuhängen, und Dornier anbot, mit ihm in Kontakt zu bleiben und bei ihm fachlichen Rat einzuholen.

Die entscheidende Weichenstellung für den Aufstieg Dorniers vom Mitarbeiter im Luftschiffbau zum Pionier im Flugzeugbau erfolgte in den Jahren 1913/14. Ausgangspunkt war ein Wettbewerb des Preußischen Kriegsministeriums, das nach Lösungen zum Bau drehbarer Luftschiffhallen suchte als Voraussetzung für den regelmäßigen Einsatz von Luftschiffen als Verkehrsmittel und Angriffswaffe. Feste Hallen hatten sich als unzureichend erwiesen, da die Luftschiffe nicht eingebracht werden konnten, wenn die Windrichtung nicht annähernd mit der Achse der Halle übereinstimmte. Mit seiner Idee, den Hallenboden mit sämtlichen Einrichtungen fest anzuordnen und lediglich das schirmende Gehäuse drehbar zu machen, gewann Dornier 1913 nicht nur den mit 80 000 Goldmark dotierten Preis, sondern auch das besondere Vertrauen von Ferdinand Graf von Zeppelin. Dieser erkannte die Notwendigkeit, Dornier größere Entwicklungsmöglichkeiten zu geben, und er ließ im »Carbonium«, einem kleinen Gaswerk an Rande des Luftschiffgeländes, die Abteilung Do einrichten. Anfangs noch mit Vorarbeiten für ein 80 000 Kubikmeter fassendes Stahl-Luftschiff betraut, mit dem Graf Zeppelin 1916 nach Amerika fliegen wollte, gelang Dornier eine erste wesentliche Verbesserung: Im Bestreben, das Gerippe der Luftschiffe tragfähiger zu machen, baute Dornier eine einfache Knickmaschine und wies nach Tausenden von Versuchen nach, daß die Bördelung oder Abkantung an Aluminium-Winkelprofilen deren Festigkeit erhöht.

Die innere Abkehr vom Luftschiffbau und vom Prinzip »Leichter als Luft« kam Weihnachten 1913, als Dornier zusammen mit Graf von Soden in Paris den Salon de L'Aéronautique besuchte und tagelang Flugzeugstudien betreiben konnte. Das Ende für das geplante Atlantikluftschiff war schließlich der Ausbruch des Ersten Weltkrieges. Graf Zeppelin plante den Bau eines Flugapparates, der in der Lage sein sollte, eine Tausend-Kilogramm-Bombe über den Docks von London abzuwerfen. Mit der Konstruktion wurde Claude Dornier beauftragt, der sich, weil Einsätze über See vorgesehen waren, für den Bau eines Flugbootes entschied. In Seemoos bei Manzell – wo einst die erste schwimmende Luftschiffhalle des Grafen Zeppelin zu sehen gewesen war – entstand eine neue Werft mit großzügigen Versuchsanlagen.

Der junge Ingenieur gehörte jetzt zu einer Gruppe von Luftfahrtpionieren wie Theodor Kober, Hellmuth Hirth und Gustav Klein, dem Direktor von Robert Bosch in Stuttgart. Bosch hatte Klein, einen seiner besten Mitarbeiter, dem Grafen Zeppelin zur Verfügung gestellt, um – zuerst in Gotha und nach 1916 in Staaken bei Berlin – sogenannte R(iesen)-Flugzeuge zu bauen. Während jedoch Kober (beim Flugzeugbau Friedrichshafen in der alten Manzeller Luftschiffhalle) und Klein mit seinem Chefkonstrukteur Professor A. Baumann die herkömmliche Doppeldecker-Ausführung in Holzbauweise wählten, entschied sich Dornier für Metall. Er, dem der kriegerische Zweck seines Auftrages keineswegs zusagte, den die technischen Probleme jedoch enorm reizten, befand sich damit am Ziel seiner geheimen Wünsche.

Erstmals konnte er alle seine Erfindungen und neuen konstruktiven Ideen für den Flugzeugbau verwerten, wobei erklärtes Ziel war, das erste Ganzmetallflugzeug zu schaffen. Zusammen mit einigen jungen Ingenieuren, die der Luftschiffbau zur Verfügung gestellt hatte (unter ihnen war auch der später durch seine leichten Sportflugzeuge weltbekannt gewordene Hans Klemm), legte Dornier den Grundstein zu einer Bauweise, die jahrzehntelang angewandt werden sollte: Wo bislang mit Holz, Leinwand und Klavierdraht gearbeitet wurde, entstanden jetzt tragende Teile aus Leichtmetall. Dornier war damit der erste Konstrukteur, der – auf Erfahrungen aus dem Luftschiffbau aufbauend – Leichtmetall im Flugzeugbau verwendete und rasch Nachahmer fand. Einer von ihnen war Hugo Junkers, der Dornier im Wettlauf um das erste Ganzmetallflugzeug der Welt zwar 1915 zuvorkam, nach einem Besuch in Friedrichshafen von Dornier jedoch die Verwendung des Werkstoffs Leichtmetall übernahm. Junkers erstes Flugzeug war aus Stahlblech gebaut und wegen der erforderlichen Mindestwandstärke zu schwer. In späteren Junkers-Konstruktionen diente Leichtmetall als Wellblech für die Außenhaut und als Rohre für den Rumpf.

Dem gelungenen Entwurf auf dem Papier folgte ein herber Rückschlag am fertigen Flugzeug: RS I, am 12. Oktober 1915 vom Stapel gelassen und mit einer Spannweite von 43,5 Meter eines der größten Flugzeuge seiner Zeit, wird nach mehreren erfolgreichen Rollversuchen auf dem Bodensee am 22. Dezember durch einen Sturm völlig zerstört. Ein Jahr Konstruktionsarbeit ist zunichte. Doch Dornier gibt, von Graf Zeppelin unterstützt, nicht auf. Bereits ein halbes Jahr später, am 30. Juni 1916, erhebt sich mit RS II das erste Dornier-Flugzeug in die Luft, nachdem der Volksmund angesichts endloser Startversuche bereits gereimt hatte:
»Das ist das Boot von Seemoos, das kommt nicht vom See los.«

Noch im gleichen Jahr wird RS II umgebaut und erhält vier Maybach-Motoren von jeweils 240 PS, die erstmals in Tandemanordnung angebracht waren – je zwei Motoren hintereinander mit Zugpropeller vorne und Druckschraube hinten. Die Höchstgeschwindigkeit der Riesenflugboote steigt von 103 km/h bei RS II a bis auf 136 km/h bei RS III im November 1917, die Gipfelhöhe beträgt 3 000 Meter.

Als Zeppelin 1917 in Charlottenburg stirbt, sind Dorniers Erfolge für die neue Leitung des Luftschiffbaus Anlaß, ein leerstehendes Werk in Reutin zu kaufen und aus der Abteilung Do die mit einem Kapital von 25 000 Goldmark ausgestatteten Zeppelinwerke GmbH Lindau entstehen zu lassen. Claude Dornier wird deren Geschäftsführer, und weil im Jahr 1917 ein großer Bedarf an Heeresflugzeugen besteht, beginnt Dornier auch mit dem Bau kleiner Landflugzeuge. Zwei dieser Modelle bringen neue Konstruktionsmerkmale, mit denen Dornier Maßstäbe setzt: Das zweisitzige Kampfflugzeug CL I (Erstflug am 3. November 1917) hat den ersten Flugzeugrumpf in Schalenbauweise. Im Rumpfinnern des an den Flügeln noch mit Spanten versehenen Doppeldeckers gibt es keine Querverstrebungen mehr, sondern der gesamte Rumpf besteht aus einem selbsttragenden Rahmen mit glatter Blechhaut. Sieben Monate später krönt Dornier seine Leistung als Kon-

Der Jagd-Doppeldecker D 1 ist das erste Flugzeug mit freitragenden Flügeln (Erstflug 4. Juni 1918).

strukteur mit dem Jagd-Doppeldecker D I, dem ersten Flugzeug mit freitragenden Flügeln, vollständig in Schalenbauweise hergestellt (Erstflug 4. Juni 1918).

Der verlorene Weltkrieg bringt den deutschen Flugzeugherstellern durch das Versailler Diktat 1919 ein Bauverbot, das Dornier zur Aufgabe des Lindauer Werkes zwingt. Weitergehende Forderungen der Gesellschafter – außer der Luftschiffbau Zeppelin waren dies die AEG, die Hapag und die Metallbank – kann Dornier mit einem Schrumpfkonzept für die Werft in Seemoos gerade noch abwehren. Am Ende bleiben hundert Mitarbeiter übrig. Sie können mit der Herstellung von Eimern und Waschkesseln mehr schlecht als recht beschäftigt werden, während im Büro an der Konstruktion neuer, kleinerer Verkehrsflugboote gearbeitet wird. Dornier stützt sich dabei auf die Hoffnung, daß von den Alliierten zwar der Flugzeugbau, nicht jedoch dessen konstruktionsmäßige Vorbereitung verboten wurde. Die Montage wird auf die andere Seite des Bodensees verlegt, nach Rorschach in die freie Schweiz. Dort, in einer Holzhalle mit Rampe zum See, entstehen die kleine »Libelle« und das Modell GS II, das auf dem Zeichenbrett bald zum berühmten Dornier-Wal weiterentwickelt wird. Weil Rorschach für dessen Produktion viel zu klein ist, kaufen Dornier und Alfred Colsman, Generaldirektor der Luftschiffbau Zeppelin, Ende 1921 eine kleine Schiffswerft in Italien, in Marina di Pisa an der Arnomündung, gründen dort die Firma »Costruzioni Meccaniche Aeronautiche SA« und legen damit den Grundstein für einen Flugzeugbau, der das Bauverbot des Versailler Vertrages umgeht.

Was folgt, sind Flugzeuge, die Weltruhm erlangten und Weltrekorde erflogen, wie der Dornier-Wal, mit dem Amundsen am Nordpol

Das Verkehrsflugboot »Wal«, das im regelmäßigen Linienverkehr nach Südamerika eingesetzt war, wird mit einem Kran auf das Stützpunktschiff »Westfalen« gehievt, wo es nach dem Auftanken mittels einer Katapultanlage gestartet wird (1933).

Montage eines Verkehrsflugboots »Wal« 1924 in Seemoos.

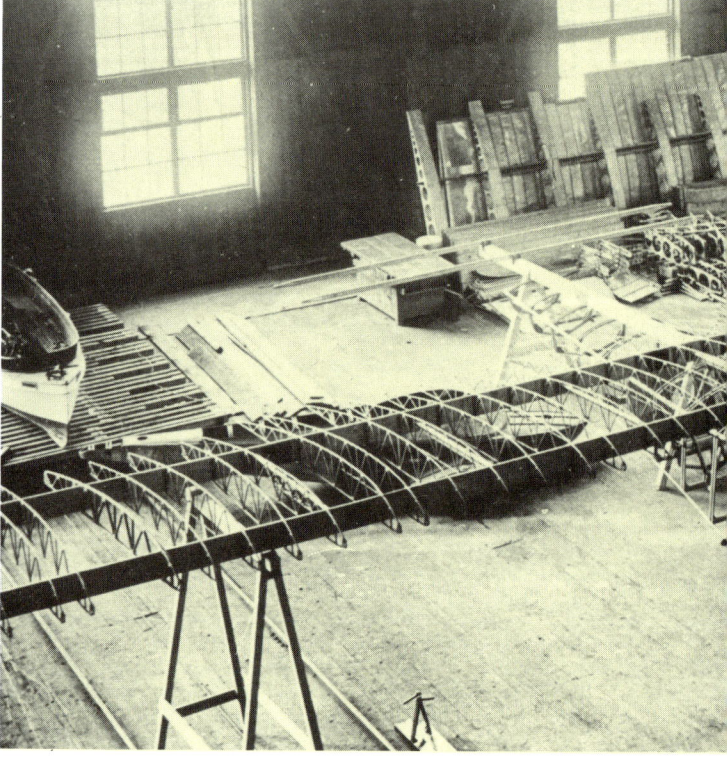

war, oder das Verkehrsflugzeug Dornier-Merkur, mit dem die neugegründete Deutsche Lufthansa ihren Liniendienst begann. Im Juli 1929 findet schließlich der Erstflug der Do X statt, des ersten Großraumflugzeugs der Welt. Das 27,9 Tonnen schwere Riesenflugschiff mit 48 Meter Spannweite, 40,05 Meter Gesamtlänge und 10,25 Meter Höhe stellt mit 169 beförderten Personen einen Weltrekord auf, begeistert mit Flügen durch Europa sowie Nord- und Südamerika und kommt 1935 in das Berliner Luftfahrtmuseum, wo es Ende des Zweiten Weltkrieges bei einem Bombenangriff zerstört wird. Weitere Meisterstücke Dorniers sind der »fliegende Bleistift« Do 17, der dank konsequenter Anwendung aerodynamischer Erkenntnisse beim Züricher Flugmeeting 1937 alle schnellen Jagdflugzeuge schlägt, und die Do 335, die 1943 ihren Erstflug unternimmt und mit der dornier-typischen Tandemanordnung zweier Motoren in 7100 Meter Höhe eine Geschwindigkeit von 732 Kilometer in der Stunde erreicht, eine Traumleistung für durch Kolbenmotoren angetriebene Flugzeuge.

Das Mehrzweck-Jagdflugzeug Do 335 (Oktober 1943) mit seinem dornier-typischen Tandem-Triebwerk erreichte eine Geschwindigkeit von 732 km/h und war damit eines der schnellsten Propellerflugzeuge.

Begegnung zwischen Do X und LZ 127 im Jahr 1929 über dem Bodensee.

Die Aufzählung seiner berühmten Flugzeuge reicht allein nicht aus, um Dorniers Werk als Erfinder, Konstrukteur und Unternehmer zu würdigen. Leistungen wie der Dornier-Wal oder das erfolgreiche Kurzstartflugzeug Do 27, mit dem nach 1955 die Bundeswehr ausgerüstet wurde, wären kaum möglich gewesen ohne Dorniers schwäbische Beharrlichkeit und organisatorisches Geschick. Beides ließ ihn nach Auswegen suchen, wie die Bauverbote nach den beiden Weltkriegen umgangen werden konnten, und die zeitweilige Produktionsverlagerungen in die Schweiz sowie nach Italien und Spanien waren entscheidend für das Weiterbestehen des Unternehmens, das Claude Dornier seit 1932 ganz in seinem Besitz hatte. Dank dieser Kontinuität des Dornier-Flugzeugbaus erhält die Arbeit des Firmengründers zusätzliche Qualität: Als sich der 80jährige Claude Dornier 1964 von der direkten Einflußnahme auf den Geschäftsablauf zurückzieht, kann er auf mehr als vierzig Jahre Konstrukteurtätigkeit zurückblicken. Gemäß seiner im Eisenwerk Kaiserslautern gefundenen Erkenntnis, daß gute Technik immer schön und im Entwurf klar sein müsse, schuf Dornier nicht nur konstruktiv neue, sondern auch harmonisch anmutende Flugzeuge.

Die lange Reihe beruflicher Ehrungen beginnt 1924 mit der Verleihung der Ehrendoktorwürde der Technischen Hochschule Stuttgart und endet 1964 mit der Überreichung des Sterns zum Verdienstorden der Bundesrepublik Deutschland. Die Ernennung zum Professor erfolgte 1942. Claude Dornier erhielt insgesamt 41 Patente auf seinen eigenen Namen, 45 Patente für den Luftschiffbau Zeppelin/Zeppelinwerk Lindau und 125 Patente für Dornier-Metallbauten/Dornier-Werke. Wie weit er dabei seiner Zeit vorausdachte, zeigt der Gedanke, ein Flugzeug für kleine und große Fluggeschwindigkeit ohne Benutzung langer Startbahnen durch nach unten schwenkbare Triebwerke zu bauen. Diese Idee, in den 60er Jahren im senkrecht startenden, strahlgetriebenen Transportflugzeug Do 31 verwirklicht, hatte Dornier bereits 1920 zum Patent angemeldet.

Am 5. Dezember 1969 starb Claude Dornier im 86. Lebensjahr in Zug in der Schweiz. Er wurde in Friedrichshafen begraben, wo er von 1910 bis 1945 gelebt hatte und 1934 zum Ehrenbürger ernannt worden war.

Ernst Heinkel:
Pionier des Düsenflugzeugs

Von Jörg Baldenhofer

Der fünfzehnjährige Heinkel mit Mutter, Vater und Bruder Karl.

»Der Wasen*) ist der Nabel der Welt«, sagte einmal der unvergessene Oberbürgermeister Stuttgarts, Dr. Arnulf Klett anläßlich der Eröffnung des Volksfestes auf dem Cannstatter Wasen. Mag dies auch eine schwäbische Übertreibung sein, so wurde doch durch das von König Wilhelm I. von Württemberg im Jahr 1818 ins Leben gerufene landwirtschaftliche Fest auf dem Cannstatter Wasen eine »schwäbische« Institution, die alljährlich selbst viele Amerikaschwaben zum Cannstatter Volksfest »pilgern« läßt.

Aber der Wasen war mehr als ein Ort für landwirtschaftliche Ausstellungen und des Schwaben »Wiesn«. Auf ihm hatte 1897 Gottlieb Daimler dem staunenden Volksfestpublikum *»eine neuartige Straßenbahn ohne Pferde, aber auch ohne Lokomotive«* vorgeführt – ein mit seinem Benzinmotor betriebenes Fahrzeug. Auf dem Wasen fanden auch die ersten Fallschirmabsprünge im Lande statt. Von hier flog Albert Hirth mit einem Ballon bis nach Berlin.

---

*) Wasen bedeutet Rasen

Hirths Sohn Hellmuth konnte sich 1909 auf dem Wasen mit einer nachgebauten französischen Flugmaschine *»mehrere Meter«* in die Luft erheben und erreichte hier 1911 mit einer Rumpler-Taube im Beisein von König Wilhelm II. die damals sensationelle Höhe von 800 Metern.

Auf diesem so traditionsbeladenen »Flugfeld« wurde dann 1910 von einem der Flugbegeisterung verfallenen Ingenieurstudenten eine ausgediente Reithalle aufgestellt, um in ihr sein erstes Flugzeug zusammenzubauen. Der junge Student hieß Ernst Heinkel und stammte aus Grunbach im Remstal. Als Vorbild für seine Flugmaschine diente ein Doppeldecker des französischen Flugpioniers Farman. Heinkels Tätigkeit auf dem Cannstatter Wasen war nicht unbemerkt geblieben und so trieben sich immer wieder Neugierige um die Reithalle herum, von denen der junge ewig in Geldnöten steckende Heinkel Eintrittsgelder zur Finanzierung seines Flugzeuges kassieren konnte.

Mit dem Heinkel zur Verfügung stehenden bleischweren Bootsmotor von 22 PS erhob sich die fertiggestellte Flugmaschine nicht vom Boden. Erst als ihm die Firma Daimler einen Flugmotor von 50 PS leihweise zur Verfügung stellte, gelang der erste Luftsprung. Das *»Stuttgarter Tagblatt«* berichtete am 10. Juli 1911 darüber:

»Gestern früh machte der Flieger Heinkel auf dem Wasen den ersten Flugversuch mit seinem neukonstruierten Zweidecker... Eine Probe ohne Passagier führte den Flieger durch die ungeheure Kraft des Motors unversehens in etwa 10 Meter Höhe...«

Doch der Erfolgsrausch des jungen Heinkel währte nicht lange. Bereits am 19. Juli 1911 – zehn Tage nach seinem ersten Flug – stürzte er ab, als er seine Maschine in Höhe des Daimlerwerks aus einer Rechtskurve wieder in die hori-

Als im Jahr 1909 der einundzwanzigjährige Maschinenbau-Student Heinkel mit dem Stuttgarter Mechanikermeister Friedrich Münz zusammentraf, stellte dieser ihm einen früheren Betsaal über seiner Werkstatt in der Blumenstraße zum Bau seines Flugzeugs zur Verfügung. Da Heinkel nun 1910 auf dem Cannstatter Wasen eine alte ausgediente Reithalle als Flugzeugschuppen aufstellen konnte, sollten die im Betsaal erbauten Tragflächen zum Wasen transportiert werden. Dabei stellte er zu seinem Entsetzen fest, daß diese weder über die Treppe noch durch das Fenster herausgebracht werden konnten. Er betrachtete abwechselnd das Fensterkreuz sowie den anwesenden Münz, als dieser meinte: *„I woiß scho, was Sie wellet, aber wenn scho oiner des Haus versägt, dann tu i des selber!"* Sprach's, griff zur Säge und frei war der Weg zum Cannstatter Wasen.

Zusammenbau des ersten Heinkel-Flugzeugs in der ehemaligen Reithalle auf dem Cannstatter Wasen 1911.

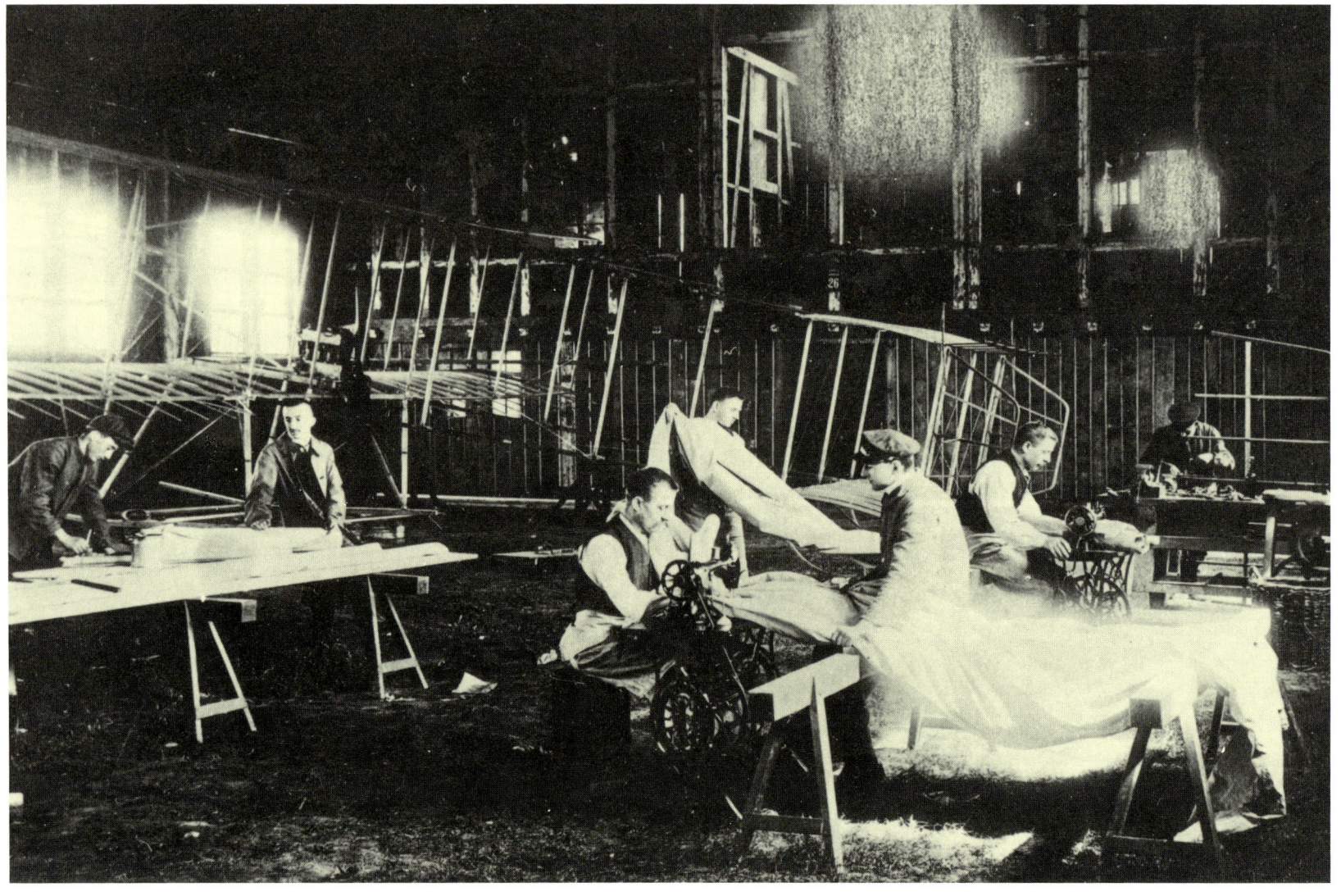

Heinkels erster erfolgreicher Flug am 9. Juli 1911. Im Hintergrund der Rotenberg bei Untertürkheim.

zontale Lage bringen wollte. Der Sturz und die anschließende Explosion des Benzintanks zerstörten die Maschine vollständig. Heinkel, von einem Daimlerarbeiter und einem Polizisten aus den brennenden Trümmern gezerrt, erlitt schwere Verletzungen und wurde ins Krankenhaus geschafft. Das Resultat mehrjähriger Arbeit war vernichtet und es blieb nur ein Berg Schulden.

Doch der Absturz hatte viel Aufsehen erregt und das *Stuttgarter Tagblatt* berichtete:

»Der bedauernswerte Ingenieur Heinkel liegt im Cannstatter Krankenhaus schwer darnieder... Sein Modell der Flugmaschine hat nach Äußerungen berufener Sachverständiger eine reiche Zukunft. Nun ist aber sein Apparat beim Unfall vollständig zerstört worden. Für ihn ist das Resultat zweijähriger angestrengter Studien und Arbeit und großer geldlicher Opfer, bei denen seine Leistungsfähigkeit ihre Grenzen erreicht hat, vollständig vernichtet. Darum sollen Postkarten, die den Flieger und seine Maschine bei den wohlgelungenen Probeflügen darstellen, in den Handel kommen. Der Reinerlös aus dem Verkauf wird dann den Grundstock für seine neue Arbeit ergeben...«

Und ein Zeitungsoriginal jener Tage, der »Weingärtners Knöpfle«, schrieb wenige Tage später in den turnusmäßig erscheinenden »Schwäbischen Wochenbetrachtungen«:

»Sorget aber net bloß für euer leibliches Wohl mit guet essa und trenka ond kaufet au Poschtkarta vom vero'glückta Affeatiker Heinkel, der Ma' ka's Geld notwendich braucha – drom: Sorget, daß der guate Ma' – nächstdem wieder fliega ka'!«

Als Ernst Heinkel nach sechs Wochen mit verbundenem Kopf und an Krücken das Krankenhaus verließ, waren durch den Postkartenverkauf noch nicht einmal die Krankenhauskosten aufgebracht worden und er benötigte Jahre, bis alle Schulden bezahlt waren.

Hier sei einiges über die Vorgeschichte, die zu dem waghalsigen Flugabenteuer führte, kurz berichtet. Das junge 20. Jahrhundert hat viele begeisterte »Luftschiffahrer« hervorgebracht. Die meisten wollten fliegen lernen, wenige gar Flugzeuge bauen. Einerseits verging kein Jahr, in dem nicht mehrere Luftschiffahrts-Vereine gegründet wurde, andererseits war die Berichterstattung über Flugzeuge und Flugversuche noch unzulänglich. Beispielsweise erfolgte eine erste ausführliche Erwähnung der Wrightschen Erfindung und dem Flug in Dayton/USA im Dezember 1903 erst im Oktober 1905 in Paris. Heinkel selbst widmete sich fieberhaft dem Studium des Flugzeugbaus. Der wissenschaftliche Anteil seiner Studien beschränkte sich allerdings auf den Besuch einer von dem Mathematikprofessor Baumann 1909 in Stuttgart aufgenommenen Vorlesung über Flugzeugbau. Neben der Familie des Dozenten sei er der einzige Zuhörer der höchst langweiligen Vorlesung gewesen, erzählt Heinkel in seinen Memoiren. Regelmäßig saß er aber auch im Café Reinsburg, wo er Zeitschriften studierte, in denen die Vielzahl der damals konstruierten Flugzeuge beschrieben waren; die wenigsten von ihnen würden flugfähig sein.

Das Leben Heinkels nimmt nun in den folgenden Jahren einen »stürmischen« Verlauf und Erfolg folgt auf Erfolg. Er bricht sein Studium ab und bereits im Oktober 1911 tritt er eine Stelle als Konstrukteur bei der Luftverkehrsgesellschaft LVG in Johannisthal bei Berlin an. Johannisthal war ein Flugfeld und damals der fliegerische Mittelpunkt Deutschlands. Im Jahr 1913 holte der berühmte Flieger Hellmuth Hirth den jungen Heinkel als Konstruktionsleiter zu den benachbarten Albatros-Werken, deren technischer Direktor er war. Heinkels bei den Albatroswerken gebaute Flugzeuge waren überaus erfolgreich und errangen viele Siege und sogar Weltrekorde. So blieb 1914 ein Albatros-Doppeldecker von Heinkel 21 Stunden und 49 Minuten in der Luft, ein Weltrekord, der erst dreizehn Jahre später durch den legendären Flug des Ozeanfliegers Charles Lindbergh überboten wurde. Dank Heinkels erfolgreichem Wirken stiegen die Albatroswerke im Sommer 1914 mit fünfhundert Arbeitern zum größten deutschen Flugzeugwerk auf.

Igo Etrich, der Konstrukteur der berühmten Etrich-Taube und Mitbesitzer der Hansa- und Brandenburgischen Flugzeugwerke holte sich Mitte 1914 Ernst Heinkel dann als technischen Direktor und Chefkonstrukteur nach Brandenburg. Um Heinkel zu gewinnen, um den er sich schon seit einiger Zeit bemühte, erwarb dann der österreichische Industrielle und Finanzier Castiglioni – ein sagenhaft reicher Mann – die Hansa- und Brandenburgischen Flugzeugwerke. In diese Zeit fällt die bahnbrechende Eindecker-Konstruktion des Seekampf-Tiefdeckers W 29. Wie erfolgreich Heinkels Tätigkeit war, geht daraus hervor, daß zu Ende des

Prof. Dr.-Ing. E. h.
Dr. phil. h. c.
Ernst Heinkel
im Jahre 1953.

24. 1. 1888 Geburt in Grunbach/Remstal
11. 7. 1911 Absturz mit seinem selbstgebauten Doppeldecker
1922 Gründung eines eigenen Konstruktionsbüros und bald darauf der »Ernst Heinkel Flugzeugwerke«
1925 Verleihung der Doktorwürde ehrenhalber durch die Technische Hochschule Stuttgart
1934/35 Bau des schnellsten Verkehrsflugzeugs der Welt, der He 111 für die Lufthansa
1938 Ernennung zum Professor und Verleihung des Deutschen Nationalpreises für Kunst und Wissenschaft
1939 Geschwindigkeitsweltrekord für Deutschland mit der He 100 746,606 km/h; Flug des ersten raketengetriebenen Flugzeugs der Welt He 176; Flug des ersten düsenangetriebenen Flugzeugs der Welt He 178
1950 Neubeginn in Stuttgart-Zuffenhausen
ab 1955 Bau von Flugzeugen und Triebwerken
30. 1. 1958 Tod von Ernst Heinkel kurz nach Vollendung seines 70. Lebensjahres in Stuttgart

He 12 auf dem Katapult der »Bremen«.

ersten Weltkriegs das Fluggerät der österreich-ungarischen Marine zu 95 Prozent und das der Armee zu siebzig Prozent aus Heinkel-Entwürfen stammte.

1921 – ein kurzes Intermezzo bei den Casparwerken in Travemünde – stellt Heinkel dann für die USA ein zerlegbares Aufklärungsflugzeug für U-Boote her. Ein Jahr später faßt er den Entschluß, sich selbständig zu machen und er gründet das »Ernst Heinkel Flugzeugwerk, Konstruktionsbüro Travemünde«. Hier entstanden für Schweden die Zweischwimmer-Tiefdecker S I und S II, die spätere He 1 und He 2. Ende des Jahres 1922 gelang es dem jungen Heinkel, die Halle 3 des ehemaligen Seeflugzeug-Versuchskommandos in Warnemünde zu mieten, ein ideales Werksgelände auf der schmalen Landzunge zwischen Breitling und der Ostsee. Er gründete am 1. Dezember 1922 die Ernst Heinkel Flugzeugwerke GmbH und machte sich mit fünf Mitarbeitern an die Arbeit. Wollte er die wirtschaftlich schwierige Zeit überleben, gab es für Heinkel nur eine Alternative: Erfolg. Und der sollte sich bald einstellen und den Namen Heinkel in alle Welt tragen.

Das erste im neuen Heinkelwerk gebaute Flugzeug – die He 3 – war für einen internationalen Sportflugzeug-Wettbewerb in Göteborg geplant. Der kleine formvollendete Tiefdecker war das erste sperrholzbeplankte Flugzeug der Welt und hatte einen elektrischen Anlasser für den Motor. Mit dieser sensationellen Maschine – die 1923 den 1. Preis gewann – wurde Heinkel mit einem Schlag berühmt und vor allem in Schweden war fortan sein Name ein Synonym für hervorragende Flugzeuge.

In den folgenden Jahren wurden für die verschiedensten Zwecke eine große Anzahl von Ein- und Doppeldeckern erbaut und in die ganze Welt geliefert. So erhält Heinkel 1925 nach dem erfolgreichen Katapultstart des Seeflugzeuges He 25 – Schwärzler hatte das Flugzeugkatapult entwickelt – einen bemerkenswerten Auftrag der japanischen Marine. Im gleichen Jahr wurde ein Postflugzeug für die USA, die He 27, gebaut und im Jahr 1926 baute Heinkel für den Ullsteinverlag das erste Zeitungsflugzeug der Welt, die He 39. Als 1929 der soeben in Dienst gestellte Ozeanriese »Bremen« auf seiner Jungfernfahrt das »Blaue Band« gewann, war ein weiterer Rekord fällig. Denn das Heinkelflugzeug He 12 – ein Zweischwimmer-Tiefdecker – startete auf dieser Amerikafahrt vierhundert Kilometer vor New York mittels des Heinkel-Katapults am 22. Juli 1929 von Bord der »Bremen« und brachte dadurch die mitgeführte Post lange vor Ankunft der »Bremen« nach New York. Die Heinkel-Katapulte ermöglichten später auch die Aufnahme eines regelmäßigen Luftverkehrs der Deutschen Lufthansa über den Süd- und Nordatlantik, indem die an den schwimmenden Stützpunkten zwischengelandeten Wasserflugzeuge mittels eines Krans auf das Stützpunktschiff gehievt und nach dem Auftanken katapultiert wurden.

Bald darauf übernimmt Ernst Heinkel zunächst Siegfried und kurze Zeit später Walter Günter – führende Aerodynamiker – in sein Projektbüro. Mit dem schon seit 1922 bei Heinkel befindlichen begnadeten Konstrukteur Karl Schwärzler hat der Planer und Organisator Heinkel ein »Dreigestirn« an der Hand, mit

He 70, das damals schnellste Flugzeug der Welt.

dem er eine neue Ära im Flugzeugbau einleitete. Die Entwürfe erhalten ein vollkommen neues Gesicht und die aerodynamisch perfekt gestalteten Maschinen beeinflussen den Flugzeugbau der Zeit. Die He 64, der erste Güntersche Entwurf bei Heinkel, und die He 70 erringen acht internationale Rekorde. Die He 70 – bekannt als »Heinkel-Blitz« – ist als Lufthansa-Verkehrsmaschine mit 370 km/h schneller als alle Jagdflugzeuge der Zeit.

Mittlerweile wurde aus dem ursprünglich reinen Entwicklungswerk ein Großproduktionsunternehmen mit mehreren Werken. Und wieder zeigt sich das einmalige Gespür Ernst Heinkels, als er 1935 den jungen Raketenforscher Wernher von Braun – ein ehemaliger Schüler des genialen Raketenpioniers Professor Hermann Oberth, der bereits im Ersten Weltkrieg den Einsatz von Fernraketen vorgeschlagen hatte – beim Bau eines Flugzeugs mit Raketenantrieb hinzuzieht. Im gleichen Jahr wird das bei Heinkel entwickelte Turbinen-Triebwerk getestet. Mit dem Bau des Strahltriebwerks ist der Name Papst von Ohain eng verbunden, der Heinkel Anfang 1936 von Professor Pohl, dem

Die erfolgreiche He 111.

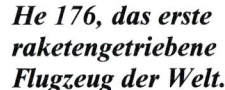

He 176, das erste raketengetriebene Flugzeug der Welt.

He 178, das erste Flugzeug der Welt mit Düsenantrieb.

Direktor des Physikalischen Instituts der Universität Göttingen, empfohlen wurde. Und Heinkel erkannte sofort die Fähigkeiten dieses jungen Assistenten und stellte ihn ein.

Das Jahr 1939 bringt dann die Krönung dieser Arbeiten, als neben der propellergetriebenen He 100 – die mit 746,606 Kilometer in der Stunde erstmals den Geschwindigkeits-Weltrekord nach Deutschland holt – am 20. Juni die He 176 als erstes Raketenflugzeug der Welt und am 27. August die He 178 als erstes Strahltriebwerk-Flugzeug der Welt ihren Erstflug unternehmen.

Bei Kriegsende war man bei Heinkel mit dem Entwurf der He 162 beschäftigt, einer Meisterleistung insofern, als das einstrahlige Jagdflugzeug nach Auftragseingang im Dezember 1944 in drei Monaten zum Erstflug startete. Weiterhin waren Projekte auf dem Reißbrett, die erst lange nach Kriegsende ihre internationale Entwicklung fanden, wie ein Senkrechtstarter und ein Nurflügelprojekt mit tausend Kilometer Geschwindigkeit in der Stunde.

Ernst Heinkel – einst Herr über fünfzigtausend Mitarbeiter – stand nach dem Krieg vor den Trümmern seines Lebenswerks. Von den sechs Hauptwerken, 27 Zweigwerken, zwölf Konstruktionsbüros und drei Reparaturbetrieben war ihm neben Beteiligungen an den Werken in Grunbach, Kuchen und Bissingen nur noch die 1941 übernommenen ehemaligen Hirth-Motorenwerke in Stuttgart-Zuffenhausen verblieben. Alles andere war zerstört, demontiert oder entschädigungslos enteignet worden. 1950 übernimmt Ernst Heinkel das bis dahin unter treuhänderischer Verwaltung stehende Werk in Stuttgart-Zuffenhausen und bereits 1953 schließt er mit dem Motorroller Heinkel »Tourist« eine Marktlücke: dieser wird mit einer Bauzahl von 150 000 Stück der meistgekaufte Viertakt-Motorroller der Welt. Im gleichen Jahr kann er den ersten ausländischen Entwicklungsauftrag für ein strahlgetriebenes Jagdflugzeug übernehmen und so – lange vor Aufhebung des alliierten Bauverbots – ein Team qualifizierter Wissenschaftler und Konstrukteure an sich binden. 1954 und 1955 folgen dann noch die Gründungen der Ernst Heinkel Motorenbau GmbH in Karlsruhe und der Ernst Heinkel Flugzeug GmbH in Speyer.

Mit dem Tod Ernst Heinkels am 30. Januar 1958 verlor die Luftfahrt einer ihrer größten Pioniere. Der kleine Flaschnerbub aus dem Remstal hatte in seinen Werken mehr als fünfhundert Flugzeugtypen entwickelt und weit über zehntausend Flugzeuge gebaut. An Ehrungen hat es diesem genialen Mann nicht gemangelt. Neben zahlreichen ausländischen Auszeichnungen erhielt er 1925 den Dr.-Ing. E. h. der Technischen Hochschule Stuttgart, 1932 den Dr. phil. h. c. der Universität Rostock und 1938 wurde er zum Professor ernannt. Nach der feierlichen Beisetzung in einem Ehrengrab seines Geburtsorts Grunbach wurde 1964 dort die »Ernst-Heinkel-Realschule« eingeweiht.

Willi Burth revolutioniert die Kinotechnik

Von Jürgen Adamek

Achtzig ist der Mann, als dies Porträt entsteht – und so voller Leben, daß er ein ganzes Altersheim mitreißen könnte. Aus Willi Burth blitzt und funkelt es in einem fort. Er fahre mal schnell nach Zypern, sagt er, habe eigentlich gar keine Zeit dafür, denn zum Erfinden gäbe es ja noch so viel. Der Schalk blitzt aus den Augen, der Mann denkt so schnell, daß er mit dem Reden kaum nachkommt. Ein schwäbischer Tüftler ist er, wie aus dem Bilderbuch geklaubt. Ein Kauz? Natürlich! Gegen diese Einschätzung hat er gar nichts. Entweder er kennt sich oder er will so sein. Anderswo als im schwäbischen Oberland, wo Burth daheim ist, würde man sagen, er pflege sein Image.

Das mit dem Erfinden fing auch an wie im Bilderbuch. Was Einstein recht war, war Burth billig: Schlechte Noten. Ein Schulabgangszeugnis hat er heute noch nicht. *»Vermutlich weil ich zuviel geschwänzt habe in diesen Tagen der totalen Auflösung, 1918, als es mit der Schule sowieso zu Ende ging«.* Mit einer französischen Nachrichtenkompanie, die in jenen Tagen durch sein Geburtsstädtchen Saulgau zog, lief er mit. Fasziniert von Schaltern, Drähten und Relais, vierzehn Jahre alt und bereits hoffnungslos »techniknarrisch«. Warum das wohl wichtig ist in der Biographie eines Mannes, der heute Weltpatente hält? Weil er damals gesehen hat, daß auch improvisierte Technik ihren Zweck erfüllt. Totale, zuweilen chaotische Improvisation ist heute noch das herausragendste Kennzeichen Burthscher Versuchsanordnungen.

1919 begann Willi Burth in Ravensburg eine Lehre als Textilkaufmann. Dadurch hatte er leichten Zugang zu nahezu unbegrenzten Mengen Leinwand – was sich später sehr vorteilhaft auswirken sollte. Den Film kannte er damals schon. Als kleiner Bub hatte er einen Kinder-Filmprojektor geschenkt bekommen. Er pappte Filmstreifchen zusammen und führte das seinen Freunden vor; für ein paar Pfennige. Da tritt auch schon ein ganz typischer oberschwäbischer Wesenszug zutage: Genie allein nützt nichts, Genie muß sich auch rentieren.

»Kino« gab es seinerzeit für Buben in der Kleinstadt auf den Festplätzen. *»Da kamen immer die Cinematographen-Buden«,* erinnert sich Burth, *»den Strom für die Lampen haben ratternde, messingblitzende Dampfmaschinen erzeugt. Da war ich am liebsten«.* Noch ein Charakteristikum, das bis heute gilt: An die Filme kann sich Burth kaum mehr erinnern, aber an die Technik.

10. 9. 1904 Geburt von Wilhelm Burth in Saulgau

1919 – 1922 Lehre als Textilkaufmann in Ravensburg

ab 1923 Filmvorführungen zugunsten des »Schneeschuhvereins« Saulgau

ab 1924 selbständiger Kinounternehmer, Vorführungen in den Turnhallen der Saulgauer Umgebung

1929 Bau eines eigenen Kinos

1934/37 Kauf der »Eden-Lichtspiele« in Ravensburg, drei Jahre später Bau des »Burg-Theaters«

1953 Bau des Frauentor-Theaters in Ravensburg

1954 Konstruktion des ersten Burthschen Tellers (waagrecht liegende Filmspule), Patentanmeldung 1955

1981 Erfindung des Endlostellers, einer Filmspule, die kein Rückspulen des Films erfordert, Patentanmeldung

1984 Serienfertigung des Endlostellers bei einem Münchner Unternehmen

Technisches und kaufmännisches Geschick sind selten beieinander. Aber bei Willi Burth, dem die Kinobranche eine wirklich überlebenswichtige Erfindung verdankt, weiß man's nicht so genau: Ist er nun in erster Linie ein Tüftler, einer, dem es langweilig wär', wenn er nichts zu schrauben und zum Spielen hätt – oder ist er ein oberschwäbisch gewitzter Kaufmann, der seine technische Begabung zielstrebig ausnutzt? Am Anfang war Willi Burth – wie man heute sagen würde – ein Filmfreak. Aber sofort erkannte er, daß mit dieser Begeisterung auch Geld zu verdienen ist. Seine beiden wichtigsten Erfindungen, der Burthsche Teller und sein neuer Endlosteller, aber auch der periskopartige Projektionskanal, ermöglichten die Unterteilung der großen alten Lichtspielhäuser in mehrere kleine Kinos. Die Erfindungen kamen zu einer Zeit, in der sich die Kinos in ihrer größten Krise befanden. Das Fernsehen räumte die Straßen leer. Jene Filmtheaterbesitzer, die nicht aufgegeben hatten, können dank Burth bei gleichem Personalbedarf viel mehr bieten, die Burthschen Teller entlasten die Vorführer.

Der »Tüftler« Burth im Jahr 1984.

In seiner Freizeit trieb sich der Textilkaufmannslehrling gern im Saulgauer Lichtspielhaus herum. *»Immer, wenn das Licht im Projektionsapparat schlechter wurde, mußte ich in den Keller springen und die Ölpumpe des Motors, der den Generator trieb, von Hand betätigen. Dann ging's wieder für eine Zeitlang«.*

Nach Abschluß der Lehre, 1922, kam Willi nach Saulgau zurück, um das Textilgeschäft seines Vaters zu übernehmen. Aber daraus wurde nichts. Zusammen mit Freunden gründete der hoffnungsvolle Junior den »Schneeschuhverein«. Der brauchte Geld, und Burth entsann sich seiner Vergangenheit als Filmvorführer. Bei einem Kinobrand war der Vorführapparat zwar schwer beschädigt, aber aufgehoben worden. Für 50 Millionen Mark – ein typisches Startkapital der Inflationszeit – konnte Burth die verkohlte Maschine kaufen. Er setzte sie instand, montierte sie auf ein gußeisernes Nähmaschinengestell, mietete eine Turnhalle an, die er mit Vaters Leinwand verdunkelte – und führte Filme vor. Vater Burth tobte, als sein Ältester den berühmten zweiteiligen Nibelungen-Film bestellte. Er fürchtete die Pleite. Derweil ließ der Junior Plakate drucken und hängte sie aus. Mittlerweile war eine stabile Währung eingekehrt und die Kopien kosteten »nur« 600 Mark, zur damaligen Zeit eine Riesensumme. Deshalb mußten die »Nibelungen« wenigstens 1 000 Mark einspielen. Die Rechnung ging gleich auf. Willi Burth verdiente sogar einen Tausender. Den investierte er sofort in eine neue Vorführmaschine von »Kino Bauer« aus Stuttgart. Mit der klapperte er wieder Turnhallen ab – bis sie ganz abbezahlt war.

1929 baute er sein erstes Kino, das erste von fast zwanzig, die er einmal besitzen sollte und von elf, die er noch hat. Von da an beginnen seine Erfindungen und die technische Entwicklung des Mediums Film nebeneinander und ineinander zu verlaufen. Zunächst konstruierte Burth Gleichstromverstärker für die neuen Tonfilme. Um Stromschwankungen im damals notorisch schwachbrüstigen Gleichstromnetz auszugleichen, bastelte er aus alten Grammophonmotoren Fliehkraftregler. So konnte der erste Tonfilm halbwegs unverzerrt über die Bühne flimmern. Er hieß – na? »Zwei Herzen im Dreivierteltakt«.

Was in den nächsten Jahren passierte, hat vordergründig wenig mit Erfindungen, aber viel mit Zielstrebigkeit und Umtriebigkeit zu tun. Das Saulgauer Kino war Burth bald zu eng, er kaufte die »Eden«-Lichtspiele in Ravensburg, baute sie um, verdoppelte jedes Jahr die Umsätze – aber bekam die wichtigen Filme der UfA nicht. Dieser bedeutendste deutsche Verleih lieferte nur an die Konkurrenz, die 600 Sitzplätze anzubieten hatte. 1937 baute Burth das heute noch existierende, aber inzwischen oft umgebaute und aufgeteilte »Burg-Theater« mit 660 Plätzen und blieb dennoch seinen alten Verleihfirmen treu. Der UfA, die jetzt zu ihm kam, gab er einen Korb. Er eröffnete sein Kino mit dem Olympia-Film von Leni Riefenstahl. Bald kam die erste Garnitur der Filmstars nach Ravensburg: Gustav Fröhlich, Josef Eichheim, Joe Stöckl, Albrecht Schönhals, Kristina Söderbaum und wie sie alle hießen. Als »Kraft durch Freude« das Burgtheater mit Beschlag belegte, die »Wochenschauen« jeden Sonntag dreimal ausverkauft waren, »Ohm Krüger« lief und der Platz, an dem das Kino lag, »Adolf-Hitler-Platz« hieß, bastelte Burth in einer Propaganda-Einheit. Die ersten fünf Jahre nach dem Krieg lebte seine mittlerweile fünfköpfige Familie in einem Gartenhäuschen am Ravensburger Veitsburg-Hang – die französische Besatzungsmacht hatte Wohnung und Kino beschlagnahmt. Aber der Kinobesitzer verstand es ziemlich schnell, mit den Franzosen klarzukommen und erhielt 1948 sein Filmtheater wieder zurück.

Aus dieser Zeit gibt es zwei Episoden zu erzählen, die den knitzen Schwaben Willi Burth viel besser charakterisieren als langatmige technische Beschreibungen. Sie illustrieren nämlich, daß Erfinder im allgemeinen nicht nur einen

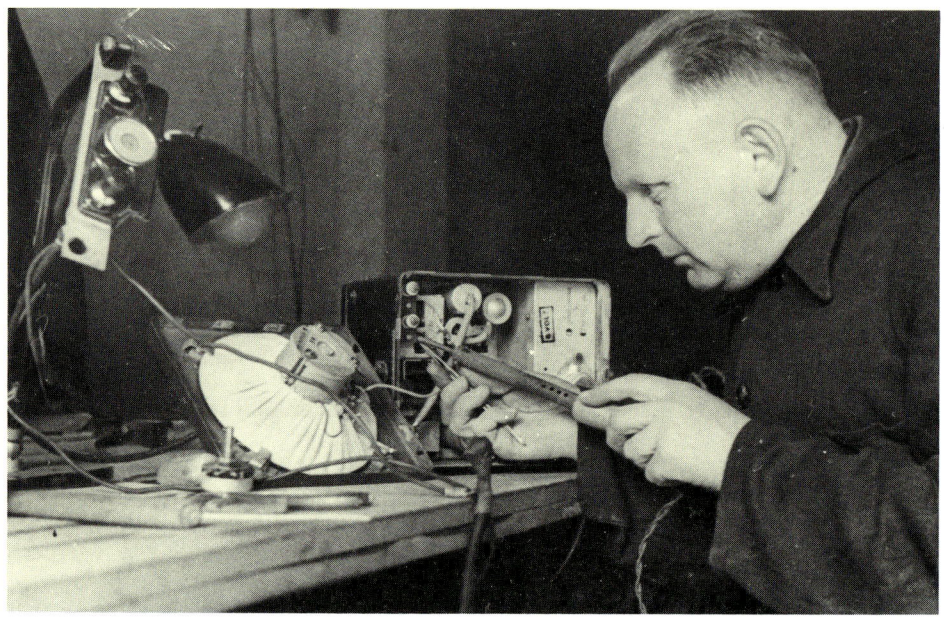

Burth in »früheren Jahren« beim Tüfteln.

hellen, sondern oft genug auch einen recht kantigen Querkopf haben.

1950 wollten drei Ravensburger Bürger zusammenlegen, um ein Kino in das große barocke Kornhaus, einen leerstehenden mittelalterlichen Speicher, zu bauen. So eine Konkurrenz war Burth natürlich gar nicht recht, zumal dieses Kornhauskino nur einen Steinwurf weit von seinem Burgtheater entfernt gewesen wäre. Burth erzählt: »Die drei haben den Gemeinderat so lange bearbeitet, daß er ihren Kornhauskinoplänen bestimmt zugestimmt hätte. An einem Donnerstag sollte die entscheidende Sitzung sein. Aber am Montag sprach ich mit dem Besitzer eines großen Grundstückes am Frauentorplatz, dem wichtigsten Platz an der entgegengesetzten Seite der Innenstadt. Am Dienstag haben wir den Kaufvertrag für das Grundstück unterschrieben, am Mittwoch ließ ich die Bäume darauf fällen und ein großes Plakat aufstellen ›Hier entsteht das größte Kino Oberschwabens‹. Und meine Rechnung ist aufgegangen. Als am Donnerstag der Gemeinderat über das Kino im städtischen Kornhaus entscheiden sollte, interessierte sich plötzlich kein Mensch mehr für das Vorhaben, das angesichts des ›größten Kinos Oberschwabens‹ nur noch eine Pleite zu werden versprach.«

Allerdings: Burth konnte, nachdem er so eine mögliche Konkurrenz ausgeschaltet hatte, nicht mehr zurück. 1953 eröffnete er am Ravensburger Verkehrsknotenpunkt »Frauentorplatz« tatsächlich das größte Kino der ganzen

155

Region, das »Theater am Frauentor« mit 920 Plätzen.

Die zweite Episode ist nicht weniger typisch: 1949 fuhr Burth wieder einmal mit dem Motorrad an den Bodensee um »Kirschen zu hamstern«. Da entdeckte er ein Grundstück mit »wunderschönem Blick über den Bodensee und die ganze Alpenkette«. Nur allzuschnell stellte sich aber heraus, daß der Eigentümer das Grundstück nicht verkaufen wollte. Dafür kaufte Burth eines in der Nähe und tauschte solange hin und her, bis er schließlich sein »Traumgrundstück« hatte. Aber die Kressbronner Bauern verlangten von dem »Zugereisten« nach dessen Meinung zuviel Geld für den Wasseranschluß. Kurzerhand verzichtete Burth darauf, ließ Zisternen anlegen und fing mit dem Hausdach das Regenwasser auf. Es durchläuft Filter, bevor es aus dem Wasserhahn kommt. Auch heute noch wird das Haus ausschließlich mit Regenwasser versorgt. Wein trinkt der Hausherr aber viel lieber.

Überhaupt, das Haus: Fallen die ersten Regentropfen oder registriert der Windmesser ruppige Böen, schließen sich automatisch Verandadach und -wand. Solarenergie wärmt das Badewasser, ein Knopfdruck läßt Fenster schließen. Das Garagentor öffnete sich schon in den fünfziger Jahren elektrisch, als noch niemand sowas hatte.

Die wichtigen technischen Leistungen beginnen bei Burth in den fünfziger Jahren. Nach dem Umbau des »Burgtheaters« entstand ein kleiner Raum, der nur Platz für einen Film-Vorführapparat bot. Damals war es üblich, abendfüllende Filme alternierend von zwei Vorführmaschinen abspielen zu lassen: Eine Spule auf der einen Maschine, dann blendete sich nahtlos die andere ein. Das wechselte mehrmals, bis der Film, der auf vier oder fünf Spulen vom Verleih

geliefert wurde, durchgelaufen war. Nach jeder Vorführung mußte der Film zurückgespult werden. Da Burth nur Platz für einen Projektor hatte, mußte er versuchen, den Film so zu lagern, daß er von einer Maschine vorgeführt werden konnte. Dazu baute er einen waagrecht liegenden Teller, auf den er den zu einem langen Stück zusammengeklebten Film auflegte. Das war der erste »Burthsche Teller«. Die Verlagerung des Filmvorrats von der Senkrechten in die Waagerechte und die zu dieser Idee gehörenden Verbesserungen leiteten eine Revolution in der Kinobranche ein. Die Vorteile der »Burthschen Scheibe«, die ihr Erfinder 1955 zum Patent anmeldete, waren eine große Erleichterung für die Kinos:

● Wenn der Film einmal auf dem Teller mit 1,20 Meter Durchmesser zusammengeklebt ist, braucht er nur noch einmal in den Projektor eingelegt zu werden. Er spult sich dann auf einem zweiten Teller wieder auf.

● Dadurch entfällt der zweite Projektionsapparat und das häufige Umspulen des Films.

● Die waagrechte Lage und der zuglose Transport über eine weite Schleife in den Vorführapparat schonen die Kopien. Sie halten dank der Scheiben bis zu hundertmal länger. Man muß sich vorstellen: Wenn 30 oder mehr Kilogramm Film von einer senkrecht laufenden Spule gezogen werden, walken die Filmschichten aufeinander. Staubkörner reiben wie Schmirgelpapier auf dem empfindlichen Filmmaterial.

● Hat der Vorführer einen Film eingelegt, läuft dieser ohne sein Zutun bis zum Ende ab. Ein Vorführer kann so in entsprechend ausgestatteten Kinos bis zu sieben Projektoren bedienen. Das ermöglichte das Kino-Splitting, das in den letzten Jahren überall zu beobachten war: Ein großes Kino wurde in mehrere kleine unterteilt.

*Der Burthsche
Endlosteller
in einem Kino.*

»Studiotheater« im ersten Stock konnte Burth nur im zweiten Stock unterbringen. Über einen Spiegelkanal, der nach dem System eines Periskops oder »Sehrohrs« arbeitet, löste der Tüftler das Problem. Burth: *»Vor mir hat das noch keiner gemacht. Alle sagten, ›das klappt ja doch nicht‹.«* Heute ist es Standard. Wenn Burth ein Motto für seine Arbeit hätte – vermutlich hat er keines, weil er sehr spontan und intuitiv »erfindet«, so würde es sicher lauten: So unkompliziert wie möglich, robust und durch Einfachheit störsicher.

Zehn Scheiben hatte Burth in den labyrinthartigen Luftschutzkellern seines Kinos gebaut, bis er sich zum Patentanwalt wagte. »Die erste hatte noch zehn Zahnrollen, die patentierte keine mehr. Ich baute immer einfacher und besser«. Die Versuchsanordnungen muten zuweilen recht chaotisch an: Zündholzschachteln, Fahrradspeichen, Holzteile, Klebeband, dazu die finsteren Gewölbe – das erinnert an eine Alchimistenküche. Geheimtip für Erfindernachwuchs: *»Märklinbaukästen«.* Burths erste automatische Programmsteuerung aus den vierziger Jahren bestand fast ganz aus seinen Teilen. Noch heute finden sich solche Teile in seinen Versuchsanordnungen.

Die Burthschen Teller sind mittlerweile auf der ganzen Welt in den Kinos zu finden. Noch während das Geschäft lief, ging Burth wieder in den Keller. Etwas störte ihn noch an seiner Erfindung: Daß der Film vor der Vorführung jedesmal aufs neue in den Projektor eingelegt werden muß und daß zwei Teller notwendig sind. Burth wollte einen Teller konstruieren, der bei gleicher Filmschonung ab- und gleichzeitig wieder aufspult, so daß der Film nur ein einziges Mal in die Maschine gelegt und dann die ganze Spielzeit hindurch nicht mehr angefaßt werden muß. Das haben vor ihm schon an-

So wurde das Filmangebot größer – bei gleichbleibenden Personalkosten für den Kino-Unternehmer.

Burth fühlt sich durchaus nicht als Retter der Kinobranche. Aber die Realität spricht Bände: Jene Kinos, die das große Filmtheater-Sterben Anfang der siebziger Jahre überlebt haben, konnten die bis etwa 1977 weiter sinkenden Besucherzahlen nur verkraften, weil sie durch Splitting ihr Angebot bei gleichbleibenden Personalkosten steigern konnten. Produziert wird die »Burthsche Scheibe« bei einem Lizenznehmer in München.

Ein anderer Anlaß für in- und ausländische Fachleute, in das Ravensburger Burg-Theater zu kommen, war der Burthsche Spiegel-Projektionstunnel. Auch diese »Erfindung« entstand aus der Raumnot. Den Projektor für ein

Der Prototyp des Burthschen »Endlos-Doppeltellers« mit seinem Erfinder (1983).

dere versucht, besonders in den Vereinigten Staaten. Burth: »*Diese Lösungen haben aber den Nachteil, daß der Film zu stark strapaziert wird. Die Filmkopie ist, wenn man so mag, das Kapital des Verleihs. Sie muß mit der größtmöglichen Schonung behandelt werden, damit das Bild immer brillant wiedergegeben werden kann*«.

Die weitere Forderung, die der Erfinder stellte: Der neue Teller mußte sich ohne Probleme in die schon bestehenden Burth-Systeme integrieren lassen. Der Vorteil dieses »Endlos-Tellers« lag auf der Hand: Der Vorführer braucht sich dann nur noch um die Projektionsqualität zu kümmern, die Kopie aber nie mehr anzurühren. Besonders für Non-stop-Kinos wäre das eine gewaltige Rationalisierung. Zwei Jahre bastelte Burth. Seit Sommer 1984 wird nun in München der neue Burthsche »Endlos-Teller« produziert. Er ist ungleich komplizierter als der erste. Am Kern, wo der Film zum Projektor abgenommen wird, ist der Umfang naturgemäß viel kleiner als am Rand des Tellers, wo er aufgespult wird. Bei einer Umdrehung des Tellers, der einen Durchmesser von 1,20 Meter hat, würde also außen sehr viel mehr aufgespult als innen abgegeben. Burth löste das Dilemma, indem er den Teller in acht Scheiben zerlegte, die sich in verschiedenen Geschwindigkeiten drehen können. Der Kern rotiert schneller als die Außenscheiben. Noch bevor der Apparat serienreif war, präsentierte ihn die Herstellerfirma auf der Fachmesse der Branche, der »photokina«. Dort war die Begeisterung groß, sofort gingen Aufträge aus aller Welt ein.

Natürlich bastelt Burth schon wieder. Er arbeitet an einer automatischen Wiedergabekontrolle, die den Höhenstand des Bildes auf der Leinwand korrigieren kann. Dann soll es nicht mehr vorkommen, daß wegen einer Panne beim Filmtransport ein schwarzer Balken quer auf der Leinwand steht. Das passiert mitunter und ist recht ärgerlich, denn die vorhergehenden Burthschen Erfindungen haben den Vorführer schon soweit entlastet, daß er immer mehrere Filme zugleich abspielen kann und meist nie da ist, wo es gerade eine Panne gibt. Zudem arbeitet Burth an einer automatischen Lautstärkeregelung, die die unterschiedliche Lautstärke von Werbefilmen, Dias und dem Vorfilm nivelliert, bevor Klangexplosionen das Ohr des Zuschauers malträtieren.

Wer mit fast achtzig Jahren wie ein Junger ohne Sicherung unter der hohen Kuppel seines Kinos rumsteigt, um die natürlich auch selbst konstruierte Mechanik des Vorhangs zu reparieren, Film-Erstveröffentlichungen organisiert, in Frack und mit Fliege Stars die Hand schüttelt, wer in drei schöpferisch chaotischen Werkstätten zugleich erfindet, der ist sicher noch für weitere Überraschungen gut. Zu dem Medium, dem er sein Leben verschrieben hat, geht er allerdings deutlich auf Distanz. »*Der Film, besonders der neue Deutsche Film, taugt nichts mehr*«, befindet er und wird unversehens zum Politiker, der messerscharf mit der Praxis der Filmförderung ins Gericht geht. Er hat viele Ehrenämter der Filmwirtschaft bekleidet, aber: »*Filme, die ich mir in den letzten zwanzig Jahren richtig angeschaut habe, kann man an den Fingern abzählen*«. Die, die ihm gefallen haben, erwiesen sich als kommerzielle Flops, »Ghandi« war die einzige Ausnahme.

Ein gutes Dutzend Weltpatente besitzt der Mann, aber an vielen Abenden sieht man ihn in einem seiner Kinos die Karten abreißen. Und wenn das Publikum im Parkett sitzt, geht er wieder in seine Gewölbe, um zu erfinden.

Artur Fischer,
der Mann mit den tausenden Patenten
Von Ulrich Blumenschein

Tumlingen hat neunhundert Einwohner, liegt im nördlichen Schwarzwald unweit der Städte Calw und Horb, ist aber längst nicht auf allen Landkarten verzeichnet. Bei Handwerkern rund um die Welt freilich hat der Name Tumlingen Klang, und nicht wenigen Kindern in Deutschland ist er geläufig. Das hängt unmittelbar mit jenem schwäbischen Tüftler und Erfinder zusammen, der am 31. 12. 1919 in Tumlingen als Sohn des Dorfschneiders zur Welt kam und der wie kein anderer das Bild des kleinen Ortes geprägt hat: Artur Fischer, Gründer der Fischer-Werke, Ehren-Doktor der Universität Gießen und Senator E.h. der Technischen Universität Stuttgart. Sein Porträt hängt neben wenigen anderen bedeutenden Persönlichkeiten in der Galerie großer Forscher und Erfinder im Deutschen Patentamt in München. Zudem ist er der größte Arbeitgeber der einst bäuerlichen Bevölkerung von Tumlingen und Umgebung. Im In- und Ausland beschäftigt er mittlerweile 1 440 Mitarbeiter.

Artur Fischer erfand vor dreißig Jahren den »fischerdübel«, ein kleines Ding mit Haken und Ösen, aus grauem unverwüstlichem Kunststoff hergestellt, das Profis wie Laien gleichermaßen die Patentlösung für die Frage lieferte, wie man möglichst schnell, möglichst sauber und möglichst sicher einen Haken oder ähnliches in einer Wand befestigt. »*Über einen Teil seiner Länge geschlitzter, zylinderförmiger Spreizdübel... dessen vorderes Ende... mit sägezahnförmigen Einschnitten versehen ist*«, so beschreibt die Patentschrift Nr. 1 097 117 den Ur-Dübel von Fischer. Sein Welterfolg beruhte darauf, daß der unscheinbare Nylon-Zylinder das bis dahin recht umständliche Eindübeln mit Gips oder Zement auf eine kinderleichte Schnellaktion reduzierte, ohne Anrühren mit Wasser und ohne Warten auf das Abbinden.

Ein Sortiment der typischen »grauen« Nylon-Dübel für alle Befestigungsprobleme.

31. 12. 1919 Artur Fischer in Tumlingen/Schwarzwald geboren
1933 bis 1937 Schlosserlehre in Stuttgart
1948 Gründung der »Artur Fischer Apparatebau, Hörschweiler«
1949 Erteilung des ersten Patents auf ein »Magnesium-Blitzlichtgerät mit Verschlußsynchronisation«
1958 Geburt des S-Dübels, Patent hierauf
1965 »fischertechnik« erobert den Spielzeugmarkt
1976 Verleihung der Ehrendoktorwürde durch die Universität Gießen
1979 Einweihung des Forschungszentrums »fischerforschung«

Bald darauf verschwanden tagtäglich Millionen »fischerdübel« im Mauerwerk; gesetzt von Heimwerkern wie von Profis, und so wurde die vergleichsweise simple Idee zum Grundstein für ein ganzes Dübel-Imperium, das heute mit Tochterfirmen in Spanien und Italien bis nach Brasilien reicht und einen Umsatz von 175 Millionen Mark (1982) macht.

Der mausgraue Nylon-Dübel, mit dem alles anfing, ist in verschiedenen Größen und Ausführungen noch immer im Programm der Fischer-Werke. Doch er ist längst nur noch ein Produkt unter vielen. Neben Befestigungselementen für praktisch jeden Zweck (die nach wie vor Hauptumsatzträger sind) konstruiert, produziert, exportiert das Unternehmen Spielzeug – von »fischerform« fürs Kleinkind bis »fischertechnik« für konstruktives Basteln und Bauen. Als jüngstes Erzeugnis kam die »fischer-CBox« hinzu, ein System von staubsicheren Behältern für Ton- und Videokassetten.

Für jemanden, der nicht vom Fach ist und mit Begriffen wie Dübel und Befestigungselement nicht viel anzufangen weiß, erzählt der »Dübel-Fischer« eine für ihn und sein Wirken typische Geschichte: *»Beim U-Bahnbau in München war in einem Tunnel unheimlich gepfuscht worden; so sehr, daß eines Tages die Decke runterkam, wobei es mehrere Verletzte gab. Diese Sache ließ mir keine Ruhe, für mich war das Problem eine Herausforderung. Was wir brauchten, um ein Unglück wie das von München für die Zukunft auszuschließen, war ein Dübel, der dauerhaft in Beton hält, auch wenn durch Zugverkehr oder ähnliches ständig schädliche Erschütterungen auftreten«.* Damit nicht genug, sollten die Befestigungselemente so gestaltet sein, daß sie erstens leicht, das heißt auch von angelernten Arbeitern, gesetzt werden können und zweitens sich sozusagen von selber auf korrekten Sitz hin prüfen – *»denn nirgends wird so geschlampt wie bei der Kontrolle solcher Sachen auf dem Bau«.*

Wieder einmal – wie schon oft zuvor – sah sich Artur Fischer sozusagen an seiner Dübel-Ehre gepackt – und wieder einmal entwickelte er, reich an Ideen, eine pfiffige Lösung. Das Ding heißt Zykon-Anker und beruht u. a. darauf, daß ein Loch gebohrt wird, das innen größer ist als außen und daß der Dübel/Anker dann garantiert festsitzt, wenn er mit dem Rand des Bohrlochs bündig ist.

»Auf diese Weise kann selbst der Unbedarfteste auf einen Blick die Arbeit kontrollieren. Herabstürzende Decken wird es da nicht mehr geben«. Fischers Zykon-Anker, senkrecht in einer Decke, trägt immerhin staatlich geprüfte 150 Kilo – und das macht ihm so schnell keiner nach.

Damit es keiner nachmacht, ist Dübel-Fischers jüngstes Paradestück patentrechtlich geschützt, wie schon ein paar hundert andere Er-

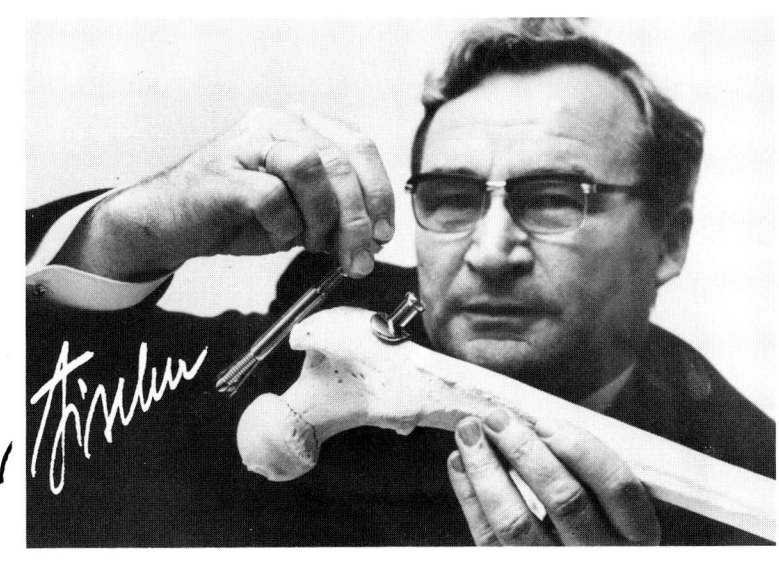

Artur Fischer und der mit dem Mediziner Prof. Jean Nicolas Muller entwickelte Spreizdübel.

findungen des Tumlingers zuvor. Gerade in der Dübel-Branche geht nämlich der Ideen-Klau um wie kaum sonst. *»Allein von dem Original->fischerdübel‹ gibt es mittlerweile schon fünfzig Kopien«,* erzählt Artur Fischer, *»und als unsere Leute in der Münchner U-Bahn erstmals versuchsweise den Zykon-Anker setzten, wurde uns von irgendwelchen Interessenten sogar unser gesamtes Experimentierwerkzeug samt den Dübeln gestohlen«.*

So nimmt es nicht wunder, daß in dem Forschungstrakt des Tumlinger Werkes, in den sich der Firmengründer zurückgezogen hat, seit sein Sohn die Geschäfte führt, mehrere Räume bis zur Decke gefüllt sind mit Schutzschriften zu Fischerschen Ideen und Entwicklungen. An der Wand der Patentabteilung hängt ein selbstgebautes Zählwerk, das – unterteilt in »fischerdübel« und »fischertechnik« – die Zahl der erteilten Patente registriert. Im September 1983 zeigte es die stolze Zahl 4 225 (und bis dieses Buch auf dem Markt ist, dürften es schon wieder einige mehr sein). *»Auf eines bin ich noch eher stolz als auf diese Zahl«,* meint dazu der Patentinhaber, *»nämlich darauf, daß gegen uns noch nicht ein einziges Mal der Vorwurf der Patentverletzung erhoben worden ist«.* Die eigenen Patente dagegen muß Fischers Firma beinahe tagtäglich verteidigen, weil es von plumpen Kopierern bis zu raffinierten Nachempfindern in der Welt nur so wimmelt.

Ein wenig Stolz schwingt auch mit, wenn der Schwabe Fischer von seinem Elternhaus erzählt. Besonders die Mutter förderte stets das

technische Talent des kleinen Artur. *»Sie half mir beim Basteln, und wenn wir zur Großmutter fuhren und der Zug hielt in Eutingen, dann ging meine Mutter mit mir vor zur Lokomotive«.* Natürlich wollte der Junge Lokomotivführer werden – doch erst Jahrzehnte später erfüllte sich der Jugendtraum, wenn auch ganz anders als einstmals gedacht: Als erfolgreicher Fabrikant, der unter anderem auch Spielzeug-Lokomotiven zum Selberbauen produzierte, kaufte Artur Fischer eine ausgediente Schmalspurdampflok (die genauso aussieht wie die »fischertechnik«-Loks) und postierte sie als symbolisches Denkmal neben den Werkseingang.

Ein zweites Technik-Denkmal steht dicht dabei; auch das mit symbolischer Bedeutung – und zwar als Zeugnis dafür, wie sich die Zeiten geändert haben und mit ihnen das Dorf Tumlingen und dessen Bewohner. Es ist ein Pflug, den Arthur Fischer verlassen am Wegrand gefunden hat: *»Der Bauer brauchte ihn nicht mehr, denn wir hatten das Gelände gerade für mögliche Erweiterungsbauten gekauft, und seine Kinder brauchten ihn auch nicht mehr, sie arbeiten wahrscheinlich bei uns im Werk.«* Damit nicht genug, erinnert der inzwischen wetterfest verzinkte Pflug den Mann, dessen Erfindungen das verschlafene Dorf umgekrempelt haben, an seine Lieblingslektüre der Jugendjahre: Max Eyths »Hinter Pflug und Schraubstock«. Fischer: *»Der dichtende Ingenieur Max Eyth, der bis nach Ägypten ging, um einen Wettkampf im Dampfpflügen auszutragen und seiner Firma mit dem Sieg einen Riesenauftrag zu besorgen, war einer meiner Heiden«.*

Drei Männer haben Artur Fischers praktisches Verhältnis zur Technik geprägt. Da war zunächst der Physiklehrer im Nachbardorf, wohin der Tumlinger Schneidersohn zur Realschule radelte – sechs Kilometer hin und sechs zu-

*Die Entwicklung der
Fischerschen Blitz-
lichtgeräte innerhalb
von 18 Jahren.*

rück, bei Regen wie bei Sonnenschein. Er half ihm beim Bau einer elektrischen Pumpe fürs Aquarium und anderen kindlichen Projekten. Als keiner aus dem Dorf weiterhin den langen Schulweg mit dem vierzehnjährigen Artur gehen wollte, mochte auch er nicht mehr länger zur Schule gehen. So brachte ihn der Vater nach Stuttgart in die Lehre eines gestrengen, aber überaus tüchtigen Kunstschlossers. Und dort wurden, wie Artur Fischer rückblickend meint, wesentliche Weichen in seinem Denken gestellt. Der Lehrjunge mußte beispielsweise ein Türschloß, das ihm der Meister gab, von Hand exakt nachfeilen – allerdings spiegelverkehrt – womit das räumliche Vorstellungsvermögen stark gefordert und gefördert wurde.

Jung-Artur war ein gelehriger Kunstschlosser-Lehrling, was sich alsbald in einem ersten Platz im Berufswettkampf niederschlug. Doch die Armbanduhr, die der Vater versprochen hatte, falls der Sohn im nächsten Jahr wieder Jahrgangsbester werden sollte, bekam er nicht. Der sechzehnjährige Artur war mit einem Punkt Rückstand nur Zweiter geworden.

Der dritte »Lehrherr« im Leben des jungen Fischer war Dr.-Ing. Edgar Rößger, Chefnavigator der alten Lufthansa und später Leiter des Instituts für Flugführung an der Technischen Universität Berlin. Rößger hatte nach dem Ende des 2. Weltkriegs im Schwarzwald ei-

ne Elektro-Fabrikation aufgemacht, in der eine Handvoll Leute Lampen aus Schmiedeeisen und Holz herstellte und alles mögliche Unersetzliche gegen Bezahlung in Form von Kartoffeln und Speck instandsetzte. *»Es war eine harte Zeit des Improvisierens«*, erinnert sich Fischer, *»aber von Rößger bekam ich entscheidende technische Entwicklungshilfe«.* Ende 1947 machte sich der gelernte Kunstschlosser und angelernte Elektrotechniker bei Tumlingen mit einem typischen Produkt jener Tage selbständig: einem elektrischen Glühdraht-Feueranzünder. Dann spielte der Zufall: ein Fotograf, gerufen um Nachwuchs im Hause Fischer abzulichten, klagte über die Schwierigkeiten, in dunklen Stuben anständige Bilder zu machen. Der frischgebackene Vater Fischer ging sofort daran, das Problem mit einem rasch entworfenen Foto-Blitzer zu lösen. Das Blitzlichtgerät mit Synchronauslösung wurde zur Überraschung aller ein Verkaufsschlager; und als der Foto-Riese Agfa gleich hunderttausend Stück bestellte, konnte man den Auftrag kaum bewältigen – aber der Bestand der jungen Firma war erst einmal gesichert.

Auf die Blitzer folgten die Dübel und auf die Dübel das Spielzeug, und das kam so: Artur Fischer wollte den Kindern seiner Mitarbeiter und Händler eine Weihnachtsfreude machen und knobelte einen einfachen Kunststoff-Baustein aus, der sich in vielerlei Weise zusammensetzen ließ. Das hätte er – jedenfalls nach Meinung mancher seiner Mitarbeiter – besser nicht tun sollen, denn *»da waren alle möglichen Ideen für Achsen, Räder usw. schon gleich mit drin«*. Die Spielzeug-Idee faszinierte den Techniker Fischer dermaßen, daß aus dem einzelnen Baustein bald ein ganzes Baukastensystem entstand, mit Zahnrädern und Schubstangen, mit Motoren und Getrieben, dessen Möglichkeiten und Grenzen von Jahr zu Jahr erweitert wurden.

Bauteile für Statik und Pneumatik folgten, elektronische Bausteine und eine Fernsteuerung. Das System »fischertechnik« war bald so vielseitig, daß große Industrie-Betriebe voll funktionsfähige Ausstellungsmodelle ganzer Fertigungsstraßen aus den bunten Fischer-Teilen bauen ließen. Freilich: Die Bilanzen des Geschäftes mit dem lehrreichen Spielzeug gaben nicht immer zu Freude Anlaß: *»Ohne die Dübel«*, meint der Chef, *»wären wir an den Baukästen wohl kaputt gegangen«*. Dennoch will Artur

»fischertechnik«-Baukasten im Computer-Zeitalter.

164

Das Stammwerk der A. Fischer GmbH in Tumlingen.

Fischer sein System auf jeden Fall weiterentwikkeln, »weil es sonst keinen ordentlichen Konstruktionsbaukasten gäbe und weil wir ganz einfach gegen die zur Mode gewordene Technik-Feindlichkeit etwas tun müssen«.

Mehr als 4500 Patente besitzen die Fischer-Werke auf dem Gebiet der Dübel und anderer Festmacher sowie für »fischertechnik": erdacht, erfunden, entwickelt von einem kreativen Technik-Fanatiker, dem es selten an Ideen mangelt, und einigen wenigen Mitarbeitern. Dennoch meidet Artur Fischer das Wort Erfinder. Wenn er über den langen Weg von der Idee – die meist nicht viel mehr ist als eine in der Freizeit hingekritzelte Skizze – zum verkaufbaren Produkt berichtet, spricht er lieber von »entwickeln«. Und den Begriff Tüftler mag er für sich schon gar nicht gelten lassen: tüfteln ist für ihn eine Beschäftigung ohne ernsthaftes Ziel und hört ganz sicher dort auf, wo (wie im Fischerschen Forschungslabor) wissenschaftlich gearbeitet wird. Das allerdings überläßt der Self-Made-Ingenieur Fischer getrost anderen: »Ich bin alles andere als ein Analytiker oder Systematiker. Ich brauche Freiraum zum Nachdenken über eine Aufgabe – dann fällt mir etwas ein, mal beim Spazierengehen, und gar nicht so selten am Morgen unter der Brause«.

Um eine Idee zu entwickeln, bedarf es allerdings, das weiß unser Mann aus eigener, vielfältiger Erfahrung, einiger ausgeprägter Eigenschaften: »Das Grüblerische gehört dazu; der Ehrgeiz, etwas g'scheites zu machen. Man muß sich selber in die Zange nehmen können; muß sei-

nen Weg gehen, und zwar nicht den leichten, den andere vielleicht schon erprobt haben, sondern den eigenen! Und sicherlich gehört dazu das Eigenbrötlerische und ein Schuß Sturheit – was man ja uns Schwaben nachsagt«.

Vor Jahren entwickelte Artur Fischer zusammen mit dem Straßburger Mediziner Professor Jean Nicolas Muller ein ganz besonderes Befestigungselement: einen Spreizdübel, der gebrochene Oberschenkelhalsknochen reparierte – und zwar so simpel und zuverlässig, daß selbst Patienten in hohem Alter schon kurz nach der Operation aufstehen und wieder laufen konnten. Als Professor Muller überraschend starb, fand sich unter den standesbewußten Medizinmännern in Deutschland keiner, der den vielversprechenden Ansatz weiter verfolgte. Artur Fischer war damals weder Doktor noch studierter Mediziner, und damit für die Männer in den weißen Kitteln womöglich kein Partner. Dabei gibt es genug Gebrechen, bei denen raffinierte Befestigungen – vielleicht – Erleichterung schaffen können. Noch ist beispielsweise das Problem nicht gelöst, künstliche Zähne in den Kiefer dauerhaft einzusetzen.

Seit dem Sommer 1983 hat Fischer an einer schwäbischen Universität einen neuen Interessenten gefunden. Wer weiß – vielleicht kommt der patente Mann aus Tumlingen eines Tages auch auf dem Gebiet der Medizin noch zum Erfolg. Denkbar wär's schon, bei der Hartnäckigkeit, mit der er Probleme anpackt, und bei der Phantasie, mit der er knifflige Aufgaben löst.

Technikgeschichtliche Museen in Baden-Württemberg

Die Aufstellung basiert im Wesentlichen auf der Arbeit der Landesstelle für Museumsberatung, die als »Museumskonzeption Baden-Württemberg« (1985) vom Ministerium für Wissenschaft und Kunst veröffentlicht wurde. Sie erhebt keinen Anspruch auf Vollständigkeit. Eine Haftung für die angegebenen Öffnungszeiten kann nicht übernommen werden. Kleine und private Museen haben oft keine geregelte Öffnungszeiten, deshalb wurde die Telefonnummer des Verwalters angegeben.

Eine Vielzahl heimatkundlicher Museen stellt ebenfalls technische Geräte aus. Sie wurden wegen der Vielzahl nicht aufgenommen. Gegebenenfalls empfehlen wir den Band »Museen in Baden-Württemberg« (Stuttgart 1977).

Bergbau und Salzgewinnung

Bad Friedrichshall, Kochendorf (Heilbronn): Steinsalzbergwerk. 1986 und evtl. 1987 geschlossen.
Münstertal/Breisgau: Schaubergwerk »Teufelsgrund«; 1. 4. bis 14. 6. Di., Do., Sa. 14—18 Uhr; 15. 6.—15. 9. Di.—So. 14—18 Uhr; 16. 9. bis 31. 10. Di., Do., Sa. 14—18 Uhr.
Neubulach/Calw (0 70 53/77 63): Schaubergwerk »Hella-Glücksstollen«; April bis Okt., Mo.—Fr. 10—12 und 14—16 Uhr; Sa., So. 9—17 Uhr und nach Vereinb.
Neuenbürg/Pforzheim (0 70 82/88 14): Besucherbergwerk »Frisch Glück«; April bis Okt., Sa., So. 9—18 Uhr und nach Vereinb.
Neuenbürg, Schloß: Bergbau- und Heimatmuseum im Aufbau.
Rottweil, Primtalstraße 19: Salinenmuseum »Unteres Bohrhaus«; Juli bis Sept., So. 14.30—17 Uhr.
Schönau/Lörrach, Finstergrund: Besucherbergwerk Stollen 5; Mai bis 15. 10., Mi. 13—15 Uhr; Sa. 13—17 Uhr; So. 10—18 Uhr.
Sulzburg/Breisgau, Hauptstraße 60: Landesbergbaumuseum; Di.—So. 14—17 Uhr.

Eisenbahnen und Bahnhöfe

Dörzbach/Bad Mergentheim, Bahnhof (0 79 39/2 77): Historische Züge Jagsttal; April bis Okt. jeden 2. So. und nach Vereinb.
Emmendingen/Freiburg, Kollmersreuter-Straße 7 (0 76 41/15 03 oder 46 12 88): Museumsbahnhof; Sa. 8—12 und 14—17 Uhr; Fahrbetrieb am 3. So./Monat
Güglingen/Lauffen-Neckar, Bahnhofstraße: Dampflok-Museum; Di.—Fr. 15—17 Uhr; Sa., So. 10—12 und 15—17 Uhr.
Hechingen, Bahnhof (0 74 33/1 50 65 oder 80 33): Dampfmuseumszug; Sonderfahrten

Korntal-Weissach (Stuttgart) und Nürtingen-Neuffen (Alb): Museumsbahnen der GES e. V.; 1. und 3. So./Monat im Sommer (0 71 83/5 72)
Öhringen-Friedrichsruhe: Dampfbahnparadies; 1. So./Monat 8—18 Uhr.
Ottenhöfen/Schwarzwald (0 78 42/22 31): Badenia-Dampfbahn SWEG; Mai—Okt. 2. So./Monat

Feuerwehrwesen

Creglingen/Schloß Waldmannshofen: Feuerwehrmuseum; tgl. 10—12 und 14—16 Uhr.
Salem, Schloß (0 75 53/8 12 81): Feuerwehrmuseum Salem; April—Nov. Mi.—Sa. 9—12 und 14—17 Uhr. So. 11—17 Uhr und nach Vereinb.
Schwäbisch Hall, Am Scharfen Eck: Haller Feuerwehrmuseum; So. 10—18 Uhr.
Stuttgart, Feuerwache Süd (0 7 11/5 06 62 14): Sammlung historischer Feuerwehrgeräte; nach Vereinbarung.
Winnenden, Bahnhofstraße 43: Feuerwehrmuseum Winnenden; So. 10—12 Uhr.

Gedenkstätten

Albstadt-Onstmettingen, Rathaus: Philipp-Matthäus-Hahn-Museum; werktags.
Bad Mergentheim-Hachtel, Rathaus (0 79 31/24 07): Ottmar-Mergenthaler-Gedächtnisstätte; nach Vereinbarung.
Schorndorf, Höllgasse 7: Gottlieb-Daimler-Geburtshaus; Di., Do. 14—16.30 Uhr.
Stuttgart-Bad Cannstatt, Taubenheimstraße 13 (Kurpark): Daimler-Gedächtnisstätte; April—Okt. 11—16 Uhr.

Landwirtschaft

Billafingen/Owingen bei Stockach/Bodensee (0 75 57/3 74): Landmaschinen- und Traktorensammlung; nach Vereinbarung, im Aufbau.
Pforzheim-Eutingen, Schafhaus: Museum für bäuerliche Gerätschaften; 2. und 4. So./Monat 15—17 Uhr.
Stuttgart-Hohenheim, Garbenstr. 9 a: Dt. Landwirtschaftsmuseum; Mi.—Sa. 14—17 Uhr; So. 10—12.30 Uhr. Weitere Ausstellungen sind in Heimatmuseen und Freilichtmuseen zu besichtigen.

Militaria

Bartenstein/Bad Mergentheim, Schloß: Militärmuseum; April—Okt. So. 10—12 und 13.30—17.30 Uhr.
Bruchsal-Heidelsheim, Kalbenturm: Heimatmuseum; im Aufbau.
Oberndorf/Neckar, Klosterstraße 14: Heimat- und Waffenmuseum; Mi., Sa. 14—16 Uhr; So. 10—12 Uhr.
Philippsburg/Speyer, Schlachthausstraße 2: Festungs- und Waffengeschichtliches Museum; Di.—Fr. 14—17 Uhr; Sa., So. 10—12 und 14—17 Uhr.
Rastatt, Schloß: Wehrgeschichtliches Museum; Di.—So. 9.30—17 Uhr.
Sinsheim: Auto- und Technikmuseum; siehe Automuseen.
Seelbach/Lahr, Hauptstraße 37 a: Geroldsecker Waffenschmiede; März—Okt. Sa., So. 13—17 Uhr.
Überlingen/Bodensee, Zeughaus: Historisches Waffenmuseum; April—Okt. 15—17 Uhr. Weitere Ausstellungen sind in Schloß- und Burgmuseen zu besichtigen.

Mühlen und Hammerschmieden

Albbruck-Unteralpfen/Waldshut, Rathaus (0 77 53/50 01): Einungsmeistermühle (Getreidemühle); nach Vereinbarung.
Amtszell/Ravensburg, Rathaus (0 75 20/63 58): Hammerschmiede; nach Vereinbarung. Sägewerk Hagmühle; renovierungsbedürftig. Reibeisenmühle (Getreidemühle); nach Vereinbarung.
Blaubeuren, am Blautopf: Hammerschmiede; 15. 3.—Mai 10—18 Uhr; Juni—Okt. 9—18, Nov.—14. 3. Sa., So. 11—19 Uhr.
Calw-Stammheim, Untere Mühle (0 70 51/41 04): Mühlenmuseum »Untere Mühle«; zur Zeit geschlossen.

Dörzbach/Bad Mergentheim, Alte Klepsauerstraße 1 (0 79 37/3 61): Ölmühle mit Museum; im Aufbau.
Freudenstadt-Grüntal, Neuestraße 1 (0 74 43/62 53): Lohmühle (Gerberei); im Aufbau.
Karlsruhe-Grötzingen, An der Pfinz: Alte Dorfmühle; frei zugänglich.
Kirchzarten/Freiburg, Dietenbachstraße: Kienzlerschmiede; Juni—Sept. Di., Do. 14—16 Uhr.
Lahr-Reichenbach, Schindelstraße 6: Hammerschmiede; Mi., Sa. 14—17 Uhr; So. 11—12 Uhr.
Leinfelden-Echterdingen, Rathaus (0 7 11/79 86 1): Mäulesmühle; wieder geöffnet ab 1987.
Pfullingen/Reutlingen, Josefstr. 5/5: Mühlenmuseum Baumann'sche Mühle; April—Okt. Mi., Sa., So.
Satteldorf-Gröningen bei Crailsheim: Hammerschmiede Gröningen; Di.—So. 10—12 und 14—16 Uhr.
Seelbach/Lahr: Waffenschmiede; siehe Militaria.
Urach, Bismarckstraße (0 71 25/15 60): Klostermühle Urach; im Aufbau.
Wildberg/Calw, Gütlinger Tal (Rathaus 0 70 54/3 91): Papiermühle Anton Russ; im Aufbau.
Welzheimer Wald (Welzheim): Mühlenwanderweg; frei zugänglich.

Museen spezieller Thematik

Göppingen, Im Storchen, Wühlstr. 4: Heimatmuseum mit Märklinsammlung; Mi., Sa., So. 10—12 und 14—17 Uhr.
Heidelberg-Ziegelhausen, Brahmsstraße 8 (0 62 24/14 11): Textilmuseum Max Berk; Mi., Sa., So. 13—18 Uhr und nach Vereinb.
Schorndorf, Stuttgarter Straße 65: Bauhandwerkermuseum; Mo.—Fr. 7.15—17 Uhr.
Stuttgart-Vaihingen: Brauereimuseum; im Aufbau.
Walzbachtal/Wössingen (Karlsruhe), Zehntscheuer (0 72 03/2 97): Museum für alte Arbeitsgeräte; nach Vereinbarung.
Wertheim, Mühlenstraße 24: Wertheimer Glasmuseum; April—Okt. Di.—So. 10—12 und 14—16 Uhr.
Wilhelmsdorf/Ravensburg (0 75 03/5 97): Museum für bäuerliches Handwerk; April—Sept. 1. So./Monat 14—17 Uhr und nach Vereinb. ab 1986.

Musikinstrumente

Albstadt, Schloß Lautlingen: Musikhistorische Sammlung Jehle; Mi., Sa. 14—17 Uhr; So. 10—12 und 14—17 Uhr.
Bad Krozingen, Schloß: Sammlung historischer Tasteninstrumente; im Anschluß an Konzerte.
Bad Schönborn, Bahnhofstraße 2 (0 72 53/49 27): Sammlung mechan. Musikinstrumente; nicht öffentlich zugänglich.
Bruchsal, Schloß: Sammlung mechanischer Musikinstrumente; Di.—So. 9—17 Uhr.
Buchen/Odenwald: Musiksammlung Vleugels; nach Vereinb. (0 62 81/26 40).
Hemsbach-Weinheim, Mittelgasse 2 (0 62 01/6 11 92): Museum für mechan. Musikinstrumente; nach Vereinbarung.

Spielzeug und Puppen (s. auch Werksmuseen)

Boll/Göppingen, Klinge 10: Puppenkorb; Juni—Aug. Di., Do. 15—18 Uhr.
Bad Herrenalb, Klosterstraße 2: Spielzeugmuseum; Di.—So. 10—12 und 14—18 Uhr.
Bad Wimpfen, Im Wormser Hof: Wimpfener Puppenmuseum; April—Okt. Mi., Sa., So. 14—17 Uhr.
Baden-Baden, Gernsbacher Straße 48: Kleines Spielzeugmuseum; Di.—So. 14—18 Uhr.

Technikgeschichte, allgemein

Achern, Berliner Straße 31 (0 78 41/43 88): Sensen- und Heimatmuseum; So. 14—18 Uhr und nach Vereinb.
Albstadt-Ebingen: Textiltechn. Museum; im Aufbau.
Bad Krozingen, Kemsstraße 24: Dampfmaschinenmuseum; frei zugänglich.
Eschach-Seifertshofen (Schwäbisch Gmünd), Marktstraße 5: Schwäbisches Bauern- und Technikmuseum; tgl. 9—18 Uhr.
Furtwangen, Gerwigstraße 11: Deutsches Uhrenmuseum; April—Okt. 9—17 Uhr; Nov.—März Mo.—Fr. 10—12 und 14—16 Uhr.
Mannheim (Adresse derzeit: Am Ullrichsberg 16, 6800 Mannheim 31): Landesmuseum für Technik und Arbeit; im Aufbau.

Pforzheim, Bleichstraße: Technisches Museum der Pforzheimer Schmuck- und Uhrenherstellung; Mi. 9—15 Uhr sowie 2. und 4. So./Monat 10—12 und 14—17 Uhr.
Schramberg, Schloß: Stadtmuseum, Museum für Technik- und Sozialgeschichte; Mai—15. 9. Di.—Fr. 10—12 und 14—18 Uhr; Sa., So. 10—12 und 14—17 Uhr; 16. 9.—April Di.—Fr. 14—18 Uhr; Sa., So. 10—12 und 14—17 Uhr.
Stuttgart, Friedrichstraße 13 (07 11/20 00-22 89): Postgeschichtliche Sammlung; ab 1986 geöffnet.

Technik – Naturwissenschaften

Haigerloch/Hechingen: Atommuseum; 1. 10.—30. Nov. sowie 1. 3.—30. 4. Sa. 10—12 Uhr; So. 14—17 Uhr; Mai—Sept. 10—12 und 14—17 Uhr.
Markdorf/Friedrichshafen: Raumfahrt-Dokumentationzentrum; 15. März—1. Nov. 8—18 Uhr.
Weil der Stadt, Keplergasse 2: Keplermuseum; Mo.—Fr. 9—12 und 14—17 Uhr; Sa. 10—21 Uhr; So. 11—12 und 14—17 Uhr.

Verkehrsgeschichte, Autos, Zweiräder

Abtsgmünd/Aalen: Museum für Handwerk und Technik; im Aufbau.
Eigeltingen/Singen, Hotel Lohmühle: Kutschenmuseum; Di.—So. 10—20 Uhr; Febr. geschl.
Hassmersheim, Neckarmühlbach (Bad Wimpfen/Neckar): Deutsches Kleinwagenmuseum; 15. 3.—Okt. 10—17 Uhr; Nov.—14. 3. So. 10—17 Uhr.
Heidenheim, Schloß Hellenstein: Museum für Wagen und Schlitten; im Aufbau.
Heilbronn, Im Milchhof (0 71 31/56 22 95): Neckarschiffahrtsmuseum; Mo.—So. 14—17 Uhr; Di. 14—19 Uhr.
Hohenstein-Ödenwaldstetten (Reutlingen) Kreuzberg (0 73 87/3 81): Automuseum Ödenwaldstetten; tgl. 10—18 Uhr.
Isny (0 75 62/7 21): Caravan-Museum; zur Zeit geschlossen.
Karlsruhe, Werderstraße 63: Verkehrsmus. Mi. 15—20 Uhr; So. 10—13 Uhr.
Langenburg (0 79 05/2 41): Dt. Automuseum Schloß Langenburg; Ostern—Okt. 8.30—12 Uhr, 13.30 bis 18 Uhr, Nov.—Ostern red. Öffnungszeiten

Mannheim, Collini-Center: Rheinschiffahrtsmuseum; Di., Do., So. + Feiertag, 10—13 und 14—17 Uhr.
Marxzell, Albtalstraße 2: Fahrzeugmuseum Reichert; April—Sept. 10—18 Uhr; Okt.—März 14—17 Uhr.
Neckarsulm, Urbanstraße 11: Deutsches Zweiradmuseum; 9—12 und 13.30—17 Uhr.
Öhringen, Stettiner Straße: Autosammlung Öhringen; April—Okt. 13—17 Uhr; Nov.—März Mo.—Fr. 13—17 Uhr.
Sinsheim, Obere Au 2: Auto- und Technikmuseum; tgl. 10—18 Uhr.
Schönau/Odenwald, (Bahnhof 0 62 28/81 21): Baden-Württembergisches Nahverkehrsmuseum (Stuttgarter Straßenbahnmuseum e. V.); frei zugänglich, im Aufbau.
Gerlingen b. Stuttgart, Straßenbahndepot (07 11/78 85-26 16) Sammlung historischer Straßenbahnen (Stgt. Straßenbahnmuseum e. V.); nicht öffentlich.
Stuttgart-Untertürkheim, Mercedesstraße: Automuseum der Daimler-Benz AG; Mo.—So. 9—17 Uhr, außer Feiertag.
Stuttgart-Zuffenhausen, Porschestr. 42: Automuseum der Firma Porsche; Mo.—Fr. 9—12 und 13.30—16 Uhr.
Tübingen, Brunnenstraße 18 (0 70 71/2 14 38 oder 20 42 32): Fahrzeugmuseum Tübingen; im Aufbau.
Weinstadt-Endersbach, Werkstraße 4: Auto- und Motorradmuseum; z. Zt. geschlossen.
Wolfegg, Am Schloß: Automuseum Fritz B. Busch; April—Okt. Mo.—Sa. 9—12 und 13—18 Uhr; So. 9—17 Uhr; Nov.—März So. 9—17 Uhr.

Werksmuseen (ohne Automuseen)

Aalen-Wasseralfingen, Wilhelmstr. 67, Schwäb. Hüttenwerke (0 73 61/6 14 23 und 50 33 20): Ofenplattensammlung; nach Vereinbarung.
Balingen, Zollernschloß: Museum für Waage und Gewicht, Mo., Mi., Fr. und 1. Sa./Monat 14—16 Uhr.
Esslingen, Richard-Hirschmann-Str. 15 (07 11/3 10 16 41): Hirschmann-Museum; nach Vereinbarung.
Esslingen, Neckarwerke, Obertorstraße 45 (07 11/31 90-41 11): Historische Elektroschau; nach Vereinbarung.
Giengen/Brenz, Firma Steiff (0 73 22/1 31-3 68): Museum der Firma Margarete Steiff; Mo.—Fr. 14—16 Uhr und nach Vereinb.

Göppingen, Holzheimerstraße 8: Märklin-Werksmuseum; Mo.—Fr. 8—12 und 13—15.30 Uhr.
Konstanz, Marktstätte 4 (0 75 31/28 21): Südkurier-Zeitungs-Museum; nach Vereinbarung.
Meersburg, Neues Schloß: Dornier-Museum; April—Sept. 10—12.30 und 13.30—17 Uhr.
Oberkochen, Am Ölweiher 15: Optisches Museum Oberkochen; Mo.—Fr. 10—13 und 14—16 Uhr; So. 9—12 Uhr.
Schramberg (0 74 22/1 83 60): Junghans-Uhrenmuseum; nach Vereinbarung.
Stuttgart-Bad Cannstatt, Firma Mahle, Pragstraße 26—46 (07 11/50 14 18): Kolben-Museum; nach Vereinbarung.
Wolfach/Schwarzwald: Glasmuseum Dorotheenhütte; Mo.—Fr. 8—15.30 Uhr; Sa. 9.30—15.30 Uhr; Mai—Sept. auch So. 9.30—15.30 Uhr.

Literaturverzeichnis

Einleitung

Enzyklopädie der Technikgeschichte, Stuttgart 1967

Gimpel, Jean: Die industrielle Revolution des Mittelalters, Zürich 1980

Huhndorf, Günter: Wurzeln des Wohlstands. Bilder und Dokumente südwestdeutscher Wirtschaftsgeschichte, Stuttgart 1984

Kiesinger, Kurt Georg: Die geistigen Grundlagen der wirtschaftlichen Entwicklung Württembergs. 125 Jahre Scheuffelen 1855 – 1980, Festschrift, Oberlenningen 1980

Leiner, Wolfgang: Technikgeschichtliche Vorträge, Stuttgart 1981

Marquardt, Ernst: Geschichte Württembergs, Tübingen 1961/62

Stroheker, Hans Otto; Willmann, Günter: Cannstatter Volksfest, Stuttgart 1978

Philipp Matthäus Hahn

Engelmann, Max: Leben und Wirken des württembergischen Pfarrers und Feintechnikers Philipp Matthäus Hahn, Berlin 1923

Hahn, Philipp Matthäus: Die Kornwestheimer Tagebücher 1772 – 1777. Hrsg. von Martin Brecht und Rudolf F. Paulus, Berlin/New York, 1979

Hahn, Philipp Matthäus: Die Echterdinger Tagebücher 1780 – 1790. Hrsg. von Martin Brecht und Rudolf F. Paulus, Berlin/New York, 1983

Hahn, Philipp Matthäus: Beschreibung mechanischer Kunstwerke. Drei Teile, Stuttgart 1774

Hahn, Philipp Matthäus: Beschreibung mechanischer Kunstwerke. Erster und zweiter Teil mit einer autobiographischen Vorrede. Reprint der Ausgabe 1774, Stuttgart: Württembergisches Landesmuseum 1985

Heuss, Theodor: Philipp Matthäus Hahn, Pfarrer und Mechanicus. In: Ders. Schattenbeschwörung. Randfiguren der Geschichte, Tübingen 1950, S. 77 – 83

Engelmann, Max: Leben und Wirken des württembergischen Pfarrers und Feintechnikers Philipp Matthäus Hahn, Berlin 1923

Munz, Alfred: Philipp Matthäus Hahn. Pfarrer, Erfinder und Erbauer von Himmelsmaschinen, Waagen, Uhren und Rechenmaschinen, Sigmaringen 1977

Albrecht Ludwig Berblinger

Degen, Jakob: Beschreibung einer neuen Flugmaschine, Wien 1808

Eyth, Max: Der Schneider von Ulm. Bd. 1 & 2, Stuttgart 1910

Luedecke, Heinz: Vom Zaubervogel zum Zeppelin, Berlin 1936

Supf, Peter: Das Buch der Deutschen Fluggeschichte, Bd. 1, Stuttgart 1956

Zachariä, August Wilhelm: Die Elemente der Luftschwimmkunst, Wittenberg 1807

J. S. W. Mayer und J. F. Kammerer

Eberhardt, Paul: J. S. Mayer und die Erfindung der Streichzündhölzer, Beilage d. Staatsanzeigers für Bad.-Württ. 85 – 90, Stuttgart 1912

Esslinger Kreiszeitung vom 16. 12. 1972

Esslinger wöchentliche Anzeigen, 1825 ff.

Schanzenbach, Otto: Jakob Friedrich Kammerer von Ludwigsburg und die Phosphorstreichhölzer, Ludwigsburg 1896

Schwäb. Chronik, Stuttgart 1835 ff.

Märklin

Baecker, Carl Ernst; Haas, Dieter; Jeanmaire, Claude: Techn. Spielzeug im Wandel der Zeit – Märklin, Bd. 1 ff., Frankfurt 1975

Jeanmaire, Claude: Märklin – Die großen Spurweiten, (o. J.) Villingen/Schweiz

Märklin, 125 Jahre, Wetzlar 1984

Märklin-Magazin (Sonderheft), Göppingen 1984

Rueß, Karl Heinz: Informationsblatt des Städt. Museums, Göppingen 1984

Heinrich Voelter

Benedello/Kazmeier: Keller–Voelter. Die Einführung des Holzschliffs in der Papierindustrie, Hagen 1957

Raithelhuber, Ernst: Heinrich Voelter. In: Lebensbilder aus Schwaben und Franken. Bd. X., Stuttgart 1966, S. 388 – 414

Schlieder, Wolfgang: Der Erfinder des Holzschliffs Friedrich Gottlob Keller, Leipzig 1977

Karl Ehmann

Ehmann, Karl von: Die Versorgung der wasserarmen Alb mit fließenden Trink- und Nutz-Wassern und das öffentliche Wasser-Versorgungs-Wesen im Königreich Württemberg, in: Die Oeffentliche Wasser-Versorgung im Königreich Württemberg unter der Regierung Seiner Majestät des Königs Karl. Denkschrift des Königlichen Ministeriums des Innern, hrsg. aus Anlaß der württembergischen Landes-Gewerbe-Ausstellung, Stuttgart 1881, S. 7 – 46

Ehmann, Karl von; Fraas, Oscar: Die Albwasserversorgung, in: Das Schwabenland und seine kulturelle Entwicklung in der Neuzeit, Stuttgart o. J. [1889], S. 103 – 110

Fraas, Oscar: Die Albwasser-Versorgung im Königreich Württemberg, ausgeführt unter der Regierung Seiner Majestät des Königs Karl. Denkschrift aus Anlaß der Wiener Weltausstellung, Stuttgart o. J. [1873]

Münster, Sebastian: Cosmographia. Beschreibung aller Lender, 2. Aufl., Basel 1545

Rehm, Max: Geschichte der Albwasserversorgung, in: Hundert Jahre Albwasserversorgung 1870 – 1970. Ein technisches Meisterwerk, zugleich ein Ruhmesblatt schwäbischer Verwaltung, hg. v. der Vereinigung der Wasserversorgungsverbände und Gemeinden mit Wasserwerken e. V. – VEDE-WA – Stuttgart, Stuttgart 1970, S. 13 – 52

Rehm, Max: Karl und Hermann Ehmann. Staatstechniker für das öffentliche Wasserversorgungswesen in Württemberg. 1827 – 1889 und 1844 – 1905, in: Lebensbilder aus Schwaben und Franken (12. Band der als Schwäbische Lebensbilder eröffneten Reihe), im Auftrag der Kommission für geschichtliche Landeskunde in Baden-Württemberg hg. v. Robert Uhland, Stuttgart 1972, S. 237 – 257

Matthias Hohner

Fischer, Johannes: Matthias Hohner. Der Bahnbrecher der Harmonika. Lebensbild und Lebenswerk, Stuttgart o. J. [1940]

Hundert Jahre Hohner. Festschrift zum 100jährigen Bestehen der Matth. Hohner AG, Trossingen 1957

Die Industrie der Kleinmusikinstrumente. Verhandlungen und Berichte des Unterausschusses für allgemeine Wirtschaftsstruktur, hg. v. Ausschuß (des Deutschen Reichstages) zur Untersuchung der Erzeugungs- und Absatzbedingungen der deutschen Wirtschaft, Bd. 16, Berlin 1931

Lämmle, August: Matthias Hohner. Leben und Werk, Stuttgart 1957

Schilpp, Karl: Die württembergische Akkordeon- und Harmonikaindustrie (Tübinger Staatswiss. Abhandlungen, N. F., Band 11), Berlin, Stuttgart, Leipzig 1915

Zepf, Josef: Die goldene Harfe. Das »Schwäbische Wunder« der Musikinstrumentenindustrie, Ulm 1972 (dort auch, S. 123 f., das einleitende Zitat)

Daimler/Maybach

Daimler-Benz AG: Chronik der Mercedes-Fahrzeuge und Motoren, Stuttgart 1978

Rauck, M. J. B.: Wilhelm Maybach, Baar/Schweiz 1979

Sass, F.: Geschichte des deutschen Verbrennungsmotorenbaus von 1860 – 1918, Berlin 1962

Siebertz, P.: Gottlieb Daimler, Stuttgart 1950

Allgemeine Automobil-Zeitung, Jg. I – XI (1900 – 1910), Berlin

Allgemeine Automobil-Zeitung, Jg. I – XI (1900 – 1910), Wien

Motorwagen, Jg. I – V (1898 – 1902), Berlin

The Auto Car, Jg. I – VIII (1895 – 1903), London

Max Eyth

Eyth, Max: Der Kampf um die Cheopspyramide, Stuttgart 1932

Eyth, Max: Der Schneider von Ulm, Stuttgart 1935

Eyth, Max: Aus Max Eyths Freundesbriefen, Stuttgart und Leipzig 1909

Eyth, Max: Hinter Pflug und Schraubstock, Stuttgart 1902

Eyth, Max: Lebendige Kräfte (Sieben Vorträge), Berlin 1905

Eyth, Max: Wanderbuch eines Ingenieurs. In Briefen, 6 Bde., Heidelberg 1871 – 1884

Heuss, Theodor: Max Eyth, in: Deutsche Gestalten. Studien zum 19. Jahrhundert, Stuttgart/Tübingen 1947, S. 238 – 246

Reitz, Adolf: Hinter Buch und

Schreibtisch. Vergessene Tagebücher von Max Eyth, 1866–1906, Ulm 1961
Reitz, Adolf: Max Eyth. Ein Ingenieur reist durch die Welt. Pioniertaten eines Landtechnikers, Heidelberg 1956
Schnellbach, Otto: Max Eyth, (1836–1906), in: *Franz, G./Haushofer, H. (Hrsg.),* Große Landwirte, Frankfurt 1960, S. 258–270

Ferdinand von Zeppelin
Colsman, Alfred: Luftschiff voraus, Berlin 1933
Dürr, Ludwig: Fünfundzwanzig Jahre Zeppelin-Luftschiffbau, Berlin 1924
Eckener, Hugo: Graf Zeppelin – sein Leben. Zum 100. Geburtstag, Stuttgart 1938
Hacker, Georg: Die Männer von Manzell, Frankfurt/M. 1936
Italiaander, Rolf: Hugo Eckener – ein moderner Columbus. Die Weltgeltung der Zeppelin-Luftschiffahrt in Bildern und Dokumenten, Konstanz 1979
Reichsluftfahrtministerium: Die Militärluftfahrt vom Jahre 1884 bis 1914, Berlin 1941
Schiller, Hans von: Zeppelin-Buch, Leipzig 1938

Wilhelm Emil Fein
Dettmar, Georg: Die Entwicklung der Starkstromtechnik in Deutschland, Bd. 1 (bis 1890), Berlin 1940
Fein, Wilhelm Emil: Elektrische Apparate, Maschinen und Einrichtungen, Stuttgart 1888
Fein, Wilhelm Emil: Beschreibung der neuen Feuertelegraphenanlage in Stuttgart, Stuttgart 1880
Fein, C. u. E.: Festschrift zur Feier des 50jährigen Bestehens der Firma, Stuttgart 1925
Fein, C. u. E.: Hundert Jahre Fein. Der Welt erster Elektrowerkzeug-Hersteller, 1867–1967, Stuttgart 1967
Leiner, Wolfgang: Geschichte der Elektrizitätswirtschaft in Württemberg, Bd. 1: Grundlagen und Anfänge (bis 1895), Stuttgart: Energieversorgung Schwaben 1982
Mehmke, Rolf Ludwig: Wilhelm Emil Fein. Ein Bahnbrecher der Elektrotechnik, 1842–1898. In: Schwäbische Lebensbilder, Bd. 2., Stuttgart 1941, S. 155–163
Sattelberg, Kurt: Vom Elektron zur

Elektronik. Eine Geschichte der Elektrizität, 2. Aufl., Aarau 1982

Margarete Steiff
Koenneritz, J. M. von: Margarete Steiff und der Teddybär. Stuttgart 1947
Lange-Danielczick, Elsbet: Margarete Steiff. Die Begründerin einer Weltfirma. Stuttgart 1958
Vallendor, Karl: Von der Nähmaschine zur Spielwarenfabrik. 50 Jahre »Steiff Knopf im Ohr«, Stuttgart 1930

Albert, Hellmuth und Wolf Hirth
Fortuna-Werke: 50 Jahre Fortuna-Werke, Stuttgart 1953
Heiss, Lisa: Hirth Vater, Hellmuth, Wolf, Stuttgart 1949
Hirth, Hellmuth: Meine Flugerlebnisse, Berlin 1915
Hirth, Wolf: Die Hohe Schule des Segelfluges, Berlin 1935
Italiaander, Rolf: Wolf Hirth erzählt, Leipzig 1935
Italiaander, Rolf: Wegbereiter deutscher Luftgeltung, Berlin 1941
Schmitt, Günter: Als die Oldtimer flogen, Berlin 1980
Selinger, Peter: Segelflugzeuge – Vom Wolf zum Mini-Nimbus, Stuttgart 1978
Supf, Peter: Das Buch der Deutschen Fluggeschichte, Bd. 1 & 2, Stuttgart 1956/58
Zuerl, Walter: Deutsche Flugzeug-Konstrukteure, München 1938

Robert Bosch
Bauert-Keetmann, Ingrid: Deutsche Industriepioniere, Tübingen 1966
Heuss, Theodor: Robert Bosch. Leben und Leistung. Tübingen 1982
Matschoss, Conrad: Robert Bosch und sein Werk, Berlin 1931

Claude Dornier
Dornier GmbH: 50 Jahre Dornier (1914–1964). Ein unvollständiges Bilderbuch zur Geschichte des Hauses Dornier. Herausgegeben zum 80. Geburtstag von Claude Dornier. Friedrichshafen 1964
Dornier, Claude: Aus meiner Ingenieurlaufbahn, Zug/Schweiz 1966
Italiaander, Rolf: Ferdinand Graf von Zeppelin, S. 150–153, Konstanz 1980

Kinzler, Hans Martin: Claude Dornier. Kurzbiographien aus der Luft- und Raumfahrt. Bonn o. J.
Pletschacher, Peter: Großflugzeug Dornier Do X. Stuttgart 1979

Ernst Heinkel
Köhler, H. Dieter: Ernst Heinkel (Pioniere der Schnellflugzeuge), Koblenz 1983
Löhner, H.: Wegbereiter des Flugzeugbaus, Bd. IV., Heidelberg 1965
Rimpl, H.: Ein deutsches Flugzeugwerk – Die Heinkelwerke Oranienburg, Berlin 1938
Thorwald, E. (Hrsg.): Ernst Heinkel – Stürmisches Leben, Stuttgart 1953
Zuerl, Walter: Deutsche Flugzeug-Konstrukteure, München 1938/41

Artur Fischer
Bunk, Gerhard P.; Lassahn, Rudolf: Technik und Bildung. Festschrift für Artur Fischer, Heidelberg 1979

Sachwort- und Namensregister